国家社会科学基金“基于社会规范和个人规范双重视角的
农户亲环境行为的作用路径及提升机制研究”（17BJY067）

中国『三农』问题前沿丛书

农户农业环境保护行为

基于动机视角

Farmers' Agricultural Environmental Protection Behavior:

A Motivation Perspective

李　昊　李世平　著

社会科学文献出版社
SOCIAL SCIENCES ACADEMIC PRESS (CHINA)

目　录

CONTENTS

第一章 导论

一 研究背景

中国是一个农业大国，“三农”问题历来受到党和国家的高度重视，人多地少的基本国情和传统农业生产效率较低的现实决定了农业产出是各级政府关注的重要战略目标。近年来，随着现代农业生产要素的不断涌入，农业生产能力得到显著提升，但与之伴随的是农业环境污染加剧和食品安全风险增加。虽然中央和各地方政府采取了一系列措施致力于提升农业环境水平，但依然无法有效遏制农业环境的恶化。这种政策目标与现实的“扭曲”使得我们需要重新审视农业环境保护问题。

（一）现实背景

1. 农业环境保护是中国农业发展的客观需要

农业用地面积占据了世界土地总面积的三分之一，是各种用地类别中最具生产力的部分（Rosen，2000），农业生态系统具有提供多种生态功能的巨大潜力，农业在整个国民经济中具有基础性地位，为人的生存提供最基本的食物和原材料支持。中国人多地少，解决粮食安全问题也就成为摆在各级政府面前的重要战略目标，这也是中国不遗余力地提高粮食产量的根源。为充分提高农户农业生产积极性，国家实施了一系列惠农政策，包括减免农业税收等政策，特别是2004年中央“一号文件”的下发，国家先后出台了粮食直补、良种补贴、农机具购置补贴和农资综合补贴，极大地调动了农民种粮积极性，至2015年底，中国粮食产量实现了“十二连增”，但是在取得这一骄人成就的背后，却是以牺牲农业环境为代价的。中国农业生产率的提高，在很大程度上依赖于化肥、农药等化学物品的大量投入，而这些农药、化肥也正是引起农业环境破坏的主要因素（龙花楼，2013）。

中国是世界上最大的农药、化肥生产和消费国（Grung et al.，2015；Pan et al.，2017），化肥的施用量远超过国际公认的安全施用上限（叶延琼等，2013）和经济意义上的最优施用量（仇焕广等，2014），农药的施用量也在不断增加，而目前中国农药和化肥的有效利用率尚不足35%（宋燕平、费玲玲，2013）。各种现代农业生产要素的不断涌入，一方面保障了粮食产出水平的逐年提高，另一方面却造成了土壤侵蚀、河流水体富营养化和农业环境污染等。农业产出的增加与农业环境恶化并行，对农业的可持续发展构成了巨大的潜在威胁。因此，保护农业环境已成为中国农业可持续发展的重要保障。

2. 经济作物种植造成的农业环境污染尤为严重

近年来，中国种植业结构在不断调整，以适应农产品消费结构的变化，粮食作物播种面积所占比重不断减小，而经济作物播种面积却呈迅速上升趋势（尚杰等，2015），特别是蔬菜、水果和花卉等增长更加明显。仅最近10年，中国菜、果、花种植面积增长了近3倍，常年播种面积已超过3×10^7公顷（梁流涛等，2012）。传统农作物受市场价格水平的限制，农药、化肥等投入水平虽然逐年稳步提高，但并不明显；相比之下，蔬菜等经济作物可观的市场利润空间，促使其农药、化肥等现代农业生产要素投入明显高于传统农作物，蔬菜、水果等单季作物氮肥纯养分用量平均每公顷为569～2000公斤，是普通大田作物的数倍至数十倍，氮肥利用率却仅为10%左右，远低于大田作物35%左右的平均利用率（唐学玉，2013），加之其生产面积的不断扩大，目前已成为农药、化肥等施用量增长的主要推动力（王伟妮等，2010）。以蔬菜为例，2004年中国蔬菜种植面积为1756万公顷，至2015年，种植面积达到2200万公顷；[①] 同时蔬菜每亩化肥折纯用量也在不断增加。蔬菜是人们日常饮食中必不可少的重要食物，过量的农药、化肥施用在造成农业环境日趋恶化的同时，也会对人体健康构成威胁，导致人们对食品安全问题的担忧（周洁红，2006）。近年来，食品安全事件频发也为农业环境保护敲响了警钟。

（二）理论背景

1. 农户是农业环境"破坏与保护"的双重主体

农业环境问题主要源于农户对农药、化肥等的大量施用以及农业废弃物的不当处理等，农户作为农业生产经营主体，自然也就成了农业环境恶化的"始作俑者"（邓小云，2013）；但任何农业环境保护政策的有力执行同样离不开农户的参与，农户是农业环境保护的直接利益相关群体和直接受益人，农业生产过程中农户的行为将直接影响农业环境水平的变化，因此，农户也是农业环境保护的主要责任主体。农户在农业生产过程中这一矛盾的"双重身份"也成为学术界研究的主要焦点。

面对日益严重的农业环境问题，中国政府大力推行安全农产品生产，加大农业环境的保护力度，但其效果并不明显，依然没有有效遏制农业环境恶化的事实。理论界通常认为，农业生产过

① 数据来源于2005年和2016年《中国统计年鉴》。

程中农户环境意识淡薄，对农药、化肥、农膜等的大量使用造成了这种结果（饶静等，2011；温铁军等，2013）。农业生产和农业环境保护似乎成了一对矛盾体，当农户面临农业产出和农业环境保护的权衡时，优先确保农业产出水平成了"理性"农户的"必然"选择，但现实情况并非完全如预期所料。随着公众对食品安全问题的关注，以及环境保护重要性的日渐普及，即便是农户也无法忽视这一全球性的趋势，农户环境保护认知程度不断提高（Kiong et al.，2009），农户的农业生产行为越来越具有亲环境特征（郭利京、赵瑾，2014；Sulemana and James，2014；Keshavarz and Karami，2016），其农业生产的决策过程并非仅仅受利益因素的驱动（Poppenborg and Koellner，2013），较多农户已具有农业环境保护的倾向（周晨、李国平，2015）。那么，如何解释农户农业环境保护的动机？该动机又是如何影响农业环境保护意愿和行为？在农业环境保护意愿和行为之间又起到了什么作用？由于理论框架较为缺乏，目前的研究解释不足。理论与现实的矛盾使得农户农业环境保护行为的研究亟须进一步深化。

2. 内部动机是实现农户农业环境保护长效机制的重要前提

农户生产过程中的农业环境保护行为具有正外部性特征，在这种情况下，生态服务受益人付费[①]以弥补农户生产过程中农业环境保护的机会成本便成了最直接有效的手段，这也是中国农业生态补偿理论探讨的直接根源。但从目前国内外的理论探讨和现实情况来看，生态补偿（又称生态服务付费，Payment for Ecosystem Services，PES）最为直接，效果也较为明显，但其关注的是个体行为的外部动机。尽管经济激励对农户的环境保护行为具有正向促进作用，但对于个体环境保护行为长期的转变几乎没有任何效果，间断的经济激励同样无效（Levitt and Leventhal，1986；

① 在中国的现实背景下，支付者通常为政府。

Srivastava and Locke，2001）。经济激励使农户的环境保护行为与货币性收益联系在一起，在促进环境保护行为的同时，也在不断强化个体的利己行为（De Groot and Steg，2009），是一种短期的行为激励措施（García-Amado et al.，2013），一旦补偿停止，这种环境保护行为将难以为继（Martin et al.，2008）。行为经济学认为，个体同时生存于两种规范之下，即社会规范和市场规范（也称为经济规范），当市场规范出现时，社会规范将弱化（Ariely，2008）。个体的环境保护行为同时存在内部和外部两种动机，关键在于特定的行为中内部动机和外部动机的强弱（Pelletier et al.，1997）。对于农户环境保护行为来讲，其内部动机往往较为脆弱（Bowles，2008），当外部激励存在时，该外部动机会对农户农业环境保护行为的内部动机产生挤出效应（Midler et al.，2015），尤其是经济激励，会导致人的价值观和心理倾向产生变化，而这种变化往往是长期的（García-Amado et al.，2013）。这种情况在发展中国家尤为普遍（Narloch et al.，2012），比如对自然保护的道义承诺（Luck et al.，2012）。

内部动机与外部动机此消彼长，呈显著的负相关关系（Lindenberg and Steg，2013），这也可能是经济补偿为什么不能形成个体长期行为转变的原因。以政策为导向的农户农业环境保护行为考虑的重点是对农户的外部激励，往往忽视了农户本身农业环境保护行为内部动机的存在，这种补偿方式一方面增加了国家的财政负担，另一方面也不利于形成农户农业环境保护的长期行为（Honig et al.，2015）。因此，以农户环境保护内部动机为研究视角，对其生产过程中的农业环境保护行为进行研究是构建农业环境质量提升长效机制的重要前提。

基于上述分析，本研究从中国农业环境不断恶化的现实和农户农业环境保护的责任主体地位出发，以现实的迫切性和理论的必要性为基础，形成本书的研究背景并就此提出科学问题，如图

1－1所示。

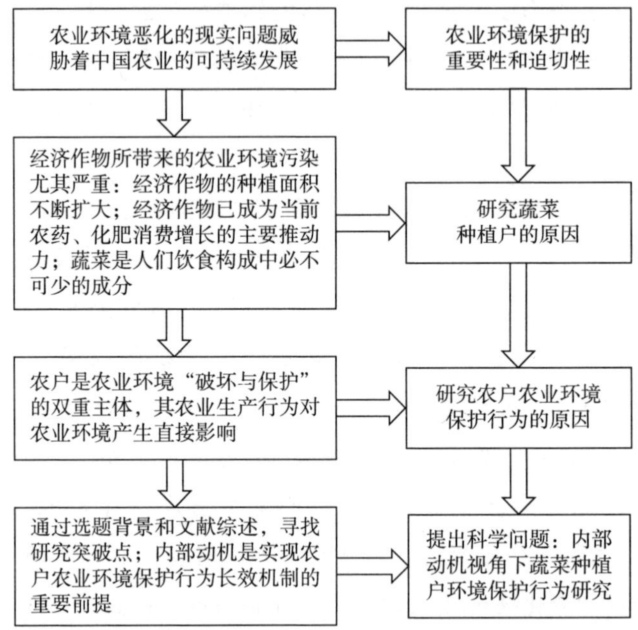

图1－1　现实问题到科学问题提出的思维逻辑

二　研究目的、意义及研究内容

（一）研究目的

本书从蔬菜种植户内部动机视角探讨其生产过程的农业环境保护行为问题，以期实现以下目的。

第一，基于中国农业环境恶化的现实问题和农户农业环境保护的责任主体地位，在系统梳理国内外相关文献的基础上提出科学问题，依据行为经济学对个体行为的分析逻辑、动机拥挤理论和计划行为理论等构建内部动机视角下农户环境保护行为理论分析框架，以期解决目前理论研究框架缺乏的问题，为农户农业环境保护行为的研究提供理论参考。

第二，将种植户依据种植类型[①]分为两类，分析不同种植类型农户农业环境认知、农业环境保护的内部动机与外部动机、意愿和行为之间的差异，初步考察不同类型种植户农业环境保护内部动机和外部动机的关系，以及探索性地分析种植户农业环境保护内部动机的影响因素。

第三，验证不同类型种植户农业环境保护内部动机——农业环境保护意愿和农业环境保护行为的作用路径，并进一步分析种植户农业环境保护内部动机和外部动机可能存在的“动机拥挤”以及检视种植户农业环境保护内部动机、农业环境保护意愿和行为间的作用关系。不同类型种植户互为本书构建理论分析框架的稳健性检验，以进一步检验本书构建的理论分析框架是否具有稳健性和更广泛的适用性。

第四，总结本书研究成果，通过提升种植户农业环境保护认知程度，培育种植户农业环境保护内部动机，促进农业环境保护意愿向农业环境保护行为转化，以实现农业环境质量提升的长效机制，探索性地提出一条农业环境保护非经济激励路径，为农业环境保护等相关政策的制定提供有价值的理论参考和实证依据。

（二）研究意义

1. 现实意义

在中国农业产出不断增加和农业环境恶化并行的大背景下，如何遏制农业环境恶化的趋势和实现农业环境逐步改善已成为中国政界和学术界关注的焦点。

农户作为农业生产经营的直接主体和农业环境保护的直接利

① 本书根据种植类型将种植户分为两类，即普通蔬菜种植户和无公害蔬菜种植户，该分类出于两方面考虑：第一，在数据调查过程中发现两类种植户家庭在年收入等基本特征方面存在较大差异；第二，不同类型种植户也可互为分析结果的稳健性检验。

益相关群体，其行为对农业环境具有举足轻重的作用，如何引导农户农业生产行为的转变，以实现农业的可持续发展已成为亟须解决的现实问题。为此，中国已制定《环境保护法》等9部环境法律和《森林法》《水法》等15部资源法律，其中与农业环境直接相关的法律有16部，地方性法规600余项，然而这种自上而下的法规和制度规范依然未能有效遏制中国农业环境恶化的趋势（宋燕平、费玲玲，2013）。法规和制度规范的出发点和落脚点均以农业环境的保护和改善为基础，其目标非常明确，政策制定者试图通过法律和制度规范来诱导农户农业生产行为的转变，可以预期农户理应做出积极的响应，但现实情况有较大出入，预期和现实之间的矛盾要求必须对农户农业环境保护行为的动机有更加清醒的认识。当法律和制度规范与农户的行为一致时，才能在最大程度上发挥其应有的效力。因此，研究农户在农业生产过程中的环境保护行为，对实现农业的可持续发展，以及政策的有效实施具有重要的现实意义。

2. 理论意义

近年来，随着全球气候条件的变化，以及生物多样性的锐减，环境问题已成为世界共同面临的难题，其中人类行为是导致环境污染的关键（Lokhorst et al.，2011），如何对人类行为进行干预，使人们的行为逐步转变为环境友好型的行为方式是理论界所关注的重点问题。农业生态系统是全球生态系统的重要组成部分，是人类衣食住行最基础的来源。农业生态系统的破坏，不禁诱发人们对食品安全问题的担忧，如何诱导农户向环境友好型的农业生产方式转变便成为理论界的研究重点。

在经典经济学框架下，农户是“理性人”，经济补偿便成为对农户行为干预最直接有效的手段，这也是全球范围内农业生态补偿广受欢迎的原因之一。然而，随着近年来行为经济学的快速发展，尤其是受到全球各国学者高度关注的、目前全球最大的农业生态补偿计划——欧盟农业环境措施的预期目标并未完成，导致原定计划不得不推迟，以及在生态补偿期后农户行为的“退化”（喻永红，2014），使得农业生态补偿的理论探讨又一次引发了世界范围内学术界争议的高潮。众多学者意识到传统经济学框架下，生态补偿所关注的是农户环境保护行为的外部动机，忽视了其内部动机的存在（Honig et al.，2015），内部动机并非“有”和“无”的区别①，而是强和弱的差异（Pelletier et al.，1997），农业生态补偿并不是农业环境质量提升的唯一途径，甚至可能并不是经济有效的途径（Honig et al.，2015）。

理论界普遍认同的是，对个体行为的外部激励作用快，但持续时间短；内部动机则正相反，虽然起作用较慢，但行为的转变是长期的。在农业环境保护问题上，经济激励对应的是个体行为的外部动机，所带来的是个体行为短期的转变，这种转变是不稳定的，而内部动机才是实现农户农业环境保护行为持续的稳定路径（Dedeurwaerdere et al.，2016）。但从目前的研究来看，合适的理论分析框架较为缺乏（Price and Leviston，2014），尤其是农户农业环境保护行为的理论分析框架（Keshavarz and Karami，2016），阻碍了农户农业环境保护行为研究的进一步深入。通常的环境保护行为理论分析框架较多地关注于个体行为的外部动机，而对农户农业环境保护行为的内部动机却少有关注，而内部动机恰恰是其环境保护行为的关键性因素（Bamberg and Möser，2007）。因此，有必要在理论上对农户农业环境保护行为分析进一步完善。本书在借鉴行为经济学分析框架、动机拥挤理论和计划行为理论的基础上，构建基于内部动机视角的农户环境保护行为理论分析框架，以期进一步丰富农户农业环境保护行为理论的

① 当然，在理论界的定义中有“无动机”的说法，但无动机意味着外部动机和内部动机均不存在，其对应的是一种无意识行为，如无意识地碰掉一个杯子，这并不是理论上研究的重点问题。

研究内容，为相关的研究提供理论参考和借鉴。

（三）研究内容

本研究总计七章内容，各章内容详细安排如下。

第一章为导论。该章的主要任务是概述中国农业环境恶化的现实背景，结合农户农业环境保护的微观责任主体地位，发现迫切需要解决的现实及理论问题，进而提出科学问题；而后分别阐述本书的主要研究目的、现实及理论意义和研究内容；通过对国内外文献综述及评述厘清现有研究的不足，寻找本书的突破口；进而设计本书的研究逻辑，即研究思路、方法、技术路线；最后提出本研究可能的创新之处。

第二章为农户农业环境保护行为的理论分析。该章的主要目的是对本研究所提出科学问题的核心概念进行界定；梳理研究中所用到的理论依据，具体包括农户行为理论、动机拥挤理论和计划行为理论；最后，以本书核心概念的界定和理论基础为依据，分析农户农业环境保护行为的行为经济学依据，探讨农户农业环境保护内部动机和外部动机的关系、内部动机在心理学和行为经济学中的研究范畴以及对农户农业环境保护内部动机是兴趣还是责任进行初步探讨，阐述农户农业环境保护行为是理性还是非理性的逻辑，分析内部动机对农户农业环境保护意愿和行为的影响，并基于计划行为理论构建农户农业环境保护行为理论分析框架，从而形成本书实证章节的理论支撑。

第三章为种植户农业环境保护行为的动机分析。该章的主要内容是对本书所使用的数据进行描述性统计分析，包括种植户个体特征、家庭特征、种植特征等；分析种植户对农业环境污染等的认知，测量农业环境保护的内部动机以及外部动机，比较不同种植类型种植户认知、内部动机和外部动机的差异；初步探讨种植户农业环境保护内部动机与外部动机的关系；最后探索性地分析了种植户农业环境保护内部动机的影响因素。

第四章为种植户农业环境保护内部动机对农业环境保护意愿的影响。该章采用条件价值评估法（CVM）构建假想市场，诱导出种植户农业环境保护的最大支付意愿，识别真正的零支付者，描述受访种植户农业环境保护意愿现状，并比较不同类型种植户农业环境保护意愿、支付意愿等的差异；实证检验种植户农业环境保护内部动机对农业环境保护意愿的影响，对是否愿意支付的影响及愿意支付者支付强度的影响，并验证对种植户农业环境保护意愿来讲，其农业环境保护内部动机和外部动机是否兼容。

需要说明的是，该章用条件价值评估法的目的有两个。其一，在前期的初步访谈中发现农户对农业环境保护意愿的理解并不完全清晰，一部分受访者农业环境保护意愿较强，另一部分则相对较弱。但农业环境保护意愿较弱的这一部分种植户又可以分为两类，其中一类是真实的不愿意保护农业环境者，另一部分种植户农业环境保护意愿较弱的原因是其受家庭条件或外界条件等限制。受访者认为其无法实施农业环境保护的行为，其实是有意愿无行为，因此为保证本书分析结果的可靠性，必须识别出有意愿无行为这一部分农户，即真正的零支付者。其二，验证本书提出的研究假设，即农业环境保护内部动机较强的种植户更倾向于拥有较强的农业环境保护支付意愿，即不仅需要验证种植户农业环境保护内部动机对农业环境保护意愿强弱的影响，而且需要进一步验证内部动机是否影响了种植户农业环境保护支付意愿程度，并非用该方法评估农业环境保护所带来的经济价值。

第五章为种植户农业环境保护内部动机对农业环境保护行为的影响。该章描述了样本区种植户农业环境保护行为特征；然后比较了不同类型种植户农业环境保护行为之间的差异；最后检验了农户农业环境保护内部动机对农业环境保护行为的影响，不同农业环境保护行为以及不同农户类型互为结果的稳健性检验，同时验证在不同行为中，内部动机对行为的影响是否存在差异，并进一步验证种植户农业环境保护行为中是否存在内部动机和外部动机的拥挤效应。

第六章为种植户农业环境保护内部动机、意愿和行为的关系。该章的主要内容是探索性地分析种植户农业环境保护内部动机对农业环境保护行为影响的作用路径，以及农业环境保护内部动机在农业环境保护意愿向行为传导中的作用。

第七章为结论与政策建议。该部分通过对本书的研究成果进行总结，结合分析结果凝练出本书所得出的主要结论，依据研究的主要结论提出相应政策建议，以期指导实践；在此基础上对书中的不足之处进行总结；最后提出未来需要进一步研究的方向，以供研究参考。

三　国内外研究动态

（一）国外研究动态

1. 关于农业环境计划的研究

自 19 世纪 90 年代开始，较多国家和地区的农业环境计划（Agri-Environmental Schemes，AESs）支出逐渐增加，已成为提高农业环境质量的核心工具（Riley，2011），其所带来的农业环境效益和经济效益也成了学术界研究的焦点（Quillérou et al.，2011），尤其是欧盟农业环境措施和美国农业最优管理实践。

（1）欧盟农业环境措施

随着 2000 年的欧盟共同农业政策（Common Agricultural Policy，CAP）的改革，欧盟农业环境措施（Agri-Environment Measures，AEM）已经成为其农业发展计划（Rural Development Programmes，RDP）的重要组成部分，包含 27 个成员国，具有高度权力下放的特点。针对不同成员国、不同地区的具体农业条件和环境问题分别采取不同的方式（Van Herzele et al.，2013），但均基于同一个原则——全社会支付原则，即农户自愿采取农业环境保护措施（如减少农药和化肥的施用、施用有机肥等）。欧洲农业环境措施所关注的是提高农业环境质量，试图通过短期的补偿方式改变农户农业生产行为，从而加强农业生态系统稳定和维持农业生态系统的生物多样性，但并没有达到其预期的目标（Boatman et al.，2010），宏观的愿景致使其对农户农业生产过程关注较少。不可否认的是，该计划的核心在于农户，农户参与的动机及其农业生产行为将对农业环境计划实施的结果产生重要影响（Riley，2016），对农户行为的忽视可能造成该计划的不可持续性（Burton and Paragahawewa，2011）。

（2）美国农业最优管理实践

随着农药和化肥等现代农业生产要素的投入，美国农业面源污染加重，造成河流水体的污染和沉积物增加，为了减少农业面源污染带来的风险，农业最优管理实践（Best Management Practices，BMPs）被认为是解决该问题的有效手段之一（X. Zhang and M. Zhang，2011）。BMPs 实施步骤分为源头控制措施、过程阻断措施、政策管理措施、加强面源污染科学研究和监测管理四个方面，其直接目的在于减少农业面源污染对地表水造成的污染，包括植被缓冲区、结构性湿地、植被沟渠等，在减少农药、化肥等化学物品的施用中起到了较为明显的作用（Zhang et al.，2010）。然而究竟是什么因素促使了农户参与环境保护计划却鲜有探讨，这也可能阻碍该计划的发展与优化（Reimer et al.，2012）。

此外，还包括泰国的“绿色革命”（Pinthukas，2015）、韩国的环境友好型农业生产（Poppenborg and Koellner，2013）、加拿大的农业环境计划（Atari et al.，2009）等。虽然不同国家和地区的农业环境保护计划或措施有所差异，但其目标均明确指向了农业环境的保护。

2. 关于农业生态补偿的研究

生态补偿又称生态服务付费，最初是通过向生态服务的供给者提供补偿的方式来弥补供给者的机会成本，或激励其进一步提供生态服务的一种手段，通常为经济补偿，在实际应用中以政府为主导的生态补偿有两个目的，其一为保护农业环境、提供农业生态服务和增加生物多样性；其二为减贫。其中减贫的目的在发展中国家更为普遍（Wunder，2005），这也决定了以政府为主导的生态补偿不可能实现成本有效性（Wunder et al.，2008）。

农业生态补偿旨在激励农业生产主体——农户在农业生产过程中的环境友好型行为，是将农业生产中环境的负外部效应内部化的一种方式（Galati et al.，2016），包括为减少温室气体排放的退耕还林（Vedel et al.，2015），在农田中保留部分非种植区域为保护生物多样性提供栖息地（Smukler et al.，2010），以及减少农药和化肥的施用等（Long et al.，2015）。在过去的十年里，农业生态补偿作为农业生态环境保护的重要经济手段，受到了学术界和政策制定者的广泛关注（Ingram et al.，2014；Kumar et al.，2014），补偿项目主要包括退耕还林、流域上下游、自然保护区等方面。生态补偿最为关键的是补偿标准的确定，通常有两种确定方式，即农户的农业环境保护所产生的机会成本和农业环境保护所带来的生态服务价值的增加，但实践中由于生态服务价值难以准确估算（Pham et al.，2015），机会成本法的补偿成为目前采用最为广泛的方式（Cook et al.，2016）。众多补偿项目中，以退耕还林生态补偿应用最为成熟，主要原因为森林的固碳作用更强，更能有效缓解温室气体的排放，且退耕还林意味着土地利用覆被的变化，以机会成本核算补偿标准容易操作。而当农地覆被不发生改变时，由于农户农业生态系统环境保护方式不同，保护成本难以核算，所以其生态补偿的标准也就带有随意性，公平性相对缺失，这也是目前农业生态补偿备受批评的原因之一（Garbach et al.，2012；Narloch et al.，2013）。当对某一种环境保护所产生的生态服务进行补偿时，可能导致其他生态服务受到威胁，农业生态补偿对象是什么？补偿多少？如何补偿？这些问题如果得不到有效的解决，可能导致农户参与环境保护的积极性受挫、生态服务供给不足（Robert and Stenger，2013），因此，“农户参与环境保护与否的关键要素是什么”便成为学术界关注的焦点（Zanella et al.，2014）。随着研究的不断深入，较多学者证实了农户参与农业环境保护并非仅仅出于经济利益（Van Herzele et al.，2013；Greiner，2015；Yanosky，2016），甚至经济补偿的激励作用可能导致农户农业环境保护内部动机的挤出（Frey and Jegen，2001；Rode et al.，2014）。在一项基于扎根理论的深入访谈中，农户表示，“如果生态补偿额度仍维持现有水平或继续提高，我将继续保护农业生态环境，如果补偿停止，我的保护行为也将立刻停止”（Karali et al.，2014）。因此，在尚未有足够证据表明挤出效应存在时，农业生态补偿计划的制订应谨慎。

3. 关于农户亲环境行为的研究

亲环境行为是个体为减少人类活动对生态环境产生的负向影响，从而提高环境质量的谨慎行为表现（Sawitri et al.，2015），其作为一种特殊的亲社会行为，能直接促进个体、团体和组织的福利（Ramus and Killmer，2007）。

环境问题的产生与人类的行为息息相关（Keshavarz and Karami，2014），环境退化、自然资源枯竭与传统农业生产方式有极大的关系（Price and Leviston，2014）。随着近年来生态环境的加速恶化，尽管大农场的商业经营模式通常被认为是“罪魁祸首”（Karlsson，2007），但小农户也同样“难辞其咎”（Keshavarz and Karami，2016），尤其是发展中国家的小农户。土壤肥力恢复不足、对土地保护关注不够、灌溉效率较低导致土地质量的可持续性下降（Marenya and Barrett，2007），社会对环境问题的关注给农户农业生产带来了与日俱增的压力。农户亲环境生产方式旨在缓解农业生态系统生物多样性减少、土壤侵蚀等农业生态环境问题（Price and Leviston，2014），这也要求农户转变传统生产方式（Sulemana and James，2014）。但对农户来讲，生产方式转变具有高度的不确定性和风险性，那么究竟是什么原因诱发农户的亲环境行为呢？个体特征是影响农户亲环境行为的重要因素，包括其对环境的态度、保护动机和道德约束（Quinn and Burbach，2010）；农户生活于社会环境中，其决策过程不可避免地受到社会关系嵌入的影响（Videras et al.，2012）；农户亲环境行为源于对环境问题的感知，以及对消费者环境友好型消费倾向的回应（Kiong et al.，2009）；以利益为导向的农户并不一定是污染者，以环境为导向的农户也并非对物质利益没有兴趣，农户的利益和亲环境态度并不是互斥的，它们可同时存在并协同作用于农户农业环境保护决策（Karali et al.，2014）。当个体预期亲环境行为能为自身带来收益时，这种行为更容易发生（Evans et al.，2013），虽然并不能排除经济因素的影响，但并非所有的亲环境行为均具有自利倾向（Lindenberg and Steg，2007），自身对自然环境的担忧同样是农户亲环境行为的重要因素（Karali et al.，2014），当自身利益与亲环境行为发生冲突时，自我控制起到了关键性作用（Chuang et al.，2016）。农户亲环境行为是一个错综复杂的决策过程，究竟是什么因素影响农户亲环境行为的产生尚待进一步研究（Fleming and Vanclay，2011）。

4. 关于农户环境保护行为的研究

农业生态环境系统是全球生态系统的重要组成部分，在保护生物多样性、提供生态服务等方面具有非常重要的作用（Dörschner and Musshoff，2015）。随着人口数量的增加，为保障粮食等农产品的稳定供应，农业系统利用强度增加、广度拓宽，进而诱发农业生态环境退化、生物多样性锐减、浅层地下水及河流污染等，农业环境问题已引起世界范围内的广泛关注，不同国家和地区分别制定不同的农业环境保护政策，但其效果并不明显（Jellinek et al.，2013），较多学者的着眼点逐渐转移到农户身上，开始关注农户为什么保护，以及为什么不保护农业生态环境。

农户作为农业生产活动的主体，其生产行为直接作用于农业环境（Burton，2014），但在农业环境保护中，农户的价值却被长期地忽视（Smith and Sullivan，2014），而农户环境保护行为的研究对农业环境问题，特别是长期农业环境问题尤为重要（Below et al.，2012）。具有环境保护倾向的农户，其种植作物类型更倾向于选择多年生作物（Price and Leviston，2014），以及在生产过程中减少化肥施用的作物（Lamarque et al.，2014）。随着经济的发展和生活水平的提高，农户越来越具有环境保护倾向（Sulemana and James，2014），但农户的环境保护倾向是怎么产生的，即农户环境保护动机是什么？这进一步成为学术界的研究热点。

农户是理性的，农户的决策是为了实现家庭效用最大化，因此，经济激励是农户参与农业环境保护最重要的动机（Home et al.，2014；Deng et al.，2016），但经济激励不能解释农户环境保护行为产生的全部，个人能力、家庭因素以及对自我健康的关注同样是重要因素（Karali et al.，2014），尤其是随着全球生态危机的出现、食品安全问题的产生以及农户环保意识的增强，即使不存在收益或回报（Steg et al.，2014），甚至在环境保护行为本身具有成本的情况下，个体依然具有环境保护行为（Van der Werff et al.，2013）。当经济激励存在的条件下，个人规范和自我认同感失去了对环境保护行为的预测能力（Lokhorst et al.，2011），具有物质主义观的个体，其态度与信念对农业环境保护产生负向影响，重要的是这种现象在发达国家和发展中国家同时存在，一项基于英国、西班牙和中国的研究同样证实了这个现象的存在（Ku and Zaroff，2014）。现实的“异象”催化了学术界和政策制定者对农户环境保护动机的重新审视。

外部激励固然会催生农户环境保护行为的产生，但这种行为是短期的（García-Amado et al.，2013），其中以经济激励的效果最为明显，却会使国家财政负担加重，监管不到位同样使经济激励的效果大打折扣。经济激励水平如果不逐渐提高，长此以往也会带来激励不足，以小农经营为主的发展中国家尤其如此。即使在排除激励不足等因素的条件下，农户环境保护行为仍然难以预测（Lastra-Bravo et al.，2015），“异象”仍难以解释（Midler et al.，2015），仅从外部动机解释农户环境保护行为尚不足够，这也进一步推动学术界关注农户农业环境保护行为的内部动机（Greiner，2015；Honig et al.，2015；Dedeurwaerdere et al.，2016）。但遗憾的是，目前关于环境保护行为研究的理论模型较为缺乏，尤其是农户环境保护行为理论模型，极大地阻碍了该研究的进一步深入发展（Price and Leviston，2014）。

5. *内部动机、外部动机和外部激励关系的理论探讨*

认知期望理论从正向反馈探讨外部激励对个体行为内部动机的影响，认为外部的正向反馈能够传达正向信息，当外部正向反馈不存在约束条件时，其对个体行为的内部动机有强化作用（Deci，1971），但若存在约束条件的反馈，即便是正向反馈也会将个体行为的内部动机削弱（Ryan，1982）。

部分学者采用归因论分析外部激励对个体行为内部动机的影响，认为个体会对自我行为的发生机制进行归因。当存在外部激励时，个体将自我行为的原因归结为外部激励，会弱化其行为的内部动机，因此按照归因论的分析，外部激励会挤出个体行为的内部动机（Lepper et al.，1982）。

近年来，随着行为经济学的快速发展，以及行为经济学对个体行为心理学因素的认同，较多学者以行为经济学为依据，分析个体行为内部动机与外部激励的关系。从目前的研究趋势来看，较多学者认为外部激励对个体行为的内部动机有挤出效应（Midler et al.，2015），当外部激励特别是经济激励结束后，个体行为会迅速回到未提供经济激励时的状态，甚至可能进一步退化（Carton，1996）。

部分学者探讨了环境保护行为中个体内部动机、外部动机和经济激励的关系。经济激励强化的是个体环境保护的外部动机，使得个体认为只有当外部经济激励存在时，其环境保护行为才是合理的（Thøgersen and Crompton，2009），也使个体行为与经济激励的联系更为紧密，从而使个体行为的内部动机不断弱化，同时也不断强化了个体的利己倾向（Steg et al.，2014）。

6. *外部激励与内部动机关系的元分析*

学术界有大量文献探讨外部激励对内部动机的作用，但分散的研究并不有助于发现一般的规律，而元分析作为一种特殊的手段可将不同的研究进行有效整合，用来研究外部激励与内部动机的关系更具有普遍意义。

Rummel 和 Feinberg（1988）选取了 1971～1985 年公开发表的 45 篇研究论文，报告了 88 个效应量[①]，以检验认知评价理论中“外部激励对内部动机挤出”的理论假设。结果显示，88 个效应量中，仅有 5 个表明外部激励对内部动机的加强作用，这项研究支持了认知评价理论的假设。Tang 和 Hall（1995）选取 50 篇公开发表的论文，包括 256 个效应量，结果同样显示期望的真实奖励挤出了内部动机。Rode 等（2014）总结了环境保护政策中经济激励对内部动机的影响，包含的样本从该领域研究之初直

① 效应量是衡量处理效应大小的指标，与显著性检验不同，这些指标是不受样本容量影响的。它表示不同处理下的总体均值之间差异的大小，可以在不同研究之间进行比较。一般用于针对某一研究领域内的元分析中，经常见于心理、教育、行为研究等。

至 2013 年，结果表明，无论在所发表论文的数量上，还是在效应量的统计显著性上，挤出效应均远大于挤入效应。

上述元分析中的样本来源虽然研究的时间存在差异，关注的具体行为也略有不同，且不同的元分析中对文献筛选的标准也有所区别，但从整体来看，研究结论均支持了外部激励特别是期望激励对个体内部动机产生挤出效应。

（二）国内研究动态

1. 关于农业生态环境的研究

农业生态系统是由社会经济、自然和人类活动组成的复合系统（苏艳娜等，2007）；农业生态环境质量的优劣不仅仅关系到农业的可持续发展，更影响人类的生活环境（唐婷等，2012）；社会经济发展水平、农业发展方式、环境保护力度等因素均对农业生态环境产生重要的影响（高奇等，2014）。

随着人口的不断增长，传统农业背景下的粮食生产与农业面源污染冲突愈演愈烈。农业面源污染主要包括农业生产活动中氮素、磷素等营养物质的过量投入，以及农药和其他污染物通过农田地表径流和农田渗漏导致的污染（李秀芬等，2010）。其过量投入的原因在于中国长期强调粮食自给，通过农业补贴和限制进口等政策提高国内粮食产量，在造成国内要素市场价格扭曲的同时（葛继红、周曙东，2012），也导致粮食进口的减少，为提高粮食产量而投入过多的农药、化肥，使得农业面源污染加剧成为必然（向涛、綦勇，2015），进一步威胁到食品安全。正因为农业生态环境的严重负面影响，农业部提出到 2020 年农药、化肥使用量零增长的行动方案（农业部，2015）。

近年来，受价格、成本等因素影响，粮食作物的农药、化肥等投入量增长并不明显，但蔬菜、花卉、水果等经济作物的生产要素投入量却增长较快，其化肥投入量远高于普通粮食种植的投入量（程杰、武拉平，2008）。蔬菜和瓜果等经济作物的播种面积大幅增长是中国化肥投入面源污染不断加剧的重要原因（李太平等，2011），特别是蔬菜生产中的大棚栽培，肥料和农药的过量施用现象非常普遍（李杰等，2015），进一步加剧了农业面源污染（朱兆良、孙波，2008）。中国农业面源污染的严峻形势不仅影响农业生产效率、制约农民增收，而且引发诸多食品安全问题，同时降低了消费者福利（唐学玉等，2012）。传统的“石油”农业发展模式给农业生态环境带来了严重后果，加剧了能源危机和生态破坏，发展现代生态农业是解决该问题的有效途径（王权典，2011）。受现阶段条件的限制，传统农业向生态农业转变不可一蹴而就，需要逐渐过渡，在此背景下，中国政府大力推进安全农产品生产，以缓解农业生产中各种负面效应（唐学玉，2013）。

2. 土地生态安全及土地可持续利用

国内目前对农业生态环境的部分研究与地学研究存在交叉，即从土地（包括耕地）生态角度对面源污染进行研究以及从土地承载力角度对土地可持续利用进行阐述，从地学角度对农业生态环境的研究整体的趋势较为偏于宏观。

土地生态安全的概念源于“生态安全”（黄辉玲等，2010；李昊等，2017a），是一门自然科学和社会科学的交叉学科（陈星、周成虎，2005），集地学、生态学和环境科学等学科于一体（谢花林，2008），已成为相关学科研究的前沿任务和重要领域。土地生态安全涉及范围较广，研究者分别从不同角度提出了相关概念。区域生态安全，指在一定时空条件下，区域内生态环境不对人类生存及环境造成威胁，且自身生态系统稳定性不断得到提高的状态（高长波等，2006），包括三种生态类型，即人工系统、自然系统、自然－人工系统（邹长新、沈渭寿，2003），具有宏观性和针对性的特点；生态风险，指人类生活或自然条件的影响对生态系统组成、功能与结构破坏的概率（张思锋、刘晗梦，

2010)；土地健康，指维持土地自身的理化性质，使其生态恢复能力足以抵御外界的负向影响，实现“人－地－生物－环境”的互利共生和有机协调（陈美球、吴次芳，2002)；土地利用安全格局，指在保障土地生态安全条件下，在一定范围内土地利用的空间格局；耕地资源生态安全，指在一定的时空范围内，耕地资源能够维持自身正常生产运行，同时满足人类生存需求和社会发展的状态（朱红波，2008)。此外，还包括从土地规划及合理利用角度阐述的土地利用生态安全（林佳等，2011）和从资源角度考虑的土地资源生态安全（张虹波等，2007）等相关概念。虽然较多学者分别从不同的研究视角给出了不同的定义表述，但究其本质，土地生态安全是在生态安全的视角下，研究人类、动植物等所有生物与土地及其衍生物间的动态交互作用与反作用过程，且保持该过程能够持续进行（李昊等，2016a)。

中国于20世纪80年代开展了“中国土地生产能力及人口承载量研究”，将土地承载力定义为在未来不同时间尺度上，以可预见的技术、经济和社会发展水平及与此相适应的物质生活水准为依据，一个国家或地区利用自身的土地资源所能持续供养人口的数量。关于土地资源承载力的研究大致经历了两个阶段（李昊等，2016b)：第一阶段，以区域内土地所能承载的人口数量为研究目标，形成了以“耕地－粮食－人口”为主线的土地承载力（Zhou et al.，2006）研究；第二阶段，在对区域土地承载力的研究过程中，人们发现，一个区域的消耗，不仅来自本地的产出，而且越来越多地来自其他地区，故而形成了与更大区域对比的相对土地承载力（傅鼎、宋世杰，2011）研究。土地承载力的研究中，将研究区域视为封闭系统，考察耕地粮食产量承载人口的限度（宋艳春、余敦，2014)；而相对土地承载力从物质和能量交换的视角出发，与更大区域进行对比（翟腾腾等，2014)，有助于分析研究区域的可持续发展和竞争力的问题，体现了区域开放性的特征（刘婧、李红军，2010）。

3. 关于环境友好型农业技术采纳的研究

过去的几十年里，中国农业取得了举世瞩目的成就，为国家工业化、城市化做出了巨大贡献（周建华等，2012），但也要清醒地认识到，这种成就在相当程度上依赖于简单农业劳作和农药等化学物品投入，这导致了农业资源利用低效，生态环境逐步退化（谢丽华，2011）。为提高农业对国民经济的支撑能力，实现农业发展和资源环境的和谐，中国农业必须走资源节约型和环境友好型的发展道路（吴贤荣等，2014）。

尽管环境友好型农业技术创新能够促进农业资源持续高效利用、改善生态环境，但同时其伴随着明显的外部性、风险性和复杂性（宋燕平、费玲玲，2013），导致农户对技术采纳不足（邓正华，2013），在发展中国家尤其如此（周波、于冷，2010）。农户是农业生产经营主体，是农业新技术扩散的终端，环境友好型农业技术应用与推广的核心在于其是否能被农户接受和采纳（姚延婷等，2014）。农户对环境友好型农业技术的认知和采纳行为可归结为内部因素和外部因素，内部因素包括性别、年龄、文化程度等因素；外部因素主要包括地域特征、农业技术培训和推广、家庭收入状况、劳动力数量等因素。就内部因素而言，女性对农业生态环境认知水平更高，对环境友好型技术的采用也更为普遍（邢美华等，2009）；年龄的影响尚存在争议，一方面年龄较大的农户从事农业时间较长，对农业生态环境认知水平较高（王金霞等，2009），另一方面农户年龄越大，其习惯的生产方式难以改变，因此对技术采用具有负向影响（储成兵、李平，2013）；文化程度较高的农户，对农业化学技术的危害性认知程度较高（黄季焜等，2008）。从外部因素来看，家庭劳动力较多对大规模农业生产的环境友好型技术选择具有显著正向影响（姚文，2016）；家庭农业收入较多，农户更倾向于采用环境友好型农业生产技术（韩洪云、杨增旭，2011）；田间学校培训能显著增强农户的农业环境保护意识，进而促进农户对环境友好型技术的采用（蔡金阳等，2011）；中国小规模农户生产面临风险较大，农户的风险规避意识会比一般经济主体更强，其生产决策往往会偏离经济最优，拒绝环境友好型技术采用（曹建民等，2005）。此外，对农业生态环境关心与否、家庭非农就业情况、风险偏好度、政策因素等均会影响农户对环境友好型农业技术的采纳（潘丹、孔凡斌，2015；张利国，2011）。

环境友好型农业技术是农业生态环境治理的有效手段之一，技术本身和农户认知程度会最终影响技术采纳行为，过度关注农户采纳技术的统计学特征会忽略农户和社会对技术本身的可接受性（秦丽欢，2013）。

4. 关于农业生态补偿的研究

过去50多年时间里，世界范围内约40%的农用地出现退化，严重削弱了农业生态系统服务的功能，更引发了一系列生态环境问题，农业生态服务已受到广泛关注（赵姜等，2015）。我国对农业生态补偿的探索始于20世纪90年代初（蒋天中、李波，1990），但对该问题真正的关注是在近10年。

中国的退耕还林生态补偿相对较为成熟，因为退耕还林涉及土地利用覆盖变化，生态补偿标准相对容易计算。生态补偿标准通常有两个原则，即“机会成本”和产生的“生态价值”（胡小飞等，2012），生态价值难以准确估量，虽然国内学者也在不断进行尝试（谢高地、肖玉，2013；边玉花等，2016；唐秀美等，2016），但多为宏观评价，实际操作难。在实际应用中通常以补偿农户直接损失的经济价值为依据（韩洪云、喻永红，2014）。

农田生态补偿却没那么“幸运”，目前国内研究侧重于理论基础探索（陈源泉、高旺盛，2007；郭碧銮、李双凤，2010）和概念框架搭建（王欧、宋洪远，2005；刘尊梅，2014）。农业生态系统服务包括提供农产品和原材料、防治病虫害、防止水土流失，以及教育、自然美学价值等（孙新章等，2007；张丹等，2009），在这些方面已经达成共识，但操作中面临诸多困难。根据“谁开发谁保护，谁污染谁付费”以及“谁提供，谁受益”原则，补偿的主体应包括享受到任何由农业生态系统所提供的农产品、原材料和生态价值等的个体，因为所有人都是农业生态服务的受益者（严立冬等，2013），但生态服务具有公共物品特征，难以避免“搭便车”现象，因此需要政府来代表受益者群体对农业生态服务供给者进行补偿（申进忠，2011）。补偿客体方面同样存在争议，通常认为农户是农业生态服务的直接供给者，理应成为受偿客体（施翠仙等，2014），但中国农业面源污染的主要责任主体也是农户，农户对农业生态环境造成的污染是否需要收费？在中国城乡二元经济体制、城乡收入差距逐渐扩大的背景下，对农户收费是否行得通？[①] 另一个关键问题在于补偿标准难以确定，农田生态补偿并不涉及土地利用的变化，而是农户生产行为的转变，那么农户减少农药和化肥的施用，其机会成本是多少？产生的生态服务价值又是多少？理论与现实的脱节造成了补偿难，目前国际和国内均面临该问题。

即便退耕还林生态补偿操作较为容易，但依然存在现实困境。退耕还林生态补偿得到人们普遍认可，农业环境保护项目的成功离不开农户的持续支持和参与（徐晋涛等，2004）。大部分农户认识到退耕还林的重要性，并支持改善环境，但农户并不愿意承担项目导致的个人成本，相当一部分农户表示会在补偿项目停止后复耕（曹世雄等，2009），不会再继续为退耕还林做出努力（喻永红，2014）。无论在国内还是国外，经济补偿的短期效应都得到了证实，项目的可持续性令人担忧，该问题需要得到更

① http://scitech.people.com.cn/GB/15124207.html.

多的关注（冯琳等，2013）。

5. 关于农户亲环境行为的研究

农户亲环境行为是指农户在农业生产过程中自觉地运用减量化、再利用、低污染的农业经营模式（梁流涛等，2013），诸如采用环境友好型生产方式或生产资料、生产环境友好型农产品等，因其可以有效减少农业面源污染而备受关注（宋燕平、滕瀚，2016）。农户亲环境行为的研究在国外由来已久，但在中国才刚刚起步。

农业面源污染的分散性、隐蔽性、滞后性和监管难等特征决定了当前单纯运用法律等事后控污措施和点源控制政策的无效性，如何从源头控制农业面源污染成为主要的政策选择。农户作为农业生产的主体，如何引导农户自觉地运用亲环境农业生产模式，已成为目前亟须解决的现实问题（毕茜等，2014）。为了从源头上减少农业污染，中国相继出台了测土配方施肥、禁止秸秆焚烧等相关政策，但这些政策的实际效果欠佳（罗小娟等，2014），问题在于如何才能改变农户经营意愿，引导农户亲环境经营行为（郭利京、赵瑾，2014）。农户的亲环境行为是一个复杂的系统，受个体特征、制度、经济、技术、文化等众多因素影响，心理认知、行为成本、社会约束、法规和产业状况对农户亲环境行为产生显著影响（宋燕平、滕瀚，2016）。虽然在国际上有许多理论和模型来探索和解释农户的亲环境行为，但理论模型仍然欠缺。

6. 关于农户环境保护行为的研究

农业环境的改善既是农民健康生活的基础，又是农业顺利生产的保障，这种双重依赖理应增进农户对环境的双重珍惜（韩喜平、谢振华，2000）。但农户作为主要的农业生产主体和基本决策单位，具有自主发展权和决策权（Li et al.，2010），其农业生产行为却对农业生态环境产生强烈负向影响（赵雪雁、毛笑文，

2013）。为此，分析农户农业生产行为的主要因素及其对农业环境的影响已成为热点话题（侯俊东等，2012）。

农户环境保护行为受利益因素的驱动（郭碧銮、李双凤，2010），但是农户农业环境保护行为在没有外部补偿激励的情况下又如何解释？农户受教育水平越高，环境保护意愿越强，但随着年龄增长，其对环境保护的意愿却在减弱（梁爽等，2005）；农户环境认知水平不高，显著阻碍了其环境保护行为产生的可能性（邢美华等，2009）；社会资本的融入对农户环境保护行为产生正向影响（张方圆等，2013）；农户环境保护行为不仅受利益因素的驱使，而且受到心理认知因素的影响（聂鑫等，2015；王志刚等，2015）；在农户收入有保障的前提下，农户环境保护行为并不必然受环境保护经济激励的影响（王昌海，2014）。

当然，两种分析逻辑都没有错，不同点在于，农户环境保护行为受利益因素驱动的分析逻辑是基于传统经典经济学分析框架，即假设农户是“理性人”，其行为的目标在于追求效用最大化（彭向刚、向俊杰，2013）；而后者的分析逻辑则在于弥补主流经济学关于人的理性、自利、完全信息、效用最大化及偏好的一致性等基本假设的不足（Young，2011）。不可否认，目前国内较多农户环境保护行为的分析中，农户对环境的认知影响了其环境保护行为的决策（华春林等，2013；何可等，2015），较多的行为分析理论也同样认为个体行为的出发点在于对行为对象的认知（Deci et al.，1994；Rogers，2010）。但遗憾的是，目前农户农业环境保护行为的研究中，较多研究者讨论了认知和行为的关系，往往忽视了农户行为的动机。同国外一样，对农户环境保护行为理论分析框架的缺乏，导致目前国内对农户环境保护行为解释不足。

（三）研究评述

从“农业环境恶化”的现实，到“农业环境保护政策”的制定，再到“农户是农业环境保护的责任主体”地位的确立，国外和国内对农业环境的保护有了更清晰的认识，即农户是农业环境保护的直接利益相关群体，农业环境的保护离不开农户的参与。但在文献综述过程中发现现有研究的几点不足，分述如下。

（1）农户农业环境保护行为理论分析框架缺乏，进一步制约该研究的深入

农户是农业环境保护的主体，这在国内和国外均得到了广泛认可，对农户农业环境保护行为的研究已成为当前国内外研究的热点。然而在研究当中出现了截然不同的观点。一部分学者认为若要实现农户环境友好型农业生产行为的转变，就必须予以物质激励，尤其是经济激励，该部分学者所持有的观点是基于传统的主流经济学分析框架，认为农户是“理性人”，其行为目的在于追求效用最大化。另一部分学者认为农户农业环境保护行为并非完全由经济利益驱动，其自身拥有保护环境的动机，该部分学者的依据是行为经济学分析框架，认为农户并不是“自利”的。还有一部分学者认为农户环境保护行为的经济激励手段虽然起效快，但其效应是短期的，若要实现农业环境的长期保护，必然要培育农户农业环境保护的内部动机，并且进一步通过田野调查、计量模型或实验经济学等方法验证了“外在经济补偿对农户内在环境保护动机的挤出效应”。学术界关于农户环境保护行为争议的实质是，目前缺乏合适的理论分析框架，阻碍了研究的进一步深入。

（2）对外部动机关注较多，对农户农业环境保护行为的内部动机关注不足

鉴于农户农业环境保护行为的重要性，较多学者关注了农户

农业环境保护行为发生的影响因素。从社会统计学特征、家庭特征、社会经济特征，到农户农业生态环境认知、社会网络、外部激励等，国内外学者、政策制定者试图揭示农户农业环境保护行为的发生机制，目前已经取得了丰硕的研究成果。在理论界的研究中，农户农业环境保护行为干预路径可分为两种（见图1－2），但目前关注较多的仍是农户农业环境保护行为的外部动机，而对于一些农户的行为并不能给出令人信服的解释，特别是在不存在外部激励，甚至环境保护行为本身具有成本的情况下，农户为什么还要保护农业环境。这也意味着在现有农户农业环境保护行为分析的框架下“遗漏”了重要的因素——内部动机，而内部动机恰恰是农户农业环境保护行为的关键性因素（Bamberg and Möser，2007）。

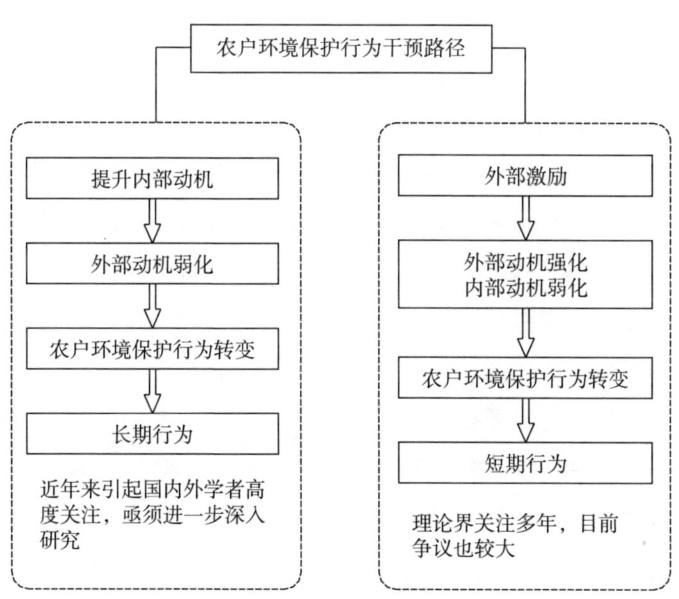

图1－2　农户环境保护行为干预路径

（3）农户农业环境保护内部动机是什么鲜有探讨

虽然学术界普遍认为个体行为内部动机不需要外部激励予以

维持，但在理论探讨和实证分析上存在两种思路，其一以心理学为分析基础，认为个体行为的内部动机源于行为本身可以给行为人带来兴趣，使人产生愉悦感；其二则以近年来快速发展的行为经济学为分析基础，认为个体行为内部动机不仅仅包含行为本身给个体带来的兴趣，更有个体对某一行为责任感的认同。从目前关于个体行为内部动机的研究来看，研究的主要行为包括企业员工工作、旅游、公共物品私人供给等，部分学者认为员工工作的和个体旅游的内部动机主要源于行为本身给个体带来愉悦感，但在公共物品研究领域，另一部分学者认为个体行为内部动机并不完全源于行为本身带来的兴趣，责任感的认同同样属于内部动机的范畴。但对于农户农业环境保护行为内部动机是源于行为本身带来的愉悦感还是对行为责任感的认同，抑或二者兼有，目前的研究却鲜有触及。

（4）农户农业环境保护意愿和支付意愿的研究区分不足

对农户农业环境保护行为的研究中，较多学者以意愿代替行为，探讨农户农业环境保护意愿，由于较多行为经济学和心理学理论普遍认为个体行为的意愿能显著促进其行为，故以意愿表征行为的研究得到较多学者的广泛认可。部分学者认为农户农业环境保护支付意愿是农业环境保护意愿更高层次的反映，农业环境保护问题应采取“谁污染谁付费”的原则，因此首先探讨农户农业环境保护支付意愿以检视在农户层面“污染者付费”是否行得通。[①] 以农户意愿和支付意愿来探讨农业环境保护问题的目标具有一致性，但农户有较强的农业环境保护意愿就一定有支付意愿

① 也有部分学者基于千年生态系统评估（Millennium Ecosystem Assessment, MA），以农户农业环境保护支付意愿来衡量农业环境保护带来的经济价值。还有部分学者同时考察了农户农业环境保护支付意愿和受偿意愿，发现二者差异较大，故从“锚定效应”等角度反驳了农户农业环境保护支付意愿能代表农业环境保护产生的经济价值这一说法，但不是本书的研究范畴。

吗？目前对二者没有明确区分，尤其是从动机角度考虑农户农业环境保护意愿和支付意愿的研究更为少见。

（5）农户农业环境保护内部动机与外部动机是否兼容的研究不足

对农户农业环境保护行为激励的主要研究逻辑是基于个体行为的外部动机，即以农户提供农业环境保护的机会成本或产生的生态服务价值为依据，为农户提供经济补偿。不可否认，经济补偿是激励个体行为产生的直接有效途径，但这一逻辑也往往忽视了个体行为内部动机的存在。理论探讨中普遍认为无论个体行为的内部动机抑或外部动机较强，均能促进行为的产生，二者的关系却存在争议。虽然目前在实证分析中学者关注的具体行为不同，也有部分研究表明经济激励所激发个体行为外部动机的增强并未减弱其内部动机，但大部分的研究仍表明二者的关系存在挤出效应。需要说明的是，对个体行为内部动机和外部动机关系的探讨主要基于心理学自我决定理论的分析框架，那么对于农户农业环境保护行为来讲，其农业环境保护的内部动机和外部动机是否兼容？这一问题的重要性在于，如果农户农业环境保护内部动机和外部动机兼容，也就表明了目前以生态补偿为基本逻辑对农户行为的干预较为适当，至少没有带来潜在的风险；如果二者不兼容，也就意味着对农户农业环境保护的经济激励方式存在弊端，需要重新审视。但目前在农户农业环境保护层面，内部动机和外部动机关系的探讨明显不足。

（6）农户农业环境保护内部动机、意愿和行为的关系缺乏探讨

从经济学视角探讨个体行为的动机，主要关注的是个体行为的外部动机，这也成了农业生态补偿理论研究的基础；心理学对个体行为动机的关注偏向于内部动机，但主要关注的是员工工作动机，并普遍认为内部动机源于行为本身给个体带来的愉悦感；

虽然近年来从行为经济学的角度探讨个体行为基于责任感的内部动机，但通常以个体意愿或行为作为单独研究对象，分析内部动机对意愿或行为的影响。无论从理论角度抑或数理分析角度来看，个体行为的内部动机即便强化了意愿和行为，也并不能完全说明在内部动机的作用下，意愿是否更有利于转化为行为。那么农户农业环境保护内部动机、农业环境保护意愿和行为的关系如何？在内部动机作用下，农户农业环境保护意愿向行为的转化是更为容易还是受到阻碍？目前的研究却缺乏相关的经验证据。

四 研究思路及技术路线

（一）研究思路

本书以蔬菜种植户为研究对象，以行为经济学对个体行为的分析、动机拥挤理论和计划行为理论等为指导，构建农户农业环境保护行为理论分析框架，从内部动机视角研究蔬菜种植户农业环境保护行为，具体研究思路如下。

从中国农业环境恶化、蔬菜种植所带来的农业环境污染远高于普通粮食种植的现实背景和农户农业环境保护的微观主体地位出发，提出现实需要解决的关键问题，即农业环境保护的源头治理——蔬菜种植户农业环境保护问题。通过对国内外相关研究进行综述，阐述现有研究的主要侧重点和研究过程中所忽视的重要问题，提出本书的研究视角，进一步通过对现实问题的凝练，提出科学问题，即内部动机视角下蔬菜种植户环境保护行为研究。在此基础上界定相关概念，并通过不同行为研究的对比方式在理论上初步探讨农户农业环境保护内部动机的来源、内部动机与外部动机的关系等，以动机拥挤理论、计划行为理论等为指导，构建农户农业环境保护行为理论分析框架，形成对本书的架构支撑。基于本书构建的理论分析框架和方法论，将蔬菜种植户分为两种类型（普通蔬菜种植户和无公害蔬菜种植户），分析其对农业环境问题的认知程度、农业环境保护内部动机和外部动机的差异及种植户农业环境保护内部动机的影响因素，这成为本书的逻辑起点。描述蔬菜种植户农业环境保护意愿现状，并比较两类种植户农业环境保护意愿的差异，通过诱导不同类型蔬菜种植户环境保护的最大支付意愿，识别真正零支付者和抗议支付者，进而分析农业环境保护内部动机对农业环境保护意愿、农业环境保护支付意愿及对农业环境保护支付意愿程度的影响，同时分析内部动机和外部动机在农户农业环境保护意愿上是否存在拥挤效应，考察拥挤效应在两类种植户中是否不同。阐述不同类型蔬菜种植户农业环境保护行为的特征，并比较两类蔬菜种植户农业环境保护行为的差异，构建理论分析模型，验证农户农业环境保护内部动机对农户农业环境保护行为的影响，并分析内部动机与外部动机是否存在拥挤效应。探索性地分析种植户农业环境保护内部动机、农业环境保护意愿和行为的关系，检验农业环境保护内部动机对行为的影响是否存在间接路径，内部动机在种植户农业环境保护意愿向行为的转化中是否存在调节效应以及调节方向。总结全书理论分析和实证检验的结果，阐述研究的主要结论，据此提出政策建议，以期建立实现农业环境保护和环境质量提升的长效机制。总结本书研究的不足，提出未来需要进一步完善和研究的方向，为农户农业环境保护行为的研究提供理论参考和经验借鉴。

（二）技术路线

根据研究的理论逻辑与思路，得出本书的技术路线，如图1-3所示。

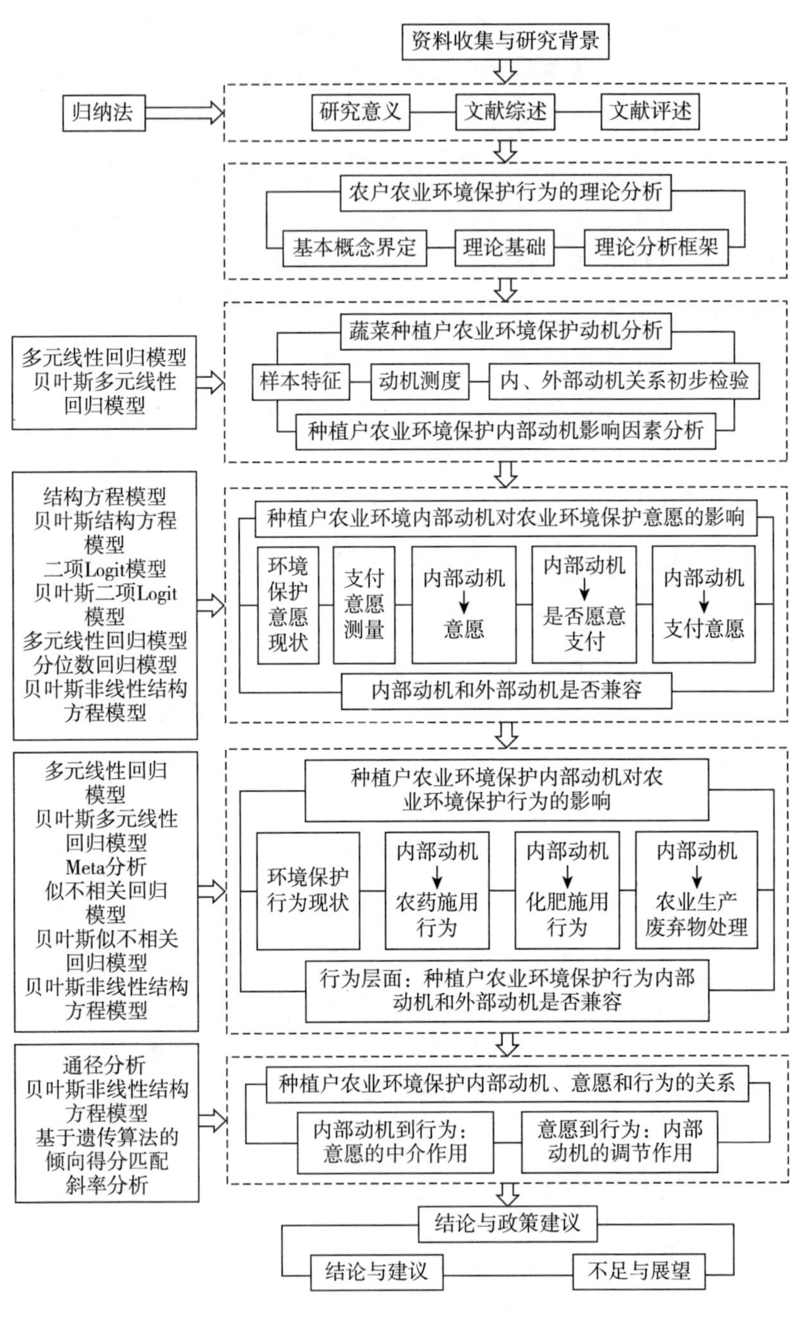
资料收集与研究背景
归纳法
研究意义
文献综述
文献评述
农户农业环境保护行为的理论分析
基本概念界定
理论基础
理论分析框架
多元线性回归模型
贝叶斯多元线性回归模型
蔬菜种植户农业环境保护动机分析
样本特征
动机测度
内、外部动机关系初步检验
种植户农业环境保护内部动机影响因素分析
结构方程模型
贝叶斯结构方程模型
二项Logit模型
贝叶斯二项Logit模型
多元线性回归模型
分位数回归模型
贝叶斯非线性结构方程模型
种植户农业环境内部动机对农业环境保护意愿的影响
环境保护意愿现状
支付意愿测量
内部动机→意愿
内部动机→是否愿意支付
内部动机→支付意愿
内部动机和外部动机是否兼容
多元线性回归模型
贝叶斯多元线性回归模型
Meta分析
似不相关回归模型
贝叶斯似不相关回归模型
贝叶斯非线性结构方程模型
种植户农业环境保护内部动机对农业环境保护行为的影响
环境保护行为现状
内部动机→农药施用行为
内部动机→化肥施用行为
内部动机→农业生产废弃物处理
行为层面：种植户农业环境保护行为内部动机和外部动机是否兼容
通径分析
贝叶斯非线性结构方程模型
基于遗传算法的倾向得分匹配
斜率分析
种植户农业环境保护内部动机、意愿和行为的关系
内部动机到行为：意愿的中介作用
意愿到行为：内部动机的调节作用
结论与政策建议
结论与建议
不足与展望

图 1－3　技术路线

五 数据来源和研究方法

（一）数据来源

本书所用数据来源于2017年1~5月蔬菜种植户的微观调查，样本由两部分组成，普通蔬菜种植户和无公害蔬菜种植户。普通蔬菜种植户样本省份的选择依据《中国统计年鉴》中国31个省份（不包括港、澳、台）的蔬菜种植面积的大小，首先将蔬菜种植面积由大到小排列，分为高（10个省份）、中（11个省份）和低（10个省份）三类，而后在每类中兼顾各省份经济发展水平随机选取一个省份作为抽样省份，分别为山东省、陕西省和山西省。为保证抽样数据的代表性，经课题组讨论，河南省是人口大省也是农业大省，且蔬菜种植面积相对较大（近年来略低于山东，蔬菜种植面积全国第二），故将河南省也作为抽样省份。因此，普通蔬菜种植户样本省份包括山东、陕西、山西和河南4个省份，并采用分层随机抽样调查的方式进行抽样，分别在每个省份按照各地区经济发展水平随机抽取3个县，而后按照同样方式抽取乡（镇）、村，每个村按蔬菜种植户数随机发放10~15份问卷，由受过专业训练的调查员采用一对一深入访谈的形式收集数据。本书无公害蔬菜种植户为定点抽样调查，选取陕西省太白县和山东省寿光市作为抽样地点，选取这两个县（市）作为抽样地点的原因为，二者在全国范围内是相对有名的无公害蔬菜生产基地，以太白县和寿光市作为定点调查区域更具有代表性。此次调查共发放问卷1400份，收回有效问卷1323份（普通蔬菜种植户1057份，无公害蔬菜种植户266份），有效率为94.50%。

（二）研究方法

本书属于理论与实证相结合的研究，在理论上分析农户农业环境保护内部动机、农业环境保护意愿和行为的运行机制以及内部动机与外部动机可能的拥挤效应，构建理论分析框架和模型；在实证上分析蔬菜种植户农业环境保护内部动机及其影响因素，检视种植户农业环境保护内部动机对农业环境保护意愿、意愿强度及行为的影响，并探讨内部动机、意愿和行为的关系。

需要说明的是，目前社会科学领域的实证研究普遍采取单一研究方法对所提出的假设进行验证，这本身无可厚非，但通常实证研究的结果经常出现较大的分歧，尤其是对于不成熟的研究或探索性的研究。不同的分析方法所依据的数学理论基础本质相通，但通常算法存在差异，用单一方法验证可能导致结果有偏，甚至不稳健，这也给社会科学的研究带来一定困难。近年来，一些学者提出对同一问题的研究应采取多种方法分析的交叉验证，以使分析结果更加稳健（李昊等，2017c）。本书作为探索性研究，结果的稳健性显得尤为重要，故将遵循这一逻辑，对同一问题的分析采取不同的方法对比验证，以期减少结果分析的不稳健因素。此外，本书也将结合统计学两大分支——传统频率统计和贝叶斯统计对结果进行对比分析。由于贝叶斯统计不依赖于大样本的渐进性，且基于先验分布和似然函数推断后验分析，当存在先验信息时，分析逻辑更贴合实际，故本书对于传统频率统计中存在违反估计的情形则只采用更为灵活的贝叶斯统计进行分析，在有先验信息情况下引入先验信息，以期使本书分析结果更具有稳健性。在实证部分，本书将对选取该研究方法的原因及其应用的原理等进行说明，此处仅简要说明本书所用方法。

在样本描述性统计中，对两类种植户的农业环境认知、农业环境保护内部动机与外部动机等进行比较，若比较对象为有序多分类或连续性变量，采用 T 检验法比较差异；若比较对象为二分类变量，则采用 K-S 检验进行比较。

对种植户农业环境保护内部动机影响因素的分析采用多元线

性回归模型和贝叶斯多元线性回归模型。

对种植户农业环境保护意愿的分析采用结构方程模型和贝叶斯结构方程模型；对种植户农业环境保护是否有支付意愿的分析采用二项 Logit 模型和贝叶斯二项 Logit 模型；对有支付意愿的种植户的支付意愿程度的分析采用分位数回归模型和多元线性回归模型；在种植户农业环境保护意愿方面，对农业环境保护内部动机和外部动机是否兼容的验证采用贝叶斯非线性结构方程模型。

对种植户农药施用行为的分析采用多元线性回归模型和贝叶斯多元线性回归模型，其中贝叶斯多元线性回归模型采用有先验信息的方式，先验信息采用 Meta 分析进行估计；对化肥施用行为的分析采用多元线性回归模型和贝叶斯多元线性回归模型；对种植户农药瓶（袋）、化肥袋和地膜处理行为的分析采用似不相关回归模型和贝叶斯似不相关回归模型；在种植户农业环境保护行为方面，对农业环境保护内部动机和外部动机是否兼容的验证采用贝叶斯非线性结构方程模型。

对种植户农业环境保护内部动机、农业环境保护意愿和行为关系的验证，采用贝叶斯非线性结构方程模型、基于遗传算法的倾向得分匹配和斜率分析。

六 可能的创新之处

根据本书的研究思路和研究结论，可能的创新点如下。

（1）构建了农户农业环境保护行为的理论分析框架

农户农业环境保护行为的研究是农业环境政策制定的微观基础，同时是农业环境质量提升的重要前提，目前已有较多学者对此问题进行了探索，但多是以行为经济学分析为基本逻辑，以农户个体特征、家庭特征、生产特征和外部条件因素为研究主线的经验分析范式，但对理论上的探讨相对缺乏。缺少合适的理论分析框架，阻碍了农户农业环境保护行为研究的进一步深化，尤其是农户农业环境保护内部动机的探讨较为少见，且在成本高于收益的情况下，农户为何会有保护农业环境的行为无法给出合理的解释。为此，本书在农户行为理论、动机拥挤理论和计划行为理论等的指导下，以内部动机为切入点，构建了农户农业环境保护行为理论分析框架，以期将现有的研究向前推进，为农户农业环境保护行为的相关研究提供理论参考和实际借鉴。

（2）农业生态补偿不是激励农户农业环境保护的唯一路径，且不是经济意义上的帕累托最优选择

本书从农户农业环境保护内部动机视角研究了蔬菜种植户农业环境保护行为，发现以经济激励为手段强化种植户农业环境保护外部动机并不是激励种植户农业环境保护行为的唯一路径，基于责任感的内部动机同样有显著的积极影响。外部动机虽然激励较快，但需要外部持续激励来维持，相比之下，内部动机虽然激励较慢，但不需要外部激励予以维持，且具有持续性。该结果也在一定程度上表明对种植户农业环境保护的生态补偿这一经济激励方式不是经济意义上的帕累托最优选择。

（3）种植户农业环境保护行为中的内部动机与外部动机不兼容，以生态补偿方式激励种植户保护农业环境存在风险

在种植户农业环境保护意愿上，其农业环境保护内部动机与外部动机的协同效应为负，且在种植户农业环境保护行为上，农业环境保护内部动机与外部动机的协同效应显著为负，表现为种植户农业环境保护的内部动机与外部动机不兼容。该结果在一定程度上表明，对种植户农业环境保护采取生态补偿的方式虽然会强化其外部动机，进而促进种植户农业环境保护行为，但该方式会挤出其内部动机，造成农业环境保护内部动机的减弱，导致“给钱就保护，不给钱就不保护”的情况。从长期来看，这不利于种植户农业环境保护行为长效机制的形成，以生态补偿方式对种植户的激励存在风险。

第二章

农户农业环境保护行为的理论分析

一 基本概念界定

（一）蔬菜种植户

本书的蔬菜种植户具体指生存于中国农村地区，以家庭或“户”为基本单位，通过土地、劳动力和资本等的投入从事蔬菜种植，并对所种植的蔬菜具有食用、出售等支配权利，且其所种植的蔬菜未经过当地政府认证为无公害蔬菜。

无公害蔬菜种植户在符合上述特征外，还应在原则上满足所生产的蔬菜没有有害物质污染，即商品蔬菜中不能含有不符合国家规定的有毒物质，对于不可避免的有害物质应控制在符合标准的范围内，且被当地政府认证为无公害蔬菜。

（二）蔬菜种植户农业环境保护行为

本书所关注的蔬菜种植户农业环境保护行为是多个行为的组合，主要原因如下。第一，现实依据，农业环境的污染主要包括农业生产本身带来的污染和工业生产造成的污染。农业生产本身的污染指在农业生产过程中，农药、化肥和地膜等投入带来的土地（耕地）污染、河流和浅层地下水的污染等；工业生产污染主要指工业废水排放、废渣堆放等造成的污染，通过地表径流以及农业灌溉等方式造成了农业环境的进一步恶化，特别是土壤的重金属污染。与工业生产带来的污染相比，农业生产本身的污染由于具有隐蔽性、难以监控、范围广等特征显得尤为严重，且农业生产本身的污染与农户生产行为密切相关，农药和化肥的不合理施用以及地膜等农业生产废弃物的不当处理，导致农业面源污染加剧、水体与浅层地下水污染和食品安全风险增加等一系列环境问题，目前，这些问题也是学术界和政策制定者普遍关注的重要议题（王济民、肖红波，2013；国务院发展研究中心和世界银行联合课题组，2014；Wang et al.，2015；Zhang et al.，2017）。第二，研究的需要，本书旨在从内部动机和外部动机角度探讨蔬菜种植户农业环境保护行为，该研究本身具有一定的探索性，若局限于某一特定行为，可能会导致分析结果有偏，为保证结果的稳健性，本书同时关注多个行为，以便于不同行为之间互为对比；此外，不同行为间相互对比也可能发现更为深层次的原因。故本书所分析的蔬菜种植户农业环境保护行为的定义不包括由工业生产造成的农业环境污染。具体而言，本书将蔬菜种植户农业环境保护行为定义为以下方面。

第一，农药施用情况：农药施用类型，包括高毒化学农药、低毒化学农药、无公害生物农药和不施药。

第二，化肥施用情况：化肥施用的类型，包括全部施用化肥、以化肥为主、化肥和有机肥用量差不多、以有机肥为主和全部施用有机肥。

第三，农药包装废弃物的处理：用过的农药瓶（袋）处理方式，包括随手丢弃在地头、水渠或路边，烧掉或掩埋，部分回收处理和全部回收处理。

第四，化肥包装废弃物的处理；用过的化肥袋处理方式，包括随手丢弃在地头、水渠或路边，烧掉或掩埋，部分回收处理和全部回收处理。

第五，地膜的处理：使用后的地膜如何处理，包括随手丢弃在地头、水渠或路边，烧掉或掩埋，部分回收处理和全部回收处理。

（三）蔬菜种植户农业环境保护意愿

包括理性行为理论、自我决定理论和计划行为理论等在内的较多对个体行为分析的理论中，意愿是行为的前项，即所分析的行为是有意识的行为，通常在有意愿的情况下产生的行为，而这种意愿是有动机、有意识的行为。无动机所对应的无意识行为不是理论界关注的重点内容，如不小心碰洒了农药瓶导致农药溢出给农业环境带来的污染，这种行为本身并非出于“自愿”或“意愿”，对无动机、无意识的行为进行分析并没有足够的学术和应用价值。

需要特别说明的是，目前国内外研究在对农户行为的分析中，由于部分行为难以直接量化或出于测量方便的考虑，故较多学者采用农户“意愿”来代表“行为”，显然意愿并不等同于行为，意愿是个体愿不愿意做某事的直接心理陈述，正如计划行为理论所指出的，意愿要变成现实的行为受个体能力、现实条件等因素的限制（Ajzen，1991），这也导致在农业环境的保护问题上，农户的意愿通常不能完全转化为行为。故本书将蔬菜种植户农业环境保护意愿与行为明确区分，意愿指的是蔬菜种植户是否愿意保护农业环境的心理陈述，并不意味着其一定存在具体行为。此外，本书进一步从动机角度分析蔬菜种植户农业环境保护支付意愿，以农户所愿意用于保护农业环境的投资额进行衡量。

（四）内部动机与外部动机

动机（Motivation）是指激发并维持个体活动进而使得该个体

的活动向着一定目标进行的一种心理倾向（肖旭，2013）。动机有多种分类方式，按照性质可分为生理性动机和心理性动机；按照作用可分为优势动机和非优势动机；按照动机的引发机制（动机的来源）可分为内部动机和外部动机。但对个体行为的分析中，内部动机和外部动机是最为基础的区分方式（Fang and Gerhart，2012），许多社会动机理论和认知动机理论等均将内部动机和外部动机作为动机区分的明确标志（Festré and Garrouste，2015）。由于本书所关注的是蔬菜种植户农业环境保护行为，其动机的来源便具有非常重要的作用，按照动机的引发机制来区分动机也正符合本书对蔬菜种植户农业环境保护行为的理论分析逻辑，故本书依照该标准，将蔬菜种植户农业环境保护行为的动机分为内部动机和外部动机。

1. 内部动机的心理学基础

由内部动机的相关研究逐渐衍生出的认知评价理论（Cognitive Evaluation Theory，CET）和自我决定理论（Self-Determination Theory，SDT）等已经成为目前心理学研究的重要理论基础。个体行为的内部动机是所有个体与生俱来的特质，虽然内部动机并不是个体行为激发的唯一来源，却是在个体中普遍存在和非常重要的因素（Ryan and Deci，2000a）。

（1）理论型定义

内部动机最初的发现来自对动物行为的实验，较多实验结果表明，即便在没有外部刺激和行为强化的条件下，动物本身仍具有探索、玩耍的行为和好奇心（White，1959）。Kagan（1972）在对儿童的研究中提出，个体基于内部动机的行为在于消除不确定性。随后，Deci（1975）将个人内部动机定义为：源于个体内部，在特定环境下，人类对胜任性（Competence）和自我决定（Self-Determination）的需求。基于内部动机的行为不需要自身以外的条件予以维持（如奖励、收益、惩罚等），个体产生某种行为的根源仅在于该行为本身，该行为使得个体在行为过程中能得到内心的满足感，即行为本身能给个体带来愉悦感，使个体在行为发生的过程中产生兴趣（Enjoyment or Fun），基于内部动机的行为与行为结果具有不可分性（Ryan and Connell，1989）。这一定义目前在心理学的研究中被广泛接受和应用（Thøgersen-Ntoumani et al.，2016；Kaiser et al.，2017；Weidinger et al.，2017）。

（2）操作型定义

对个体行为内部动机的研究，最初是通过对有机体（动物和人）的实验观察得出，但在对个体行为的研究过程中发现，基于内部动机的同一种行为并不能使所有个体均产生相同的行为结果，其原因在于内部动机水平高低的差异（Ryan and Deci，2000b）。如何测量个体行为的内部动机，便成为理论界关注的热点。目前常用的内部动机测量手段包括实验法（Experimental Method）和自我陈述法（Self-Report Method）。Deci（1971）运用“自由选择”（Free Choice）实验的手段测量个体行为的内部动机，即参与者分别处于不同的任务条件下，一部分接受外界刺激或激励，另一部分没有外界刺激，假如在没有外界刺激的条件下，若参与者仍花费较多时间完成任务，那么其花费时间越多，内部动机水平越高。自我陈述法类似于社会科学领域的调查研究，是个体对某种行为直接表达的感兴趣或喜欢的程度。虽然实验法可以通过随机分配参与者或采用双盲实验法等方式控制实验对象个体间不可观测的差异，但这种实验的方式成本较高，且毕竟是模拟现实情况，与现实情况仍可能存在差异，实验结果能否推广在学术界仍没有定论。目前，自我陈述法由于其成本低且测量较为直观等优点，已成为对个体行为内部动机测量的主要方式（Siu et al.，2014；Olafsen et al.，2015）。

2. 内部动机在经济学中的发展

个体行为的内部动机在经济学领域的研究相对于心理学的研

究起步较晚，主要原因可能是新古典经济学对心理学的排斥和新古典经济学的基本假设在经济学中长期的“统治地位”。但近年来行为经济学对心理学的“吸纳”[①]以及行为经济学采用实验经济学的方式对新古典经济学部分假设提出的挑战，使得目前较多经济学学者开始关注并贡献于行为经济学的发展。由行为经济学的快速发展带动的经济学领域对个体行为内部动机的研究发展迅速。

通常认为，内部动机被引入经济学的分析框架之中主要源于1976年Scitovsky的重要贡献（Romaniuc，2017）。Scitovsky引入心理学内容阐述了新古典经济学中效用最大化与收益最大化的差异，认为收益最大化的重心在于收益或经济利益方面的考量，但效用最大化并不完全等同于利益最大化，个体的幸福感（Happiness）也应属于效用的范畴，认为效用最大化和利益最大化等同的做法实质上造成了二者的“错配”，而后甚至引发了一系列关于个体行为是不是“完全理性”的讨论以及新古典经济学家对“理性人”的辩护（Stroebe and Frey，1980）。

按照新古典经济学的分析逻辑，个体行为面临的成本高于收益时，个体将摒弃该行为，但大量公共物品领域的经验证据表明，即便个体的行为成本高于收益，仍有较多个体提供公共物品，造成个体行为与“理性”预期的背离（Reeson and Tisdell，2008）。至少从目前来看，经济学正在逐渐接受个体行为并不完全受利益因素驱动，内部动机在个体行为的分析中具有至关重要

① 此处“吸纳”并没有行为经济学和心理学谁包含谁的意思，理论上来讲，目前行为经济学和心理学的发展交叉与分异并存：一方面，行为经济学承认个体行为决策并未完全追求经济效用最大化，各种心理因素也会引起个体行为的变化，如个体的认知、价值观等，而心理学在个体行为的分析中也允许个体逐利性的存在，这是二者存在交叉的一面；另一方面，虽然行为经济学对新古典经济学的部分假设提出了挑战，但其仍保留了新古典经济学的分析范式，而纯粹的心理学分析考察个体的偶然情绪（如发怒、焦虑等）对个体行为的影响，但行为经济学的分析目前并未触及，这也是二者分异之处。

的作用的观点（Jacobsen and Jensen，2017）。

需要特别说明的是，经济学的分析逻辑中，对个体行为内部动机的定义虽然接受了心理学的观点，认为个体行为的内部动机源于行为本身给个体带来的愉悦感，如员工在没有额外补偿的情况下，正常的工作时间外仍努力工作，通常将其定义为员工喜欢这个工作本身，工作的过程能给员工自身带来愉悦感，并产生了内在心理满足（Fang and Gerhart，2012）。但经济学对个体行为内部动机的分析也拓展了内部动机的内涵，较多学者认为内部动机包含了个体行为的准则——道德责任（Moral Responsibility）（Brekke et al.，2003；Van der Werff et al.，2013；Festré and Garrouste，2015）。个体行为的道德责任是指个体基于其所认为的，产生某种行为所必须依据的特定准则，而该准则并没有纳入心理学对个体行为内部动机的分析框架，是因为目前心理学对内部动机的分析框架以自我决定理论为主，而该理论框架并没有道德责任出现的余地（Lindenberg，2001）。除此之外，本书认为心理学分析的自我决定理论没有将道德责任作为内部动机可能存在另一种解释：如前文所述，心理学认为内部动机是个体与生俱来的一种特质，因此在该逻辑的指导下，自我决定理论重要的出发点在于强调个体行为的胜任性和自我决定的需要，其均源于个体天生的特质，而经济学的分析在此基础上进一步强调了个体行为内部动机的外在来源，即虽然道德责任并不是与生俱来的，却是个体在社会化生存环境中后天习得的，是在社会约束下准则的“内化”。

3. 外部动机

与内部动机相比，个体行为的外部动机是学术界较早关注的一种行为动机，虽然早期研究并没有明确提出外部动机的概念，但心理学、经济学和管理学等研究领域所采用的经济激励等措施均是对个体行为外部动机的应用，即外部激励通过强化个体行为的外部动机，使其达成某一特定目标或持续某一特定行为。

基于外部动机的个体行为是个体追求除行为本身外的外部满足，行为动机与该行为是可分的（Ryan and Deci，2000a）。比如员工为完成某项任务的工作，可能工作本身并没有起到激励员工愿意工作的作用，而员工努力完成工作是为了避免惩罚，这种动机本身并不是源于员工的内部，具有外源性特征，而为了避免惩罚和努力工作行为本身也就具有了可分性。

（1）理论型定义

心理学认为，外部动机与内部动机的主要区别在于个体行为的自主性，基于内部动机行为的个体可以自主地继续或中断某一行为，但基于外部动机的个体行为导致个体自主性较弱，而且个体行为更多地受到控制（Ryan and Deci，2000b）。同内部动机一样，不同个体间行为的外部动机水平同样存在差异（Ryan and Connell，1989），该差异的主要研究方式是考察个体特定行为中自主性的程度，如员工的工作行为，当员工本身认为工作能提高自身的能力，认为工作是有价值的，则表明其自主性程度相对较高，此时工作的外部动机相对较弱；反之，若员工本身并不喜欢该工作，其工作的主要目的是赚钱或避免未完成工作的惩罚，员工的行为更多地受到外部控制，自主性较弱，此时工作的外部动机相对较强。较多心理学研究也证明了上述观点。Connell 和 Wellborn（1991）通过对儿童和青少年的研究表明，虽然是基于外部动机的行为，但较强的自主性使得个体有更高的参与度。Grolnick 和 Ryan（1987）研究表明，外部动机引发的行为，在学生具有较强自主性的情况下，会提高其学习成绩。虽然这种方式考察个体行为的外部动机操作较为困难，但也成为早期对个体外部动机测量的一种手段。

经济学对个体行为外部动机的定义本质上与心理学具有一致性，只是与心理学研究相比，经济学对外部动机的定义更为直观，与新古典经济学的观点类似，经济学对个体行为外部动机的定义强调的是个体行为出于对自身利益的满足，即个体行为的外部动机表现为个体的自利偏好（Kakinaka and Kotani，2011），其中最为关注的是避免受到惩罚和对经济收益的追求（Benabou and Tirole，2003）。

（2）操作型定义

与内部动机的测量方式类似，经济学对个体行为外部动机测量的主流方法同样包括实验法和自我陈述法。其中实验法通常是由实验室设计实验方案，随机将参与者分为实验组（也称处理组，Treatment Group）和对照组（也称控制组，Control Group），通过对实验组采取经济激励的方式观察参与者行为的变化，以及移除经济激励后个体行为的变化，以与对照组相比的方式衡量个体行为的外部动机（Frey and Oberholzer-Gee，1997；Holmås et al.，2010）；自我陈述法成本相对较低，且更符合实际情况，应用较为广泛，即通过测量变量让受访者填答来考察其外部动机（Van Hecken and Bastiaensen，2010；Bear et al.，2017）。目前较多心理学的研究也同样采用该方式测量外部动机。

4. 蔬菜种植户农业环境保护行为的内部动机

基于心理学和经济学对内部动机的探讨，本书定义蔬菜种植户农业环境保护的内部动机包括两个维度：基于愉悦感的内部动机和基于责任感的内部动机。

在心理学范畴下研究个体行为的内部动机主要考虑的是某种行为本身给行为人带来的愉悦感，其关注的行为主要集中于教育、旅游、健康等领域；而经济学对个体行为内部动机的研究主要集中于员工工作行为（含有管理学研究的成分）以及公共物品的私人供给行为。对于教育来讲，学生学习本身能够激发个人兴趣，在不需要外部激励或约束条件下，仍有较多学生喜欢学习；对于旅游来讲，通常旅游行为会增加个人消费，按照经济学的分析逻辑，旅游的行为成本远高于收益（在新古典经济学分析范式下，我们只讨论经济收益），但仍然有较多人选择旅游，其实质在于旅游本身虽然具有成本，但给行为人带来了心理满足，即愉快；对于员工工作来讲，在固定工资情况下，如果员工按时上下班，则可将其视为工资收益等于工作成本，但现实情况经常出现没有额外工资补贴和命令约束的情况下，较多员工的工作时间超过法定工作时间，导致成本高于收益，相关研究表明，员工的超时工作正是源于工作本身所激发的个人兴趣，使员工得到心理满足。

即便从直观的角度来讲，教育、旅游及员工工作行为本身确实有让人感到愉悦的成分，但蔬菜种植户农业环境保护行为则不同，这种行为更类似于公共物品的私人供给行为（在不影响讨论的情况下，该处并没有明确区分“纯公共物品”和“准公共物品”）。农户行为的转变是农业环境改善的源头，但农业环境改善的过程也具有长期性，在短期内农户可能并不会有明显的感受，因此蔬菜种植户农业环境保护行为的内部动机至少不太可能源自愉悦感，即便如此，依然无法从理论上直接否定蔬菜种植户的环境保护行为本身存在愉悦感。

上述分析也是本书将蔬菜种植户农业环境保护行为的内部动机定义为愉悦感和责任感两个维度的原因，但可以预期的是，基于愉悦感的内部动机对其农业环境保护行为可能并不产生影响，对农业环境的保护行为可能更多地出于责任感的激发。

5. 蔬菜种植户农业环境保护行为的外部动机

依据心理学和经济学对个体行为外部动机的探讨，本书定义蔬菜种植户农业环境保护行为的外部动机为：蔬菜种植户在农业生产过程中出于对自身利益和避免受到惩罚的考量，表现出的利己倾向。

蔬菜种植户的农业生产过程通过投入劳动力、机械、种子和农药、化肥、地膜等生产要素实现农业产出，其中对农业环境影响较大的行为包括农药、化肥投入和农业生产废弃物处理等。对于前文所定义的种植户农业环境保护行为来讲，这些行为的发生可能并非完全出于内部动机。从长期来看，保护农业环境的行为对种植户增加蔬菜产量和经济收益也是有利的，因此可能意味着蔬菜种植户保护农业环境的选择有出于利益因素的考虑；此外，施用低毒或无公害农药以替代高毒农药等行为可能是由于当地政府的规制，即保护农业环境的行为可能是蔬菜种植户为了避免惩罚。

基于上述分析，从种植户利益视角出发，本书蔬菜种植户农业环境保护行为的外部动机重点考虑其行为的动机，可能是出于避免减产、避免受到惩罚和增加收益等方面的考虑。

二　理论基础

从农户行为的理论研究入手，探讨对农户行为经济学分析的发展脉络；据此进一步结合心理学和经济学中个体行为决策内部动机和外部动机的逻辑关系；最后，给出个体行为分析的经典行为分析框架（计划行为理论）并阐述其不足，同时说明了本书选择该理论模型进行拓展的原因。

（一）农户行为理论

从经济学视角探讨农户的行为，大体可分为三种观点，即以经典经济学为基础，认为农户是“理性人”，在风险、不确定性和信息不对称等情况下探讨农户的“有限理性”，以及近年来在引入心理学的行为经济学中探讨农户行为的框架。

1. 经典经济学——理性农户

理性农户的分析源于经典经济学对人的假设，即“追求经济收益最大化”以及“确定性”。在该分析框架下，农户具有高度的同质性，是不存在感情行为的独立经济人，其行为的本质依据在于农户是信息完全的，拥有投入和产出各种信息组合，而农户正是通过不同投入产出下的利益对比，选择能实现其经济利益最大化的帕累托最优方案以指导个人行为。

理性小农的主要代表为美国经济学家 Schultz（1964），在其代表作 *Transforming Traditional Agriculture* 一书中，Schultz 认为农户的生产决策属于理性决策，其通常会使得生产资料得到较好的配置，并进一步指出，在完全市场竞争条件下，农户的生产决策相似于（并不完全相同，Schultz 指出企业家有储蓄，但小农通常是挣扎在温饱线上，没有储蓄）特定资源和条件约束下的“资本主义企业”的逐利性行为，符合经典经济学理论的分析逻辑，农户农业生产中对生产要素的投入存在边际投入递减规律，因此导致小农农业生产的增长慢和效率不高。现代农业技术等的发展可有效地改变增长慢和效率不高，在农户具有有利投资机会的情况下可突破小农“贫困陷阱”，传统农民的生产逻辑为“穷而有效率”。Becker（1965）也持有同样的观点，其通过构建生产消费模型，以农户家庭为单位对农户的时间和投入进行分析，发现农户的行为符合成本最小化或收益最大化的生产决策逻辑。

2. 农户有限理性

农户的有限理性是基于对经典经济学分析假设的部分修正，在实际分析中，农户的生产投入决策等面临风险和不确定性。从理论的推导逻辑来讲，理性农户假设农户对其需求和成本函数的某一随机变量的特定参数充分了解；而有限理性农户则假设这一特定变量的参数服从一定的分布，农户并不是完全了解这一特定参数，取而代之的是了解这一特定分布，因此也就引入了风险和不确定性。另外，农户对其生产投入和产出等信息也并不是完全了解的。这一分析逻辑进一步贴近了现实。

有限理性的代表人物为 Simon，Simon（1972）在其 Theories of Bounded Rationality 一文中对经典经济学理性人的部分假设进行了修正，提出个体决策的风险、不确定性和信息不完全性导致个体的决策不是追求经济利益最大化，而是在备择方案中选取满意解，即帕累托次优方案。对这一理论的实际应用中，米建伟等（2012）发现风险规避和生产的不确定性使得农户购买更多品种的农药和增加农药用量。仇焕广等（2014）通过对四川玉米种植户的调查分析也有类似的发现，较多农户的化肥用量偏离了经济意义上的最优用量，其本质原因在于农户的风险规避。

3. 行为经济学——心理学的回归

行为经济学近年来发展较快，重要的原因之一可能是经典经济学对心理学的排斥，但在实际分析过程中个体行为常常与“理性预期”相背离，且有较多学者认为“理性人”的假设过于严格，不切实际（Sears and Lau，1983）；而有限理性虽然对经典经济学的严格假设进行了修正，但其并没有否定“理性人”的假设，且其分析范式仍服从“理性人”的主体范式，只不过是对部分假设的“放宽”，即有限理性仍含有较强的经典经济学的思维逻辑。但行为经济学具有更为开放的特征，重新接受了心理学在个体行为决策中的重要作用，在某些假设方面甚至对经典经济学提出了挑战，行为经济学并不是对经典经济学的颠覆，而是结合心理学对个体行为的分析，增强了经典经济学的解释力，同时为经典经济学提供了真实的心理学基础，以更加开放的观点考察个体行为。

按照经典经济学的分析框架，在成本高于收益的情况下，个体行为的最优选择是“无行为”；按照有限理性的逻辑，个体虽然不追求成本最小化或经济利益最大化，但整体的逻辑仍然是沿着“有收益”进行，即追求帕累托次优选择。但较多的研究特别是公共物品领域的研究表明，即便没有收益，甚至行为本身存在较高成本，个体依然选择供给。Rabin（1998）认为，个体的行为不仅追求经济利益，也会关注其他目标，比如公平性、互惠、利他等，而这种与“理性人”假设的背离之处就要求对经典经济学效用的假设做适当修正。效用范畴的拓展也成为行为经济学对经典经济学重要修正之一，即包含了个体心理因素，强调了某种行为给人内心带来的满足感，而满足感也应该属于效用的范畴。

行为经济学是近年来快速发展的学科，但其着眼点在于强调个体行为分析中经济学与心理学的结合，并不针对某一特定群体的行为。目前不同专业领域以行为经济学为指导对个体行为的分析有不同的侧重点，对农户行为的研究虽然国内外呈现逐渐增加的趋势，但仍未形成农户行为经济学理论。本书将以行为经济学的基本分析逻辑作为蔬菜种植户农业环境保护行为研究的逻辑主线，依据本研究的侧重点，尝试基于动机拥挤理论、计划行为理论等构建理论分析框架。

（二）动机拥挤理论

动机拥挤（Motivation Crowding）是指个体行为内部动机和外部动机关系的探讨，理论界普遍认为二者关系的引出是源于 Titmuss（1970）的 *The Gift Relationship: From Human Blood to Social Policy* 一书。在该书中，Titmuss 提出目前美国较多血库的血液来源为公民自愿献血，如果为献血者提供补偿会减弱甚至完全移除公民自愿献血的意愿，虽然 Titmuss 并没有提出实际证据来支持自己的论述，但该观点无论在学术界还是对政策制定者来说都引起了极大轰动。在此之后，对该问题的研究逐渐形成以心理学为基础的研究和以经济学为基础的研究两大分支。

1. 心理学的研究

心理学关于个体行为内部动机和外部动机关系的研究分散

于相关的学习理论（Learning Theory）文献中。Lepper（1981）、Lepper 等（1973，1982）探讨了外部激励对儿童活动内部动机的影响，发现儿童的行为在“期望奖励”条件下表现出较低的兴趣，验证了外部激励对内部动机的挤出效应。Deci（1971）运用两个实验室实验和一个田野实验进行研究，结果同样发现在外部激励存在的情况下，内部动机水平降低。随后，Deci（1975）建立了认知评价理论，较多的研究基于该理论进行探讨。

（1）认知评价理论

认知评价理论是自我决定理论的子理论，其最初的建立是考察外部激励对个体行为内部动机的影响，该理论认为外部激励（或奖励）、反馈等可以让个体在行为中感受到胜任性（也有文献称之为自我效能，Self-Efficiency），这种胜任性满足了个体的基本心理需求，因此可以强化个体行为的内部动机（Deci，1975；Deci and Ryan，1975；Deci et al.，1999）。此外，认知评价理论也强调了个体行为的自主性，认为个体行为在感受到胜任性的情况下，外部激励并不一定强化其内部动机，只有在个体的行为源于自主性时，外部激励才可以强化内部动机，即具有较强内部动机的个体行为，只有同时满足其胜任性和行为自主性的内在心理需求，外部激励才可以增强个体行为的内部动机。

基于个体行为的胜任性和自主性需求，较多研究发现给某种行为设定最后期限，或者对个体的行为施加外部压力均会造成内部动机的减弱（Koestner et al.，1984）。因为在这些条件下，个体会感受到压力，即行为不再由自我控制，这改变了行为本身由内部动机控制的逻辑，故弱化了个体行为的内部动机。

虽然认知评价理论在研究个体行为内部动机和外部动机的关系上具有基础性地位，但实证研究的结果并不完全符合理论预期，仍有较多研究表明，在认知评价理论分析框架下，外部动机对内部动机的影响有限。Cameron（2001）采用分层分析方法探讨了外部激励对儿童和大学生内部动机的影响，将外部激励分为真实奖励、言语激励，且进一步将真实奖励分为期望奖励和非期望奖励，结果表明，外部激励对内部动机的影响作用并没有预期得明显，外部激励对个体行为内部动机的强化、无作用和减弱都可能出现。Fang 和 Gerhart（2012）也对认知评价理论进行了验证，发现基于绩效的工资薪酬并没有挤出员工工作的内部动机，反而强化了其内部动机。

（2）自我决定理论

鉴于认知评价理论在解释个体行为内部动机和外部动机关系上的局限性，Deci 和 Ryan（2000，2002）在认知评价理论的基础上进一步提出自我决定理论。自我决定理论是对认知评价理论的拓展，是关于人类自我决定行为的动机过程理论，融入了社会因素对个体行为的影响，认为个体从属于某一社会群体，在群体内部有共同的价值取向（Festré and Garrouste，2015）。

自我决定理论包括三个重要组成部分：胜任性（Competence）、自主性（Autonomy）和关系（或归属，Relatedness）。其中，胜任性和自主性是认知评价理论的主要部分，关系指个体和某一社会群体的从属关系。自我决定理论认为，胜任性、自主性和关系既可以促进也可以抑制个体行为的内部动机，并提出社会因素对个体行为的影响可以通过个体行为外部动机的内部化。该理论首先用个体行为的自主性将动机分为三类，即无动机、外部动机和内部动机。其中无动机表明个体没有行为的倾向或无意识。外部动机又进一步分成四个阶段，即外部调节（或外部监管，External Regulation）、内向投射（Introjection）、认同（Identification）和整合一体化（Integration）。在外部调节过程中，个体接收到经济激励、惩罚等外部激励，而此时的外部激励仍属于外在条件；内向投射过程表明个体在接收到外部激励的情况下，个体的自我参与并关注于得到自我或他人的赞同，该过程的个体行为动机仍属于外部动机，但相对外部调节过程，此时外部动机有所弱化；认同过程则表明个体进一步通过有意识的自我认可价值目标或其所体现的行为，该过程意味着外部的激励已经在一定程度上被内部化；最后的整合一体化过程则将外部动机完全内部化，体现在该理论的第三类动机——内部动机。

在自我决定理论体系中，个体的基本心理需求是该理论的重要基石，该理论指出，人是积极的有机体，具有先天的心理成长需要和发展的潜能，胜任性、自主性和关系三种基本需要对人类而言是固有的、普遍的和本质的，三者在不同文化背景下广泛存在（Deci and Ryan，2000）。三种基本需求得到的满足越多，个体行为内部动机的自主性越强，当社会环境能满足个体的基本需要时，个体的内部动机更容易表达，其就会选择对自我或他人发展有益的行为；反之个体内部动机受到抑制，其会选择对自我或他人发展有害的行为（Ryan and Grolnick，1995）。人们对自我决定的追求构成了人类行为的内部动机（Ryan and Deci，2000b；沙莲香，2015），强调自我内部动机在行为过程中的能动作用，认为人的自我决定能力在于能够灵活地控制自己与环境之间的相互作用。然而，过多地将人类行为的根本动因看作单一的自我决定，忽视了人类行为动机的复杂性，这也是该理论受到批评的主要原因。

2. *经济学的研究*

经济学对动机拥挤的研究最初源于考察经济激励对个体行为内部动机的挤出效应，是对经典经济学理论相对价格效应的拓展（Promberger and Marteau，2013），挤出或挤入效应真正以理论的形式提出是基于 Frey、Jegen（Frey，1997；Frey and Jegen，2001）的重要贡献。

动机拥挤在经济学中的关注对象与在心理学中的关注对象略

有差异，在经济学中，目前关注最多的为经济激励对个体行为内部动机的影响。经典经济学的相对价格效应预期增加经济激励会增加供给，这也是较多经济学家研究个体经济行为的依据，在标准的个体经济行为分析中，由于行为动机通常难以测量，故在实际分析中常将个体行为的内部动机作为外生恒量（Frey and Jegen，2001）。经济学中的动机拥挤理论则将个体行为的内部动机和外部动机作为连续统，认为外部激励对个体行为的内部动机可能存在挤出效应（Crowding Out Effect）或挤入效应（Crowding In Effect）。

Frey 和 Oberholzer-Gee（1997）对公民接受新能源废弃物处理仓库建设的意愿研究表明，在政府不提供经济补偿时，50.8%的受访者表示支持在当地建设该项目[①]，44.9%的公民表示反对，另外有 4.3%的公民不关心；当政府提出为在当地建设该仓库给予公民补偿时，原来 50.8%的支持者减少到 24.6%，证实了挤出效应的存在。Fiorillo（2011）对劳动力自愿供给的研究发现，在排除了内生性偏误的基础上，经济激励对个体的劳动力供给行为没有挤出效应。此外，经济学对动机拥挤的研究主要集中于运用委托代理理论研究员工行为。Kohn（1993）发现绩效工资制并没有提高员工的工作效率，员工对绩效带来的经济收益越关注，其行为越倾向于外部动机，因此会挤出其工作的内部动机；Prendergast（2008）的研究也发现了类似的结论。

从心理学和经济学对动机拥挤的研究来看，心理学所研究的激励方式包括经济激励、口头奖励和非物质激励等方面，激励形式相对较多，但关注的特定行为主要为儿童、青少年、学生等群体；与之相比，经济学对动机拥挤的研究着重于经济激励，激励

① 在当地建设新能源废弃物处理仓库对当地居民来讲，可能意味着新能源废弃物有放射性污染的排放，当地居民的支持正是表达了一种对当地政府支持的公民行为。

形式较少，但研究的行为较为复杂，包括儿童和学生的教育、员工工作、市民垃圾处理、节水节电等行为。虽然心理学和经济学对内部动机和外部动机关系的研究遵循不同的理论发展轨迹，但具有高度的相通性，即便如此，与心理学研究相比，经济学对个体行为动机拥挤的研究明显较少。此外，无论从心理学还是经济学对动机拥挤的研究均存在较大分歧，即外部激励可能挤出或挤入内部动机。这也可能意味着研究对象、具体行为和研究方法的差异会对结果产生较大影响。

（三）理性行为理论与计划行为理论

1. 理性行为理论

理性行为理论（Theory of Reasoned Action，TRA）（Fishbein and Ajzen，1977）主要用于分析态度如何有意识地影响个体行为，被广泛用来预测行为意向和行为，其基本假设是人是理性的，在做出某一行为前会综合各种信息来考虑自身行为的意义和后果。该理论模型包括四个主要成分，即态度、主观规范、行为意向和行为。其中态度表示个体对从事某一目标行为正面或负面的情感，是由行为结果的主要信念以及对这种结果重要程度的估计所决定的；主观规范指的是个体认为对其有重要影响的人，希望自己采用某种行为的感知程度，是由个体对其认为应该如何做的信任程度，以及自己与其他人意见保持一致的水平所决定的；行为意向是人们打算从事某项特定行为的度量，是一种意愿。态度和主观规范共同决定了个体的行为意向，行为意向进而影响到行为（Ajzen and Fishbein，1980）（见图 2－1）。态度、主观规范又由其信念决定，信念（Belief）是这一理论模型的潜在因素，态度和主观规范对个体行为影响均受信念的潜在影响。但在理性行为理论的实际应用中，信念通常很难直接测量，且信念更偏重于个人心理层面的潜在因素，故通常在经济学领域的研究中，信念的潜在影响被忽略。该理论自从提出以来，被广泛应用于行为学的研究，包括心理学、经济学和社会学等领域，且较多实证结果表明该理论对行为具有较强的解释和预测能力（Sheppard et al.，1988）。

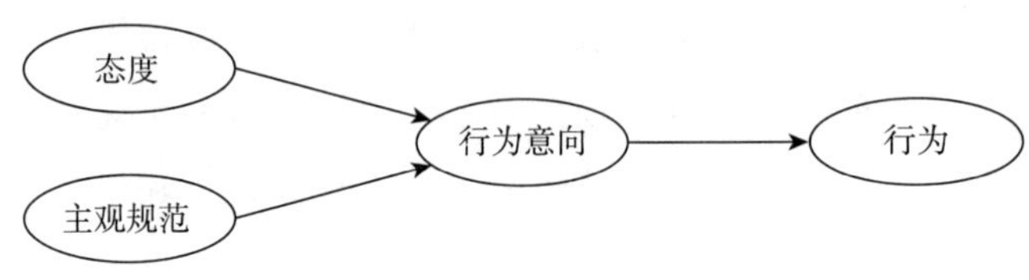

图2－1　理性行为理论模型

2. 计划行为理论

计划行为理论（Theory of Planned Behavior，TPB）拓宽了理性行为理论的分析界限，进一步引入了重要的外生变量。事实上，个体行为并非完全由行为的心理因素（态度）、自己与其他人意见保持一致的水平（主观规范）等决定。外在条件，包括个人能力，机会、资源等对个体的行为产生控制，同样会对个体行为产生重要影响，由此便形成了计划行为理论（Ajzen，1991）（见图2－2）。其中，感知行为控制对个体行为存在直接和间接影响。值得说明的是，间接影响通过对行为意向的影响进而影响行为，但直接影响并不一定存在（计划行为理论的分析模型中感知行为控制指向行为的线为虚线），即可能存在某种特定行为，即便个体缺乏能力，但有强烈的行为意向，也同样可以实现该行为，这种逻辑关系的存在，使得计划行为理论对个体行为具有更强的解释和预测能力。态度、主观规范和感知行为控制对行为意向和行为的解释力在不同区域、国家或具体行为中略有差异，但并不影响该理论的实际应用（Albarracin et al.，2001；McEachan et al.，2011）。

近年来，实际研究中对计划行为理论的拓展逐渐增加，在分析个体行为时，由于个体具有独特的个人特质，同时个体是以家

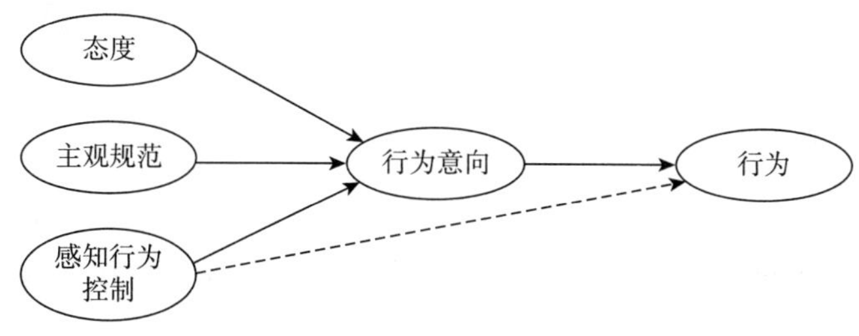

图 2－2 计划行为理论模型

庭为基本生活单位而生存于社会之中，因此，人口统计学特征、家庭特征和社会经济因素不可或缺（Burton，2014；Lalani et al.，2016）；个体的行为受不同地区文化的影响，因此，地理区位也是个体行为分析中必不可少的关键要素（Läpple and Kelley，2013）；个体的行为源于个体的认知，因此认知是行为产生的先决条件（Deci et al.，1994；Rogers，2010）。较多学者将计划行为理论作为基础理论进行拓展的主要原因可分为两类：第一，计划行为理论是不断发展的理论，其创始人 Ajzen（1991）指出，任何对个体行为具有解释能力的因素都可以纳入该理论的分析框架中；第二，行为经济学研究学者的逐渐增加，对个体行为的研究逐渐多元化，在不同的行为分析中，学者们通常基于自己的研究领域和分析需要对该理论拓展。如 Conner 和 Armitage（1998）对计划行为理论拓展探讨的综述，Pavlou 和 Fygenson（2006）对该理论的拓展等。

计划行为理论的基础是理性行为理论，而理性行为理论的假设偏重于经典经济学的假设①，因此，在预测个体"理性"行为时，计划行为理论表现出很强的优越性，对行为具有较强的解释能力（St John et al.，2011）；但在行为经济学分析框架下，计划

① 该处说偏重于经典经济学的假设，意为虽然理性行为理论基于经典经济学的假设，即个体在做出某一行为前会综合各种信息来考虑自身行为的意义和后果，但该理论中存在心理学成分，如态度，故用"偏重于"可能更为合适。

行为理论对“非理性”行为的解释能力并不总是让人满意，有时甚至出现“悖论”（Conner and Armitage，1998），该理论过多地关注于个体行为的理性决策过程，在自然资源保护领域该问题尤其突出，自然资源的保护行为并非仅仅由理性决策所决定（Kals et al.，1999）。随着近年来行为经济学的兴起，计划行为理论在解释“非理性”行为的不足上逐渐得到较多学者的重视，对其进一步深化和拓宽已成为理论发展的必然趋势。

三 农户农业环境保护行为的理论分析及框架构建

虽然不同种植类型农户的农业生产投入和产出存在差异，经济作物种植户比传统粮食作物种植户对农药和化肥等单位用量更多，但基于个体行为分析的考虑，人类行为同时受到内部动机和外部动机的影响（Frey and Oberholzer-Gee，1997），因此，在理论上农户生产行为的动机过程具有相通性。此外，虽然目前学术界关于农户的研究逐渐呈现细化的特征，如将农户分成不同群体、考虑农户分化、种植类型差异等，但这些差异是对农户特定特征的体现，暂不考虑这些因素。单就农户从事农业生产的过程来看，均是通过土地、劳动力、资本等生产资料的投入获得产出的过程，因此，其行为在本质上便具有高度的一致性；从计量经济学的角度来看，农户的差异具体体现在变量差异的控制上。出于上述考虑，本书所构建的农户农业环境保护行为理论分析框架不针对特定农户类型或农户特定特征，仅在此理论分析框架下探讨蔬菜种植户农业环境保护行为，在具体分析过程中考虑蔬菜种植户特定特征，以初步验证该理论模型的有效性。

（一）农户农业环境保护行为的内部动机——是愉悦感还是责任感

目前，对个体行为外部动机的研究，心理学更关注学校教育（依据学生成绩提供奖学金或惩罚）和健康领域的研究等，经济学则更强调员工工作动机的外部激励、补偿或未完成工作给予员工惩罚以及公共物品供给领域等。虽然心理学和经济学对个体特定行为研究的侧重点存在差异，但从其对个体行为外部动机的激发机制来看，并不存在明显差异，即均认为对个体行为的外部激励或惩罚等手段可以改变个体行为的外部动机，从而改变其行为。内部动机的研究却存在较大差异，如前文所述，心理学中个体行为的内部动机是行为本身给个体带来的愉悦感，个体行为的目标是追求行为本身带来的兴趣；而经济学中对个体行为的分析包含两个成分，即个体对行为本身的愉悦感以及行为的责任感。虽然经济学在心理学的基础上对个体行为内部动机的内涵进行了拓展，但目前个体行为内部动机的经济分析本身就存在较大差异，个体行为的内部动机是行为本身带来的愉悦感还是责任感？不同行为是否存在差异？目前在理论上并没有明确的界限，故有必要进行特别说明，本书将以行为经济学领域关注较多的员工工作动机、公共物品私人供给为参照，分析二者与农户农业环境保护行为内部动机的差异和内在关联。

对员工工作动机的关注重点在于什么样的激励方式更能调动员工积极性，节省公司生产成本，提高生产效率。长期以来，学术界被广泛认同的观点是以员工工作绩效为导向，实行绩效工资制（包括生产领域的计件工资制）（Prendergast，2008），但近年来较多研究表明，依照绩效工资制给员工更多的经济激励会改变员工工作的导向，降低了员工工作的兴趣（Ordóñez et al.，2009）。也有学者的研究结果表明，绩效工资制并没有降低员工工作的兴趣，反而进一步强化了其内部动机（Fang and Gerhart，2012）。从目前对员工工作的内部动机的研究来看，学者们普遍将员工工作的内部动机视为工作本身给员工带来的兴趣，不可否认的是，员工确实可以从工作中得到乐趣，即便在固定工资制情况下的非工作时间依然努力工作也正体现了其工作的内部动机。值得注意的是，对员工工作内部动机的研究体现的是工作本身给员工带来的愉悦感，对该问题的研究目前学术界并没有特别关注这种行为的责任感。

经典经济学的分析逻辑意味着公共物品的私人供给为零，或至少公共物品的私人供给通常是不足的，对该问题中个体行为的内部动机研究也就普遍集中于公民责任，探讨如何实现公共物品的私人有效供给。Engelmann 等（2017）认为非纯粹的公共物品供给拥有个人道德的成分，私人的供给行为由道德所激励。Brekke 等（2003）将个体行为的道德责任融入经济分析模型（文中称为道德动机），认为消费者将自我看作拥有社会责任的个体，这种责任的动机促使消费者自愿提供公共物品。

从上述行为经济学主要关注的两类行为来看，研究者在不同的行为分析中采用了不同的内部动机形式。从两类行为的性质来看，工作本身可以给员工带来兴趣已成为普遍共识，即员工工作为其带来内在的心理满足——兴趣，但该工作行为（包括服务和生产）也为社会经济发展和社会整体福利带来了积极影响，那么是否员工工作动机也存在道德责任的成分？目前的研究关注不足。对于公共物品私人供给的研究来讲，虽然较多研究的出发点认为这种行为本身可能并没有什么兴趣，却是一种公民责任来激励并维持公共物品的供给行为，因此，在目前该领域的研究中，个体行为的兴趣并不是考虑的对象。

基于上述分析可以发现，在行为经济学领域对个体行为内部动机的关注点存在特定行为的差异，即在员工工作动机的研究中，学者们关注的是工作本身给员工带来的兴趣，而在公共物品领域的研究中，学者们重点强调了行为本身存在的责任感。就本书来讲，蔬菜种植户农业环境保护行为和公共物品私人供给的公民行为有诸多相似之处，但本书并没有遵循公共物品私人供给的道德分析框架，主要原因在于，虽然种植户农业环境保护行为可能主要并不是由行为本身的兴趣激发，但仍不能排除农业环境保护行为本身给种植户带来的心理满足的存在，而这种心理满足也可能体现为种植户的兴趣或愉悦感。作为探索性研究，本书仍将基于愉悦感的心理需求作为农户农业环境保护行为内部动机的一部分，从理论和实证的角度补充现有研究的不足，但预期种植户农业环境保护内部动机的主要来源是责任感。

（二）农户农业环境保护内部动机与外部动机的关系

内部动机与外部动机的关系在理论上已探讨多年，从二者最初的“不兼容”到特定情况下可能存在“兼容性”的讨论，在实证研究上也与理论类似，虽然随着时间的推移，学者们借鉴较为先进的实验经济学和计量经济学的手段和方法尝试解开该谜团，但至今二者之间所存在的关系仍没有定论。本小节将尝试从不同学者研究的对象和特点等方面对已有研究的共性和差异进行归纳，虽然不能从根本上厘清二者的关系，但可以为本书的分析提供一个初步可判断的思路。由于个体行为内部动机和外部动机的研究领域较多，本小节将就目前研究中比较受关注的领域进行探讨。

（1）外部激励与学生学习的内部动机

心理学对学生学习内部动机的研究强调学习本身给学生带来的内在满足感，是激发学生学习兴趣的内部动机。为学生提供经济激励（如奖学金）最初的目的是进一步增强学生学习动力，使学生达到更高的目标，但相关研究表明对学生的经济激励反倒使学生成绩下降。Deci 和 Ryan（2002）将这种情况解释为“行为受控”，即原本基于内部动机而从事的行为，在经济激励干预下使得个体行为受到控制，此时，个体行为的自主性弱化，导致行为的出发点从内部动机向外部动机转变，行为的兴趣减弱。这一研究结果可对一个常见的社会现象进行解释，即家长越是督促子女学习，越可能适得其反，反之，以身作则，即越是以自己的行为引导而非强制要求子女学习，越可能提高子女学习成绩。因此，根据该分析逻辑，即便在存在外部激励的情况下，满足学生学习行为较强的自主性仍然可避免弱化其内部动机。

（2）外部激励与个体健康行为的内部动机

目前，对个体健康行为的研究并没有直接考虑在没有外部激励的条件下，个体内部动机水平的高低，也没有探讨该行为的出现主要是源于内部动机还是外部动机，因此，在研究个体健康行为的过程中，通常通过随机分组实验的方式平衡实验组和对照组个体初始动机的差异。Charness 和 Gneezy（2009）以在校大学生为研究对象，将参与者随机分为实验组和对照组，而后对实验组提供激励，发现实验组参与者健身的频率明显高于对照组，当实验组移除激励后，参与者健身的频率依然高于对照组，表明了外部激励对个体健康行为内部动机的挤入效应。Cooke 等（2011）对儿童健康饮食的研究同样发现类似的结论，即为受试者提供的外部激励强化了儿童健康饮食习惯。

（3）外部激励与员工工作的内部动机

目前在对员工工作动机的研究中，外部激励和内部动机的关系分歧较大，但通常认为员工工作的内部动机源于对工作本身的兴趣。Ordóñez 等（2009）研究发现，对工作的目标设置导致了个体风险偏好的扭曲、组织文化的侵蚀和个体内部动机的减弱。Kohn（1993）认为对员工的经济激励或惩罚是外部激励的一体两面，外部激励并没有改变员工本身的工作态度，仅对员工有短期激励效应，也不能改变员工长期的承诺，故认为这种激励是无效的。但近年来也有较多相反的观点，如 Fang 和 Gerhart（2012）的研究表明，经济激励对员工工作的内部动机具有强化作用。

（4）外部激励与公民公共物品供给的内部动机

公民自愿提供公共物品的行为属于亲社会行为（Pro-Social Behavior）的一种，更多地强调公民的道德责任。该领域的研究中，关于外部激励对个体行为内部动机的挤出效应争议不大。Reeson 和 Tisdell（2008）认为公共政策的设计应考虑个体行为的内部动机，他们的研究表明外部激励挤出了人们自愿供给公共物品的内部动机。Georgellis 等（2010）研究发现，较强的内部动机促使个体更倾向于从私人部门转向公共服务部门工作，且对工作有较高的满意度，相比之下，即便有较高的工作满意度，重点关注外部激励的个体，也不倾向于从私人部门向公共服务部门工作的转移，外部激励挤出了个体行为的内部动机。

上述不同领域探讨个体行为内部动机和外部动机（主要为经济激励引发外部动机）的关系所得出的结论虽然存在较大争议，但由于学科间研究对象的差异，上述研究缺少了直接的横向可比性，因此也导致对个体行为内部动机和外部动机的关系直接下定论存在较大障碍，但上述不同领域的研究存在一些规律。下面将对这些可能存在的规律进行探讨，并给出对农户农业环境保护行为内部动机和外部动机关系的启示。

从个体行为内部动机的界定来看，学生学习、个体健康行为和员工工作的内部动机主要研究的是行为本身带来的兴趣，公民公共物品供给行为的内部动机主要考察的是个体行为的责任感，在这一点上，公民公共物品供给行为与农户农业环境保护行为相似，即都属于从个体自发的公共物品供给行为，甚至行为本身可能存在成本。

从外部动机和内部动机关系的角度来看，在学生学习和公民公共物品供给行为的研究中，个体行为内、外部动机关系的分歧相对较小，在员工工作动机中分歧较大。基于这三种行为的特点可以看出，学生学习和公民公共物品供给行为均源自个体的“自愿”，而员工工作动机却存在较强的外部动机属性，即工作的出发点在于赚钱，因此可能意味着“自愿”的行为更容易出现内部动机被外部动机挤出的现象。农户农业环境保护行为更多的是带有正外部性特征，故其行为也更贴近于农户的“自愿”。

个体健康行为与其余三者的显著差异在于，该行为的结果存在利己倾向，即锻炼身体对自身的健康有积极影响，外部激励挤入了个体健康行为的内部动机，可能意味着在该行为中，外部激励起到了“敲门砖”的作用，其催化的个体健康行为给行为人带来了好处，在实验手段中移除外部激励可能并未起到外部激励终止的作用，此时，外部经济激励虽然消失了，但锻炼身体给自身带来的好处便充当了这种外部激励，使得该行为得以持续。正如前文所述，农户农业环境保护行为带有较强的私人供给公共物品的性质，即该行为虽然从长期来看对农户自身也有利，但更多地表现为社会受益，单就这一点来讲，很难理解为农户自身的完全逐利，故通过给予农户经济激励使农户保护农业环境，在移除经济激励后，农户保护农业环境的行为可能并不能起到外部激励的作用。

从员工工作行为来看，早期的研究表明外部激励挤出了员工工作的内部动机，但近年来的研究表明了相反的趋势。Fang 和 Gerhart（2012）给出的解释是，对绩效工资制偏好的个体会主动选择实行这种制度的公司，不适应这种制度的员工会自动离开，因此即便实行绩效工资制也不会挤出员工工作的内部动机，反而会有强化作用。虽然该解释较为合理，但与早期的研究结果冲突，本书认为可能的原因是与早期相比，近年来员工的流动性逐渐增强，因此会产生 Fang 和 Gerhart（2012）所分析的原因。上述分析给本书的启示是，农户与员工存在较大差异，员工在不同公司的择业流动性更强，但土地的地理区位是固定的，农户不能自由流动选择耕种的地块，这也意味着即便不同地区有不同的农业环境政策（有些地区提供无公害生物农药、有机肥等生产资料的购置补贴，有些地区则没有此类补贴），农户也不能像公司员工一样自由选择种植区域，因此，外部激励（绩效工资制）对员工工作的内部动机有促进作用，但在分析农户农业环境保护行为上，外部激励对内部动机的促进作用可能并不成立。

基于上述初步分析，本书提出如下研究假设。

H2－1：在农业环境保护问题上，蔬菜种植户农业环境保护行为的内部动机主要源于责任感，出于愉悦感的可能性较小。

H2－2：种植户农业环境保护的外部动机和内部动机此消彼长，兼容的可能性较小。

（三）农户农业环境保护意愿、行为与动机

学术界对个体行为的研究由来已久，有早期唯心主义学说对个体行为的解释，以及机械论对个体行为的解释，特别是机械论在早期的研究中较为盛行，该理论试图以自然科学的方法研究个体行为，认为人的行为是可以预见和可控的。但随后心理学认知过程的快速发展使得对个体行为的分析逐渐向前推进，也导致机械论的影响逐渐减弱，目前关于个体行为与动机关系的探讨主要源于心理学的认知过程。

个体行为的心理学认知过程主要体现为个体在做出选择之前要收集信息，从而形成个人知识（Deci，1975），个体通过不断地与环境交互作用，并与当前自我状态进行对比，最终由所获得的信息来指导个体行为，当个体想要从事某一行为时，便具有了目标导向，即有行为的动机。除此之外，心理学认为个体行为存在无动机的情况，而无动机对应的是无意识行为，即个体并未通

过外界信息的收集过程，也未形成个人的知识，因此个体无动机的行为不是个体通过学习或信息收集过程而做出的选择，故学术研究中重点关注的是个体有动机的行为。从目前的研究来看，个体有意识的行为源于其动机已成为普遍共识。

对于农业环境保护问题来讲，农户的农药、化肥施用类型和农业生产废弃物如何处理的行为是农户通过外界信息的收集形成农业生产经验或知识的体现，这一过程满足行为动机的认知过程。同时，上述行为对农户来讲显然是有意识的行为，无论其出发点主要源于经济效用、心理效用抑或二者兼有。进一步来讲，上述问题又满足以农业生产的目标为导向，故按此逻辑，本书所定义的农户农业环境保护行为显然是农户有动机的行为，无论其主要源于内部动机、外部动机抑或二者皆有。

与农户农业环境保护动机和行为的关系略有差异，农户农业环境保护意愿仅为其是否愿意保护农业环境的直接心理陈述，个体行为的动机是否会影响意愿，目前在理论上尚很少有文献探讨。可能的原因是，理论上，目前对个体行为分析较为常用的是计划行为理论模型，该理论中意愿是行为的前项，个体具有较强的行为意愿时，其出现行为的可能性显著增大；在现实研究中，由于行为难以测量，而意愿则相对容易测度，故国内外较多学者通常以意愿代替行为进行分析，在个体动机的分析中也是如此（Lin，2007；Hau et al.，2013；Nwankwo et al.，2014）。因此，本书沿袭目前学术界的分析逻辑，认为个体行为的动机会同时影响其意愿和行为。

需要说明的是，虽然较多学者在研究动机和行为的关系上均认为动机直接影响意愿或行为，但对个体行为意愿、行为和动机同时的研究较为少见，特别是农户农业环境保护意愿、行为和内部动机。如果种植户农业环境保护内部动机对农业环境保护意愿和行为同时存在影响，也就意味着可能意愿到行为的转化受个体行为内部动机的调节，此外，也意味着内部动机对行为的影响可能存在间接路径。

基于上述分析，本书提出如下研究假设。

H2 – 3：农户农业环境保护行为的动机（包括内部动机和外部动机）对农业环境保护意愿和行为均产生影响。

此外，如果假设 H2 – 3 成立，本书也将检验种植户农业环境保护内部动机在农户农业环境保护意愿和行为上的作用。

（四）农户农业环境保护行为——理性逻辑与非理性悖论

按照经典经济学分析的逻辑，个体的行为是为了实现经济利益最大化，即以最小成本或最大收益来实现该目的，在经济规范下，这一逻辑对个体行为的经济分析有较强的合理性和说服力。但在现实问题的分析中，个体行为并非完全由经济理性决定，特别是在自然资源和公共物品等研究领域，该问题尤为突出，即便在保护环境存在成本的情况下，个体依然会采取这种行为（Czajkowski et al.，2014；Steg et al.，2014），在经典经济学分析框架下，这也通常被称为个体行为的“非理性”。事实上，经济规范对个体行为分析关注的正是个体行为的外部动机，显然个体行为并非完全由经济规范驱动。对农户农业环境保护行为的分析，本书以个体行为目标是实现效用最大化为基础，但与经典经济学个体追求的经济效用最大化有所差异，本书的效用包括两个维度：经典经济学包含的经济效用和个体实现心理满足感的心理效用。公式如下：

$$U = U(E) + U(I) \tag{2-1}$$

式中 U 表示农户环境保护行为追求的总效用；$U(E)$ 表示农户追求的经济效用；$U(I)$ 为农户农业环境保护行为心理满足感带来的效用。实质上，$U(E)$ 代表了农户农业生产外部动机所带来的效用；$U(I)$ 则为农户基于内部动机给农业环境的保护带来的效用。按此逻辑，U 有两种可能：第一，U 不变；第二，U 可变。

考虑第一种情况，农户总效用不变。农户农业生产的外部动机越强，其保护农业环境的内部动机越弱，这也意味着农户对农业生产经济收益[①]的追求造成农户对农业环境保护的漠视。在此情况下，为农户农业生产中农药、化肥购置等提供经济补偿时，农户生产成本降低，此时 U（E）升高，总效用不变，则 U（I）降低。按照这种分析逻辑，似乎增强农户农业环境保护行为的内部动机就必然造成农户经济效用的降低，减少其收益，这与目前较多发展中国家实行的生态补偿相悖（与发达国家不同，目前较多发展中国家实行的生态补偿包括两层含义：其一为保护生态环境，减少环境污染；其二为减贫）。实际上，以农户农药和化肥的购买为例，中国目前部分地区实行的农药、化肥购置补贴较多针对的是购买者，不购买则不能得到补偿，即这种补偿方式并没有将钱直接发放到农户手中，是一种有针对性的补偿，这也正体现了外部激励的行为针对性。在上述假设条件下，则意味着增强农户农业环境保护行为的内部动机则弱化了其外部动机，降低了农户收益，故若想保持农户收益不变且同时不减弱其农业环境保护的内部动机，对农户收益减少的补偿可以通过其他途径，而非农业生产性补偿，特别是造成农业环境污染的农药、化肥等购置补贴。

第二种情况下，总效用 U 可变。首先，假设 U（E）和 U（I）独立，即农户对经济利益的追求和其农业环境保护行为的内部动机没有关联，这也意味着生态补偿并不影响农户农业环境保护行为的内部动机，且同时增加了农户总效用。但该假设缺少理论和

① 农户农业环境保护行为的外部动机可能是担心惩罚，但正如前文所述，避免惩罚和追求经济收益是个体行为外部动机的一体两面，故此处仅以经济收益为例说明。

现实依据，无论从心理学还是从行为经济学角度来看，个体行为均由其外部动机和内部动机共同决定，而表现出的行为倾向关键在于外部动机和内部动机的强弱。

其次，假设 $U(E)$ 和 $U(I)$ 同向相关，即外部动机的增强也可促进内部动机的增强（挤入效应）。这种假设是最理想的条件，意味着在对农户提供经济补偿的同时实现了农业环境改善和减贫，也进一步产生了溢出效应——农户农业环境保护行为内部动机的增强。但正如前文所论，农户农业环境保护基于内部动机的行为更类似于公共物品私人供给的“自愿”行为，而其农业环境保护外部动机则是避免破坏农业环境造成收益下降或受到惩罚。按照行为经济学分析的逻辑，个体同时生存于社会规范和经济规范之下，经济规范主要由个体行为的外部动机所主导，而社会规范主要由个体行为的内部动机主导，当经济规范出现时，社会规范会弱化或消失（Ariely，2008），即虽然在农户农业环境保护行为上可能存在 $U(E)$ 和 $U(I)$ 同向相关，但可能性不大。

最后，考虑在 U 可变情况下 $U(E)$ 和 $U(I)$ 反向相关。当外部激励导致 $U(E)$ 提高后，$U(I)$ 下降，但如果满足下式条件，农户依然会选择保护农业环境：

$$U_1 = U(E_1) + U(I_1) > U_0 = U(E_0) + U(I_0) \tag{2-2}$$

式中 U_1 和 U_0 分别为农户行为在接受外部激励和未接受外部激励时的总效用；$U(E_1)$ 和 $U(E_0)$ 分别为外部激励存在时和没有外部激励存在时农户的经济效用；$U(I_1)$ 和 $U(I_0)$ 分别为外部激励存在时和没有外部激励存在时农户农业环境保护行为内在满足感带来的效用。

在这种条件下，$U_1 > U_0$ 的主要贡献力量是 $U(E_1) > U(E_0)$，因为 $U(E)$ 和 $U(I)$ 具有反向相关关系，所以 $U(I_1) < U(I_0)$，若想维持这种状态，意味着外部经济激励必须是持续的。理论分析表明，外部激励对行为的干预具有速度快、时效短的特征，因

此一旦外部激励消失，U（E）会恢复至初始状态①，这就直接造成农户总效用的下降。类似于凯恩斯提出的“工资黏性”，本书认为，农户总效用的下降会促使其想要恢复有经济激励时的效用，农户可选择提高 U（E）或 U（I）从而继续维持 U_1 的效用水平。但与外部动机不同，个体行为的内部动机具有脆弱性（Midler et al.，2015），且内部动机减弱若想恢复到初始状态相对较慢，因此农户的最优选择便是提高 U（E），当外部经济激励消失后农户提高 U（E）的途径便是自身外部动机的增强，表现为更强的逐利性，进一步挤出其农业环境保护的内部动机，这也从理论上解释了为何移除经济激励后农户农业环境保护行为不可持续，甚至可能出现行为退化。

需要说明的是，农户内部动机较强就一定有较强的农业环境保护行为倾向吗？近年来，相关研究表明，发达国家的农户（农场主）比发展中国家的农户具有更强的农业环境保护的行为倾向和更多的行动，Sulemana 和 James（2014）认为这是经济发展的作用，经济发展水平越高，人们越会倾向于保护环境。对于农业环境保护问题，虽然农户追求总效用 U 的最大化，但 U（E）和 U（I）存在一定的差异，即农户必须首先满足生活需求，才会追求内心的满足感，故按照理论对个体行为动机的分析有如下条件：

$$U(E) \geqslant U(E_S) > 0; U(I) > 0 \tag{2-3}$$

式中 U（E_S）为个体满足基本生活需求的最低效用水平。只有满足公式（2－3）这一条件时，农户才可能选择保护农业环境，即农户内部动机较强并不一定有较强的农业环境保护行为倾向。从本书所建立的广义效用模型来看，农户的选择依然是理性

① 较多研究表明，在环境保护领域一旦经济激励移除，个体行为会恢复到初始状态，甚至可能造成行为退化，该处是否考虑行为退化并不影响讨论。

的，故将其定义为“广义理性”。

基于上述分析，无论农户农业生产的外部动机和其农业环境保护行为的内部动机关系如何，农户农业环境保护行为本身均不能视为非理性行为，虽然保护农业环境存在行为成本，但该行为带来的农户心理满足感的提升同样会增加农户总效用。

（五）理论分析框架——对计划行为理论拓展

行为经济学的繁荣催生了个体行为理论分析框架的快速发展，目前，相关理论包括计划行为理论、自我决定理论、价值信念规范理论（Value Belief Norm Theory）等，虽然这些理论均是关注个体行为，但由于不同理论的发展背景不同，研究的侧重点也有所差异。本小节将对本书以计划行为理论为蓝本进行拓展的原因进行说明，并基于前文理论分析构建农户农业环境保护行为理论分析框架，为全书的实证分析提供理论基础。

1. 对计划行为理论拓展的原因

本书选择计划行为理论作为基础架构并对其拓展的原因主要包括以下几个方面。

第一，理论成熟度和绝对引用量。计划行为理论是目前学术界研究个体行为公认的较为成熟的理论之一，对个体的行为具有较强的解释和预测能力，在不同人群、不同国籍，甚至不同行为上均有较好的表现，且该理论的前身为理性行为理论，与经济学个体行为的分析具有一定的相通性。此外，从 1991 年至今，据不完全统计，其在 SCI 中被引用量已超过 50000 次，远多于其他相关理论。以该理论作为本书的理论分析蓝本可降低对行为解释的系统性误差，增加农户农业环境保护行为分析的可控性。

第二，理论模型的开放性。本书研究的是农户农业环境保护行为的内部动机，虽然自我决定理论重点关注的正是个体行为内部动机以及外部动机的内化，但其内部动机的侧重点是基于愉悦感，基于责任感的维度很难进入理论模型。正如Lindenberg（2001）所述，个体行为的道德责任作为个体行为必须依据的特定准则并没有纳入心理学对个体行为内部动机的分析框架，主要是因为心理学对内部动机分析的主流理论——自我决定理论并没有道德责任出现的余地。计划行为理论与其他理论不同，该理论更具有开放性，Ajzen（1991）提出该理论时即指出，任何对行为有解释能力的维度均可加入计划行为理论中，以不断完善该理论，这也可能是目前学术界较多学者根据自己研究对象的需要，选择对该理论进行拓展的原因。早在计划行为理论的前身——理性行为理论提出时，Fishbein（1967）、Gorsuch和Ortberg（1983）就已经对该理论进行了拓展，前者增加了个人规范这一维度，后者增加了道德责任这一维度，本质上，个人规范指的就是个体行为的责任感，而后者则更加明确，这也是本书选择该模型的主要原因之一。

第三，同时含有意愿和行为。在社会科学分析中，意愿是行为的前项无论在理论分析还是在实证检验上已成为普遍共识，虽然自我决定等理论也含有意愿的成分，但通常关注的是个体实际行为，在农户农业环境保护问题上，较多实证分析均以意愿作为行为的代理变量，但意愿终究不是真实行为。计划行为理论为个体意愿到真实行为的转化提供了理论依据，也为本书具体分析内部动机在意愿和行为之间的关系上提供了可能，在经济学分析中也更具有实践意义。

第四，计划行为理论更适合行为经济学分析的特点。如前文所述，计划行为理论的前身是理性行为理论，其基本理论前提与经典经济学假设有相通性。此外，计划行为理论本身具有心理学的成分，这也正符合本书对农户行为讨论的行为经济学分析框架。从其理论架构来看，计划行为理论并没有明确的个体行为内部动机和外部动机的成分，虽然部分学者将“Intention”（意向，学术研究中常译为“意愿”）视为行为意图，认为行为意图是一种行为动机，但该行为动机并不是来源性分类的动机，与本书所定义的农户农业环境保护行为内部动机和外部动机存在显著差异。就目前国内外理论研究来看，以及从其操作定义来看，表达的是个体对真实行为是否愿意执行，故即便将其视为行为动机，也与本书定义的动机没有从属或交叉关系，即本书定义的动机与计划行为理论分析模型中各个维度具有独立性，在不影响原理论对个体行为解释力的基础上，可以检验本书所提出的理论假设是否成立。

基于上述原因，本书将以计划行为理论为基础理论分析蓝本，并对其进行拓展，以期将农户农业环境保护行为的理论分析向前推进。

2. *农户农业环境保护行为理论分析框架*

基于基本概念的界定、理论基础和理论分析，本书的基本分析逻辑如下。

第一，对农户农业环境保护行为的分析依据行为经济学分析框架，将农户农业环境保护内部动机产生的内在心理满足这一心理效用纳入农户的广义理性分析范畴，形成对经典经济学经济效用分析的补充。

第二，所分析的农户农业环境保护行为内部动机包括基于愉悦感的内部动机和基于责任感的内部动机两个维度，外部动机为农户农业生产中的利己倾向，外部动机可能对农户农业环境保护行为的内部动机具有挤出效应。

第三，较强的内部动机和外部动机均强化了农户农业环境保护意愿和行为；但较强的外部动机是否同样增强农户农业环境保护支付意愿尚不确定。

第四，除直接影响外，内部动机对农户农业环境保护行为可能存在间接影响，间接影响为内部动机通过意愿影响了行为。

第五，通常农户农业环境保护较强的意愿并不能完全转化为行为，探讨内部动机在农户农业环境保护意愿向行为转化中的作用。

基于本章的理论分析和上述分析流程，以计划行为理论为基础构建农户农业环境保护行为的理论分析框架（见图2－3）。

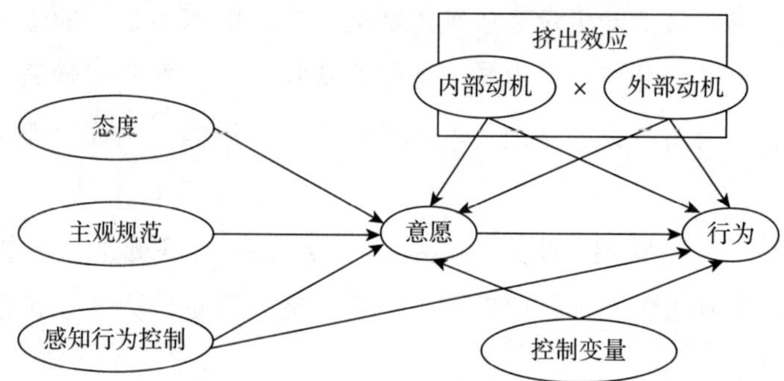

图2－3　农户农业环境保护行为理论分析框架

第三章 种植户农业环境保护行为的动机分析

农户农业环境保护的动机是其农业环境保护行为产生的基本前提。基于前文理论分析，本章对农户农业环境保护行为内部动机和外部动机水平进行测度，并比较普通蔬菜种植户和无公害蔬菜种植户两种动机水平的差异；在此基础上初步探讨蔬菜种植户农业环境保护内部动机和外部动机的关系，并探索性地考察蔬菜种植户农业环境保护内部动机的影响因素。

一　样本基本特征描述性统计

个体人口统计学特征和社会经济特征是行为经济学对个体行为分析的重要因素，认知及外部条件因素的不同导致个体行为的差异已成为行为经济学对经典经济学补充的又一关键。故遵循这一逻辑，本章首先对样本种植户个体特征、家庭特征、农业生产及销售特征、农业环境认知特征等进行描述，并比较不同地区两类蔬菜种植户在上述特征中是否存在差异，以初步检验不同地区的普通蔬菜种植户和无公害蔬菜种植户样本是否同质，为是否选取区域控制变量提供依据。

（一）种植户个体特征

1. 全样本个体特征描述

种植户个体特征包括性别、年龄、受教育程度、身体健康状况及政治身份（见表3－1）。在1323个有效蔬菜种植户样本中，有63.42%为男性；年龄偏大，平均为50.31岁；受教育程度整体较低，均值位于初中学历以下；党员和村干部群体分别占比13.30%和8.62%；身体健康状况相对较好，均值处于一般到较好之间。从调查对象的个体特征来看，较大的年龄与较低的受教育程度等较为符合当前中国农村的实际情况（Smith and Siciliano，2015；Pan et al.，2017），这也在一定程度上表明本书抽样具有一定的代表性。

表3－1　受访户个体特征描述性统计

指标	均值	标准差	最小值	最大值
性别（男＝1；女＝0）	0.63	0.48	0	1
年龄（岁）	50.31	10.57	18	79
受教育程度（未上过学＝0；小学＝1；初中＝2；高中＝3；高中以上＝4）	1.68	1.09	0	4
党员（是＝1；否＝0）	0.13	0.34	0	1
村干部（是＝1；否＝0）	0.09	0.28	0	1
身体健康状况（非常差＝1；较差＝2；一般＝3；较好＝4；非常好＝5）	3.69	0.86	1	5

2. 普通蔬菜种植户

普通蔬菜种植户个体特征如表3－2和表3－3所示。受访者以男性居多，男性为663人，占比62.72%，其中陕西、山西、山东和河南分别为150人（58.37%）、172人（64.91%）、150人（56.82%）和191人（70.48%）；受访者年龄相对较大，40岁以上者888人，累计占比84.01%，其中陕西、山西、山东和河南分别为224人（87.16%）、241人（90.94%）、195人

(73.86%）和228人（84.13%）；受访者受教育程度普遍偏低，主要集中于初中及以下，整体来看，受访者受教育程度为高中及以上者308人，占比29.14%，其中陕西、山西、山东和河南分别为55人（21.40%）、71人（26.79%）、90人（34.09%）和92人（33.95%）；受访种植户为党员者135人，占比12.77%，其中该比例在陕西、山西、山东和河南分别为9.34%、15.09%、17.42%和9.23%；村干部有89人，占比8.42%，该比例在陕西、山西、山东和河南分别为7.00%、9.43%、8.71%和8.49%；受访种植户身体健康状况较好及以上者592人，占比56.01%，其中陕西、山西、山东和河南分别为163人（63.42%）、103人（38.87%）、173人（65.53%）和153人（56.46%）。

表3-2 普通蔬菜种植户样本基本特征

指标	分类	频次	占比（%）	累计占比（%）	样本量
性别	男	663	62.72	62.72	1057
	女	394	37.28	100.00	
年龄	18~30岁	37	3.50	3.50	
	31~40岁	132	12.49	15.99	
	41~50岁	349	33.02	49.01	
	51~60岁	357	33.77	82.78	
	61岁及以上	182	17.22	100.00	
受教育程度	未上过学	126	11.92	11.92	
	小学	465	43.99	55.91	
	初中	158	14.95	70.86	
	高中	287	27.15	98.01	
	高中以上	21	1.99	100.00	
党员	党员	135	12.77	12.77	
	非党员	922	87.23	100.00	
村干部	村干部	89	8.42	8.42	
	非村干部	968	91.58	100.00	

续表

指标	分类	频次	占比（%）	累计占比（%）	样本量
身体健康状况	非常差	17	1.61	1.61	1057
	较差	61	5.77	7.38	
	一般	387	36.61	43.99	
	较好	465	43.99	87.98	
	非常好	127	12.02	100.00	

表 3-3 分地区样本基本特征

指标	分类	频次	占比（%）	累计占比（%）	指标	分类	频次	占比（%）	累计占比（%）
陕西（$N=257$）					山西（$N=265$）				
性别	男	150	58.37	58.37	性别	男	172	64.91	64.91
	女	107	41.63	100.00		女	93	35.09	100.00
年龄	18~30岁	10	3.89	3.89	年龄	18~30岁	9	3.40	3.40
	31~40岁	23	8.95	12.84		31~40岁	15	5.66	9.06
	41~50岁	80	31.13	43.97		41~50岁	73	27.55	36.60
	51~60岁	95	36.96	80.93		51~60岁	101	38.11	74.72
	61岁及以上	49	19.07	100.00		61岁及以上	67	25.28	100.00
受教育程度	未上过学	35	13.62	13.62	受教育程度	未上过学	39	14.72	14.72
	小学	132	51.36	64.98		小学	127	47.93	62.64
	初中	35	13.62	78.60		初中	28	10.57	73.21
	高中	53	20.62	99.22		高中	69	26.04	99.25
	高中以上	2	0.78	100.00		高中以上	2	0.75	100.00
党员	党员	24	9.34	9.34	党员	党员	40	15.09	15.09
	非党员	233	90.66	100.00		非党员	225	84.91	100.00
村干部	村干部	18	7.00	7.00	村干部	村干部	25	9.43	9.43
	非村干部	239	93.00	100.00		非村干部	240	90.57	100.00
身体健康状况	非常差	4	1.56	1.56	身体健康状况	非常差	9	3.40	3.40
	较差	19	7.39	8.95		较差	30	11.32	14.72
	一般	71	27.63	36.58		一般	123	46.42	61.13
	较好	122	47.47	84.05		较好	87	32.83	93.96
	非常好	41	15.95	100.00		非常好	16	6.04	100.00

续表

指标	分类	频次	占比（%）	累计占比（%）	指标	分类	频次	占比（%）	累计占比（%）
山东（$N=264$）					河南（$N=271$）				
性别	男	150	56.82	56.82	性别	男	191	70.48	70.48
	女	114	43.18	100.00		女	80	29.52	100.00
年龄	18～30岁	12	4.55	4.55	年龄	18～30岁	6	2.21	2.21
	31～40岁	57	21.59	26.14		31～40岁	37	13.65	15.87
	41～50岁	113	42.80	68.94		41～50岁	83	30.63	46.49
	51～60岁	68	25.76	94.70		51～60岁	93	34.32	80.81
	61岁及以上	14	5.30	100.00		61岁及以上	52	19.19	100.00
受教育程度	未上过学	32	12.12	12.12	受教育程度	未上过学	20	7.38	7.38
	小学	121	45.83	57.95		小学	85	31.37	38.75
	初中	21	7.95	65.91		初中	74	27.31	66.05
	高中	84	31.82	97.73		高中	81	29.89	95.94
	高中以上	6	2.27	100.00		高中以上	11	4.06	100.00
党员	党员	46	17.42	17.42	党员	党员	25	9.23	9.23
	非党员	218	82.58	100.00		非党员	246	90.77	100.00
村干部	村干部	23	8.71	8.71	村干部	村干部	23	8.49	8.49
	非村干部	241	91.29	100.00		非村干部	248	91.51	100.00
身体健康状况	非常差	1	0.38	0.38	身体健康状况	非常差	3	1.11	1.11
	较差	5	1.89	2.27		较差	7	2.58	3.69
	一般	85	32.20	34.47		一般	108	39.85	43.54
	较好	126	47.73	82.20		较好	130	47.97	91.51
	非常好	47	17.80	100.00		非常好	23	8.49	100.00

考虑到受访种植户个体特征在不同省份可能存在差异，这种差异将直接影响不同区域的数据能否直接合并，故本书对性别、党员和村干部三个二分类变量采用非参数检验；年龄、受教育程度和身体健康状况等连续或有序分类变量采用单因素方差分析（ANOVA）进行检验。

多组比较常用的非参数检验方法为 Kruskal-Wallis（K-W）检

验和 Friedman 检验，其中 K-W 检验假设样本各组是独立的，当各组存在重复测量等不独立情况时通常采用 Friedman 检验（Hollander et al. ，2013）。由于本书蔬菜种植户抽样属于截面数据抽样，不存在重复测量情形，且陕西、山西、山东和河南种植户存在较强的地理区位差异，故采用 K-W 检验更为合理。公式如下：

$$R_j = \sum_{i=1}^{n_j} r_{ij} \tag{3-1}$$

式中，R_j为受检验样本秩的和，r_{ij}为第 j 组第 i 个样本的秩。K-W 非参数检验统计量为：

$$K\text{-}W = \frac{12}{N(N+1)} \sum_{i=1}^{k} n_j \left(R_j - \frac{N+1}{2} \right)^2 \tag{3-2}$$

式中，$K\text{-}W$ 为 K-W 统计量，N 为样本量，n_j为第 j 组样本量，进而设定显著性检验水平 a，判断多组之间的差异。

单因素方差分析是基于方差分解的方法，将数据总方差分解为随机变异所致及不同组别之间的差异所致两类，据此构建 F 统计量：

$$F_{k-1,N-k} = \frac{SS_1/(k-1)}{SS_2/(N-k)} \tag{3-3}$$

式中，SS_1为组间方差，SS_2为组内方差，N 为样本数，k 为组数，其中 $k-1$ 为组间自由度，$N-k$ 为组内自由度，进而设定显著性检验水平 a，判断多组之间的差异。

基于上述方法的检验结果见表 3－4。由表 3－4 分析可知，普通蔬菜种植户个体特征在四个省中，除是否为村干部外，其余均存在显著性差异。山西和河南受访者男性比例较大，陕西和山西受访者受教育程度相对较低。此外，山西和山东受访者党员比例相对较高，山西省受访者认为自己身体健康状况一般及以下者居多。

表 3-4 普通蔬菜种植户个体特征在不同地区的差异分析

变量	K-W 卡方值	自由度	p 值	变量	F 统计量	自由度	p 值
性别	13.53***	3	0.00	年龄	28.19***	3	0.00
党员	12.18***	3	0.01	受教育程度	11.17***	3	0.00
村干部	1.05	3	0.79	身体健康状况	21.55***	3	0.00

注：*** 表示在 1% 的水平下显著。

3. 无公害蔬菜种植户

无公害蔬菜种植户个体特征描述性统计分析结果见表 3-5 和表 3-6。与普通蔬菜种植户相似，无公害蔬菜种植户样本同样以男性居多，男性 176 人，占比 66.17%；年龄相对较大，40 岁以上的受访者为 190 人，占比 71.43%，其中太白县 97 人（71.85%），寿光市 93 人（70.99%）；与普通蔬菜种植户相比，无公害蔬菜种植户受教育程度相对较高，高中及以上者 109 人，占比 40.98%，其中太白县 64 人（47.41%），寿光市 45 人（34.35%），这一结果可能是由定点调查所致；受访者为党员的人数为 41 人，占比 15.41%，其中太白县 25 人（18.52%），寿光市 16 人（12.21%）；村干部共 25 人，占比 9.40%，其中太白县 13 人（9.63%），寿光市 12 人（9.16%）；身体健康状况较好及以上者共 228 人，占比 85.71%，其中太白县 112 人（82.96%），寿光市 116 人（88.55%）。

表 3-5 无公害蔬菜种植户样本基本特征

指标	分类	频次	占比（%）	累计占比（%）	样本量
性别	男	176	66.17	66.17	266
	女	90	33.83	100.00	
年龄	18~30 岁	23	8.65	8.65	
	31~40 岁	53	19.92	28.57	
	41~50 岁	109	40.98	69.55	
	51~60 岁	63	23.68	93.23	
	61 岁及以上	18	6.77	100.00	

续表

指标	分类	频次	占比（%）	累计占比（%）	样本量
受教育程度	未上过学	29	10.90	10.90	266
	小学	96	36.09	46.99	
	初中	32	12.03	59.02	
	高中	94	35.34	94.36	
	高中以上	15	5.64	100.00	
党员	党员	41	15.41	15.41	
	非党员	225	84.59	100.00	
村干部	村干部	25	9.40	9.40	
	非村干部	241	90.60	100.00	
身体健康状况	非常差	5	1.88	1.88	
	较差	12	4.51	6.39	
	一般	21	7.89	14.28	
	较好	151	56.77	71.05	
	非常好	77	28.95	100.00	

表 3-6　分地区样本基本特征

指标	分类	频次	占比（%）	累计占比（%）	指标	分类	频次	占比（%）	累计占比（%）
陕西太白县（$N=135$）					山东寿光市（$N=131$）				
性别	男	90	66.67	66.67	性别	男	86	65.65	65.65
	女	45	33.33	100.00		女	45	34.35	100.00
年龄	18～30 岁	14	10.37	10.37	年龄	18～30 岁	9	6.87	6.87
	31～40 岁	24	17.78	28.15		31～40 岁	29	22.14	29.01
	41～50 岁	46	34.07	62.22		41～50 岁	63	48.09	77.10
	51～60 岁	39	28.89	91.11		51～60 岁	24	18.32	95.42
	61 岁及以上	12	8.89	100.00		61 岁及以上	6	4.58	100.00
受教育程度	未上过学	14	10.37	10.37	受教育程度	未上过学	15	11.45	11.45
	小学	40	29.63	40.00		小学	56	42.75	54.20
	初中	17	12.59	52.59		初中	15	11.45	65.65
	高中	55	40.74	93.33		高中	39	29.77	95.42
	高中以上	9	6.67	100.00		高中以上	6	4.58	100.00

续表

指标	分类	频次	占比（%）	累计占比（%）	指标	分类	频次	占比（%）	累计占比（%）
陕西太白县（$N=135$）					山东寿光市（$N=131$）				
党员	党员	25	18.52	18.52	党员	党员	16	12.21	12.21
	非党员	110	81.48	100.00		非党员	115	87.79	100.00
村干部	村干部	13	9.63	9.63	村干部	村干部	12	9.16	9.16
	非村干部	122	90.37	100.00		非村干部	119	90.84	100.00
身体健康状况	非常差	3	2.22	2.22	身体健康状况	非常差	2	1.53	1.53
	较差	7	5.19	7.41		较差	5	3.82	5.34
	一般	13	9.63	17.04		一般	8	6.11	11.45
	较好	72	53.33	70.37		较好	79	60.31	71.76
	非常好	40	29.63	100.00		非常好	37	28.24	100.00

为进一步分析无公害蔬菜种植户个体特征是否存在地区差异，本书采用双样本K-W检验法［原理同公式（3-1）和公式（3-2）］对性别、党员和村干部三个变量进行检验；对于年龄、受教育程度和身体健康状况三个连续或有序分类变量采用两样本T检验法进行检验。公式如下：

$$T=\frac{\overline{X}-\mu}{S/\sqrt{N}} \qquad (3-4)$$

式中，T为T统计量，服从T分布；N为样本量，$\overline{X}$为样本均值，S为方差，μ为总体均值，通过假设两组样本均值相等进行检验。

无公害蔬菜种植户个体特征在两地区差异的检验结果见表3-7。由表3-7分析可知，太白县和寿光市受访种植户的性别、年龄、是否为党员、是否为村干部及身体健康状况没有统计学差异，两地样本表现出较高的同质性，但受教育程度在5%的水平下显著，即太白县样本受教育程度略高于寿光市样本。

表 3－7　无公害蔬菜种植户个体特征在不同地区的差异分析

变量	K-W 卡方值	自由度	p 值	变量	T 统计量	自由度	p 值
性别	0.03	1	0.86	年龄	0.95	257.92	0.34
党员	2.02	1	0.16	受教育程度	2.14**	264.00	0.03
村干部	0.02	1	0.90	身体健康状况	0.67	261.73	0.50

注：** 表示在 5% 的水平下显著。

（二）种植户家庭特征

1. 全样本家庭特征描述

种植户家庭特征包括家庭人口数、农业劳动力人数、家庭年收入、蔬菜种植收入及其占总收入比例（见表 3－8）。其中家庭人口数平均为 4.63 人，农业劳动力人数平均为 2.52 人，家庭年收入平均为 4.40 万元，蔬菜种植收入平均为 3.84 万元，蔬菜种植收入占总收入比例平均为 60.72%，受访种植户仍以农业为主要收入来源。

表 3－8　蔬菜种植户家庭特征

变量	均值	标准差	最小值	最大值	样本量
家庭人口数（人）	4.63	1.50	1	13	1323
农业劳动力人数（人）	2.52	1.02	1	8	
家庭年收入（万元）	4.40	3.75	0.20	50.00	
蔬菜种植收入（万元）	3.84	4.16	0.00	50.00	
蔬菜种植收入占总收入比例（%）	60.72	29.25	0.00	100.00	

2. 普通蔬菜种植户

普通蔬菜种植户整体及分地区家庭特征描述分别见表 3－9 和表 3－10。普通蔬菜种植户家庭人口数平均为 4.67 人，其中陕西、山西、山东和河南分别平均为 4.75 人、4.04 人、4.72 人和

4.46 人，陕西和山东家庭平均人数略多；农业劳动力人数平均为 2.44 人，陕西、山西、山东和河南分别平均为 2.36 人、2.49 人、2.48 人和 2.43 人；受访者家庭年收入平均为 3.69 万元，其中陕西、山西、山东和河南分别平均为 3.65 万元、3.16 万元、4.35 万元和 3.60 万元，山东省受访种植户家庭年收入明显高于其他三省，可能是山东省位于中国东部地区，与其他三省相比，经济发展水平相对较高，种植户收入水平偏高；蔬菜种植收入平均为 2.26 万元，其中陕西、山西、山东和河南分别平均为 2.64 万元、1.85 万元、2.95 万元和 1.64 万元，与家庭年收入相似，作为目前中国蔬菜种植面积最大的省份①，山东省受访户蔬菜种植收入明显高于其他三个省，虽然河南省蔬菜种植面积同样较大，但河南省农业人口较多，平均蔬菜种植面积相对较小；蔬菜种植收入占总收入比例平均为 57.93%，普通蔬菜受访种植户以农业为主要收入来源，该比例在陕西、山西、山东和河南分别平均为 74.20%、54.10%、58.78%和 45.40%，陕西省受访种植户蔬菜种植收入占总收入比例相对较大。

表 3－9　普通蔬菜种植户家庭特征

变量	均值	标准差	最小值	最大值	样本量
家庭人口数（人）	4.67	1.53	1	13	1057
农业劳动力人数（人）	2.44	1.01	1	7	
家庭年收入（万元）	3.69	3.11	0.20	50.00	
蔬菜种植收入（万元）	2.26	2.96	0.00	50.00	
蔬菜种植收入占总收入比例（%）	57.93	29.46	0.00	100.00	

① 2016 年《中国统计年鉴》显示，山东省蔬菜种植面积 1888600 公顷，居全国首位。

表 3-10　分地区普通蔬菜种植户家庭特征

变量	陕西省（$N=257$）				山西省（$N=265$）			
	均值	标准差	最小值	最大值	均值	标准差	最小值	最大值
家庭人口数（人）	4.75	1.83	2	13	4.04	1.26	2	10
农业劳动力人数（人）	2.36	1.08	1	7	2.49	0.91	1	6
家庭年收入（万元）	3.65	2.33	0.50	20.00	3.16	2.51	0.30	24.00
蔬菜种植收入（万元）	2.64	2.12	0.24	20.00	1.85	2.63	0.00	24.00
蔬菜种植收入占总收入比例（%）	74.20	29.13	11.11	100.00	54.10	28.74	0.00	100.00
变量	山东省（$N=264$）				河南省（$N=257$）			
	均值	标准差	最小值	最大值	均值	标准差	最小值	最大值
家庭人口数（人）	4.72	1.49	2	12	4.46	1.22	1	9
农业劳动力人数（人）	2.48	1.07	1	6	2.43	0.98	1	7
家庭年收入（万元）	4.35	4.47	0.20	50.00	3.60	2.52	0.40	20.00
蔬菜种植收入（万元）	2.95	4.47	0.20	50.00	1.64	1.61	0.06	13.50
蔬菜种植收入占总收入比例（%）	58.78	28.90	5.00	100.00	45.40	23.32	8.00	100.00

由于家庭特征变量均为连续或比例变量，故采用单因素方差分析方法检验不同省份之间种植户家庭特征的差异，结果见表 3-11。

表 3-11　不同区域普通蔬菜种植户家庭特征差异

变量	F 统计量	自由度	p 值
家庭人口数（人）	13.16***	3	0.00
农业劳动力人数（人）	0.86	3	0.46
家庭年收入（万元）	6.75***	3	0.00
蔬菜种植收入（万元）	12.27***	3	0.00
蔬菜种植收入占总收入比例（%）	50.18***	3	0.00

注：*** 表示在 1% 的水平下显著。

由表 3-11 分析可知，不同地区普通蔬菜种植户除农业劳动力人数外，其余变量均存在显著性差异，其中陕西和山东受访户家庭人口数多于其余两省，山东受访户家庭年收入和蔬菜种植收入多于其他三省，陕西受访户蔬菜种植收入占总收入比例相对较高。

3. 无公害蔬菜种植户

表3－12和表3－13分别给出了太白县和寿光市整体和分地区无公害蔬菜种植户家庭基本特征描述性统计。与普通蔬菜种植户相比，无公害蔬菜种植户家庭人口数略多，平均为5.17人，太白县和寿光市分别平均为4.93人和5.40人；农业劳动力人数相对较多，平均为2.82人，其中太白县和寿光市分别平均为2.81人和2.83人；样本户家庭年收入远多于普通蔬菜种植户，平均为7.21万元，其中太白县和寿光市样本户平均家庭年收入分别为7.23万元和7.19万元；蔬菜种植收入也同样远多于普通蔬菜种植户，平均为5.44万元，其中太白县平均为5.21万元，寿光市平均为5.68万元；蔬菜种植收入占总收入比例相对较高，为71.82%，太白县和寿光市分别为70.39%和73.30%。

表3－12　无公害蔬菜种植户家庭特征

变量	均值	标准差	最小值	最大值	样本量
家庭人口数（人）	5.17	1.45	2	9	266
农业劳动力人数（人）	2.82	0.99	1	8	
家庭年收入（万元）	7.21	4.65	0.50	22.00	
蔬菜种植收入（万元）	5.44	4.35	0.30	15.00	
蔬菜种植收入占总收入比例（%）	71.82	25.57	4.55	100.00	

表3－13　分地区无公害蔬菜种植户家庭特征

变量	太白县（$N=135$）				寿光市（$N=131$）			
	均值	标准差	最小值	最大值	均值	标准差	最小值	最大值
家庭人口数（人）	4.93	1.43	2	8	5.40	1.45	2	9
农业劳动力人数（人）	2.81	0.92	1	6	2.83	1.06	1	8

续表

变量	太白县（$N=135$）				寿光市（$N=131$）			
	均值	标准差	最小值	最大值	均值	标准差	最小值	最大值
家庭年收入（万元）	7.23	4.40	0.50	22.00	7.19	4.92	1.00	20.00
蔬菜种植收入（万元）	5.21	3.97	0.30	17.00	5.68	4.72	0.31	15.00
蔬菜种植收入占总收入比例（%）	70.39	26.90	4.55	100.00	73.30	24.15	14.29	100.00

运用T检验法验证无公害蔬菜种植户家庭特征在两地区可能存在的差异，结果见表3-14。由表3-14分析可知，无公害蔬菜种植户同质性相对较高，除家庭人口数外，其余家庭特征变量均不显著，受访者家庭人口数在寿光市显著多于太白县。

表3-14　不同区域无公害蔬菜种植户家庭特征差异

变量	T统计量	自由度	p值
家庭人口数（人）	2.68***	263.49	0.01
农业劳动力人数（人）	0.20	256.31	0.84
家庭年收入（万元）	0.07	258.93	0.94
蔬菜种植收入（万元）	0.87	253.70	0.39
蔬菜种植收入占总收入比例（%）	0.93	262.44	0.35

注：*** 表示在1%的水平下显著。

（三）种植户农业生产及销售特征

1. 全样本种植户农业生产及销售特征

种植户农业生产及销售特征主要包括以下几个部分：蔬菜种植面积、蔬菜种植年限、种植蔬菜的原因、种植蔬菜存在的风险、对未来价格预期、是否会扩大种植规模、了解蔬菜市场信息的渠道、蔬菜出售渠道及蔬菜销售难易程度。其中蔬菜种植面积、蔬菜种植年限、对未来价格预期、是否会扩大种植规模及蔬菜销售难易程度为连续型、二分类或有序多分类变量，描述性统计分析结果见表3-15，其余无序多分类变量结果见图3-1。

由表3-15可知，样本户蔬菜种植面积平均为4.85亩，蔬菜种植年限平均为9.80年，多数受访者认为未来蔬菜市场价格不变或升高，会扩大种植规模者接近40%，认为蔬菜出售较为容易及非常容易者不足50%。

表3-15 蔬菜种植户农业生产及销售特征

变量	平均值	标准差	最小值	最大值	样本量
蔬菜种植面积（亩）	4.85	10.99	0.10	300.00	1057
蔬菜种植年限（年）	9.80	6.93	1.00	50.00	
对未来价格预期（降低=1；不变=2；升高=3）	2.24	0.68	1	3	
是否会扩大种植规模（是=1；否=0）	0.37	0.48	0	1	
蔬菜销售难易程度	2.87	0.98	1	5	

注：蔬菜销售难易程度为李克特五点量表形式，从1到5依次表示从非常困难到非常容易。

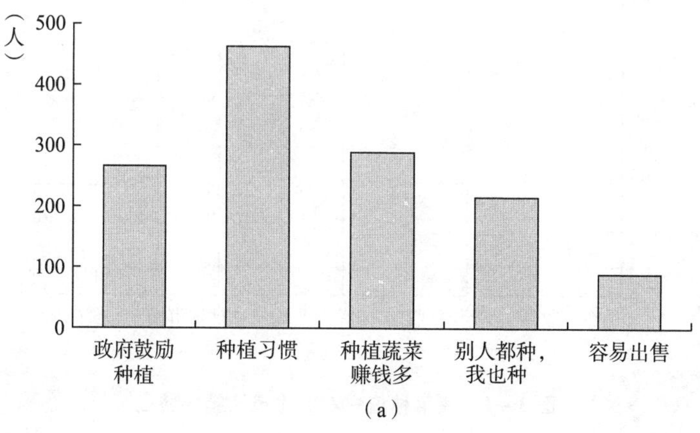

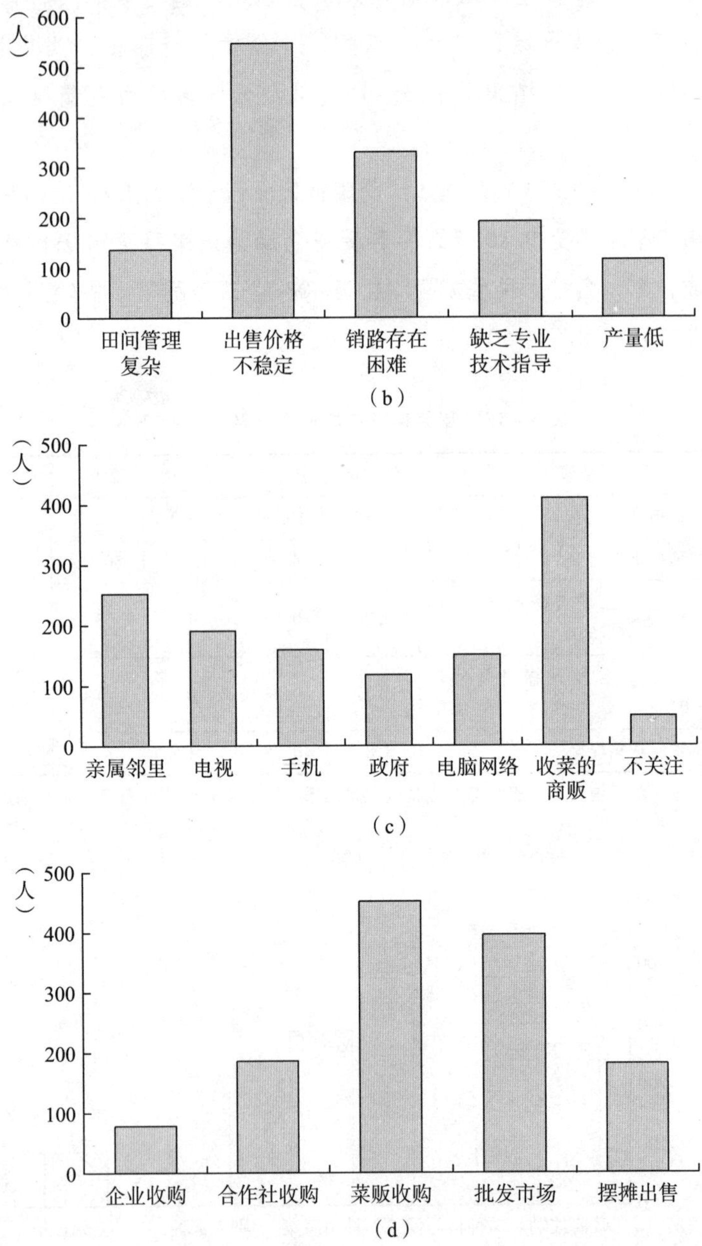

图 3-1　蔬菜种植户农业生产及销售特征

关于受访蔬菜种植户种植蔬菜的原因（见图3－1a），有266人是因为政府鼓励种植，占比20.11%；有463人是因为自身种植习惯，占比35.00%；有289人表示种植蔬菜赚钱多，占比21.84%；有216人种植蔬菜是“跟风”，占比16.33%；有89人认为种植蔬菜容易出售，占比6.73%。关于种植蔬菜主要存在的风险（见图3－1b），有138人认为种植蔬菜田间管理复杂，占比10.43%；有559人认为目前蔬菜出售价格不稳定，占比42.25%；有339人表示蔬菜销路存在困难，占比25.62%；有193人表示缺乏种植蔬菜的专业技术指导，占比14.59%；有116人认为种植蔬菜产量低，占比8.77%。对于蔬菜市场价格信息获取的渠道（见图3－1c），有252人通过亲属邻里了解价格信息，占比19.05%；有191人通过电视获取信息，占比14.44%；有158人通过手机获取信息，占比11.94%；有116人通过政府得到蔬菜市场价格信息，占比8.77%；有150人通过电脑网络得到信息，占比11.34%；有421人通过收菜的商贩获得蔬菜价格信息，占比31.82%；此外尚有48人表示不关注，占比3.63%。关于蔬菜销售渠道（见图3－1d），有76人通过企业收购的方式出售，占比5.74%；有186人通过合作社收购出售，占比14.06%；有452人将蔬菜出售给走街串巷的菜贩，占比34.16%；有395人通过批发市场出售，占比29.86%；有214人摆摊出售，占比16.18%。

从调查情况来看，目前蔬菜种植户对市场价格信息的了解以及出售途径仍较多地依赖于收菜的商贩，这种市场信息的不对称以及菜农在蔬菜种植与销售过程中的弱势地位应引起重视。

2. 普通蔬菜种植户

普通蔬菜种植户及分地区样本农业生产及销售特征见表3－16、表3－17和图3－2。

表 3-16　普通蔬菜种植户农业生产及销售特征

变量	平均值	标准差	最小值	最大值	样本量
蔬菜种植面积（亩）	3.80	10.99	0.10	300.00	1057
蔬菜种植年限（年）	9.83	7.40	1.00	50.00	
对未来价格预期（降低=1；不变=2；升高=3）	2.21	0.66	1	3	
是否会扩大种植规模（是=1；否=0）	0.32	0.47	0	1	
蔬菜销售难易程度	2.81	0.93	1	5	

表 3-17　分地区普通蔬菜种植户农业生产及销售特征

变量	平均值	标准差	最小值	最大值	平均值	标准差	最小值	最大值
	陕西省（$N=257$）				山西省（$N=265$）			
蔬菜种植面积（亩）	3.17	2.58	0.40	16.00	5.15	20.85	0.20	300.00
蔬菜种植年限（年）	7.38	3.73	1.00	18.00	9.72	6.56	1.00	50.00
对未来价格预期(降低=1;不变=2;升高=3)	2.19	0.71	1	3	2.10	0.62	1	3
是否会扩大种植规模(是=1；否=0)	0.20	0.40	0	1	0.34	0.48	0	1
蔬菜销售难易程度	2.63	1.06	1	5	2.76	0.93	1	5
变量	平均值	标准差	最小值	最大值	平均值	标准差	最小值	最大值
	山东省（$N=264$）				河南省（$N=271$）			
蔬菜种植面积（亩）	4.63	5.47	0.20	50.00	2.26	2.61	0.10	30.00
蔬菜种植年限（年）	8.42	6.25	1.00	50.00	13.62	9.93	1.00	50.00
对未来价格预期(降低=1;不变=2;升高=3)	2.52	0.58	1	3	2.04	0.63	1	3
是否会扩大种植规模(是=1；否=0)	0.41	0.49	0	1	0.31	0.46	0	1
蔬菜销售难易程度	3.04	0.89	1	5	2.79	0.80	1	5

由表 3-16 和表 3-17 分析可知，普通蔬菜种植户样本平均蔬菜种植面积为 3.80 亩，其中陕西、山西、山东和河南分别平均为 3.17 亩、5.15 亩、4.63 亩和 2.26 亩，山西地处中国北

方地区，人均耕地面积相对较大，河南作为传统的农业大省和人口大省，其人均耕地面积相对较小，本书的抽样结果也表现出了这一趋势；受访户蔬菜种植年限平均为9.83年，陕西、山西、山东和河南分别平均为7.38年、9.72年、8.42年和13.62年；普通蔬菜种植户整体对蔬菜未来价格预期处于不变和升高之间，四个样本省也具有同样趋势；有32%的受访者表示会扩大种植规模，其中陕西、山西、山东和河南分别占比20%、34%、41%和31%，陕西这一比例相对较低；关于蔬菜销售难易程度，只有山东省受访者略高于一般水平，其余均低于一般水平。

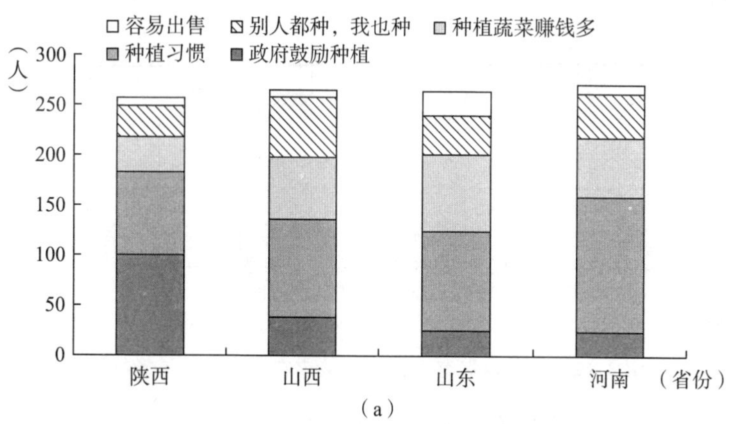

（a）

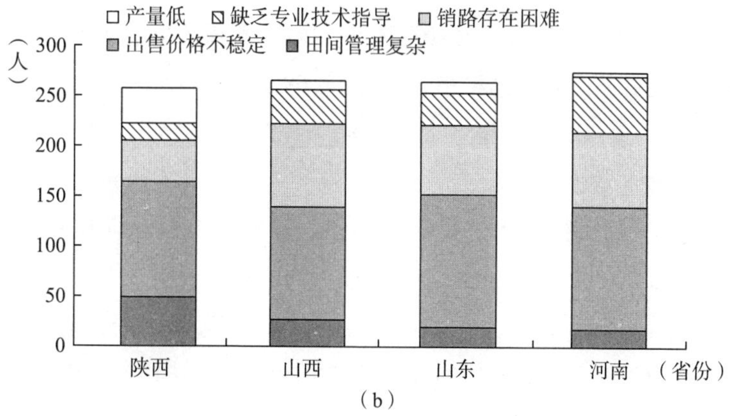

（b）

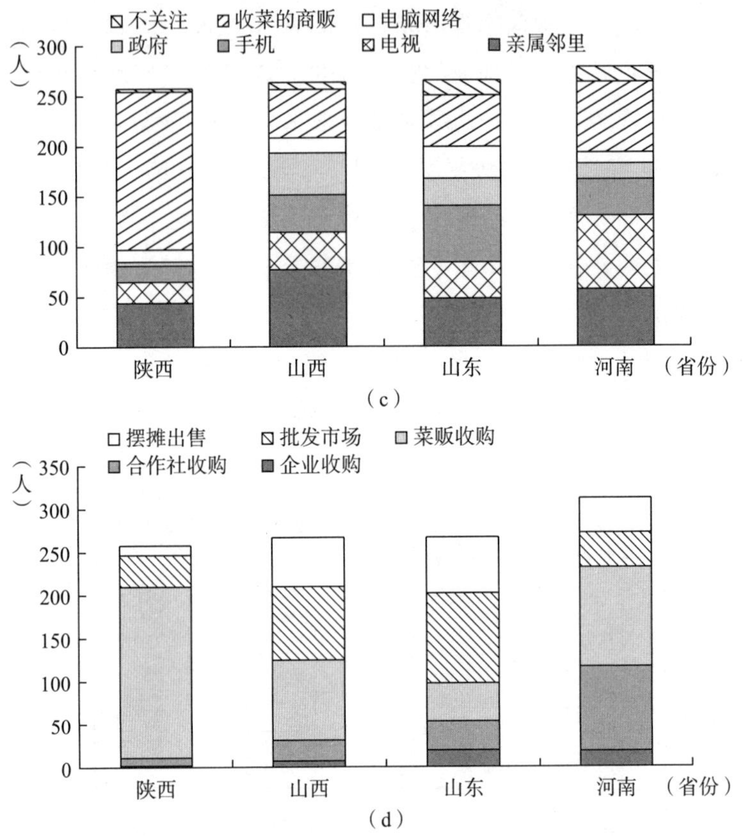

图 3－2　不同地区普通蔬菜种植户农业生产及销售特征

图 3－2 给出了不同地区普通蔬菜种植户农业生产及销售特征。对于种植蔬菜的原因（见图 3－2a），普通蔬菜受访种植户有 187 人是由于政府鼓励种植，占比 17.69%，其中陕西、山西、山东和河南这一比例分别为 38.91%、14.34%、9.47% 和 8.86%，陕西省政府鼓励种植蔬菜的比例较高；有 415 人表示是由于自己的种植习惯，占比 39.26%，在陕西、山西、山东和河南该比例分别为 32.30%、36.98%、37.50% 和 49.82%；有 233 人是因为种植蔬菜赚钱多，占比 22.04%，在陕西、山西、山东和河南分别占比 13.62%、23.40%、29.17% 和 21.77%；有 174 人是因为别人都种，所以自己也种植蔬菜，占比 16.46%，该比例在陕西、山西、

山东和河南分别为 12.06%、22.64%、14.77%和 16.24%；有 48 人种植蔬菜是因为蔬菜容易出售，占比 4.54%，在陕西、山西、山东和河南该比例分别为 3.11%、2.64%、9.09%和 3.32%。

对于种植蔬菜主要存在的风险（见图 3－2b），有 114 人表示田间管理较为复杂，占比 10.79%，陕西、山西、山东和河南该比例分别为 19.07%、10.19%、7.58%和 6.64%；有 481 人表示蔬菜出售价格不稳定，占比 45.51%，该比例在陕西、山西、山东和河南分别为 44.75%、42.26%、50.00%和 45.02%，这一比例在一定程度上说明目前蔬菜市场价格的不稳定可能是菜农面临的重要风险因素之一；有 267 人表示蔬菜销路存在困难，占比 25.26%，在陕西、山西、山东和河南分别占比 15.95%、31.32%、26.14%和 27.31%；有 139 人表示蔬菜种植缺乏专业技术指导，占比 13.15%，在陕西、山西、山东和河南该比例分别为 6.61%、12.83%、12.12%和 20.66%；有 59 人认为蔬菜种植的风险是产量低，占比 5.58%，陕西、山西、山东和河南该比例分别为 13.62%、3.40%、4.17%和 1.48%。

关于蔬菜市场价格信息的了解渠道（见图 3－2c），有 226 人表示通过亲属邻里了解蔬菜价格信息，占比 21.38%，在陕西、山西、山东和河南该比例分别为 13.62%、31.32%、18.56%和 21.77%；有 167 人表示通过电视获得蔬菜价格信息，占比 15.80%，该比例在陕西、山西、山东和河南分别为 8.17%、15.09%、13.64%和 25.83%；有 145 人通过手机获得蔬菜价格信息，占比 13.72%，在陕西、山西、山东和河南该比例分别为 6.23%、13.96%、21.97%和 12.55%；有 89 人从政府处获得蔬菜价格信息，占比 8.42%，在陕西、山西、山东和河南该比例分别为 3.89%、15.09%、9.09%和 5.54%；有 70 人通过电脑网络获得该信息，占比 6.62%，该比例在陕西、山西、山东和河南分别为 5.06%、5.66%、11.74%和 4.06%；有 320 人通过收菜的商贩获得蔬菜价格信息，占比 30.27%，在陕西、山西、山东和河南该比例分别为 61.87%、16.23%、19.32% 和 24.72%；尚有 40 人表示不关注蔬菜价格，占比 3.78%，在陕西、山西、山东和河南该比例分别为 1.17%、2.64%、5.68% 和 5.54%。值得注意的是，样本户蔬菜价格信息主要源于收菜的商贩和亲属邻里，真正从政府处获得信息者相对较少。

关于蔬菜出售的渠道（见图 3－2d），普通蔬菜样本户中有 46 人通过企业收购的方式出售蔬菜，占比 4.35%，在陕西、山西、山东和河南该比例分别为 0.78%、2.26%、6.40% 和 7.75%；有 122 人通过合作社收购的方式出售蔬菜，占比 11.54%，该比例在陕西、山西、山东和河南分别为 6.23%、11.70%、13.26% 和 14.76%；有 450 人通过菜贩收购的方式出售，占比 42.57%，在陕西、山西、山东和河南该比例分别为 81.71%、47.55%、18.56% 和 23.99%；有 266 人通过批发市场出售蔬菜，占比 25.17%，该比例在陕西、山西、山东和河南分别为 7.00%、17.36%、37.12% 和 38.38%；另外有 173 人通过摆摊的方式出售，占比 16.37%，在陕西、山西、山东和河南该比例分别为 4.28%、21.13%、24.62% 和 15.13%。

对表 3－17 中连续、有序分类变量在不同地区的差异性进行分析，其中“是否会扩大种植规模”用 K-W 检验，其余变量采用单因素方差分析检验，结果见表 3－18。

表 3－18　不同区域普通蔬菜种植户农业生产及销售特征差异

变量	F 统计量	自由度	p 值
蔬菜种植面积（亩）	3.93***	3	0.01
蔬菜种植年限（年）	40.44***	3	0.00
对未来价格预期(降低 = 1;不变 = 2;升高 = 3)	28.85***	3	0.00

续表

变量	F统计量	自由度	p值
是否会扩大种植规模（是=1；否=0）	27.96***	3	0.00
蔬菜销售难易程度	9.07***	3	0.00

注：*** 表示在1%的水平下显著。

由表3－18分析可知，陕西、山西、山东和河南样本户农业生产及销售特征存在显著差异，其中山西省平均蔬菜种植面积较大，河南省平均蔬菜种植年限较长，山东省样本户对蔬菜未来价格预期相对较高，陕西省样本户未来会扩大种植规模的比例较低，山东省受访种植户蔬菜销售较为容易。

3. *无公害蔬菜种植户*

表3－19和表3－20给出了无公害蔬菜种植户总体和不同地区的农业生产及销售特征。与普通蔬菜种植户相比，无公害蔬菜种植户平均蔬菜种植面积较大，为9.01亩，其中太白县平均为8.21亩，寿光市平均为9.83亩；蔬菜种植年限平均为9.70年，太白县和寿光市分别为9.86年和9.54年；对蔬菜未来价格预期介于不变和升高之间；超过50%的受访者表示今后会扩大无公害蔬菜种植规模，其中太白县这一比例更高，为71%；从整体来看，无公害蔬菜种植户认为蔬菜出售较为容易。

表3－19 无公害蔬菜种植户农业生产及销售特征

变量	平均值	标准差	最小值	最大值	样本量
蔬菜种植面积（亩）	9.01	4.79	1.00	29.00	266
蔬菜种植年限（年）	9.70	4.60	1.00	20.00	
对未来价格预期（降低=1；不变=2；升高=3）	2.37	0.72	1	3	
是否会扩大种植规模（是=1；否=0）	0.59	0.49	0	1	
蔬菜销售难易程度	3.11	1.11	1	5	

表 3-20 不同地区无公害蔬菜种植户农业生产及销售特征

变量	太白县（N=135）				寿光市（N=131）			
	平均值	标准差	最小值	最大值	平均值	标准差	最小值	最大值
蔬菜种植面积（亩）	8.21	4.42	1.00	22.00	9.83	5.03	1.00	29.00
蔬菜种植年限（年）	9.86	4.88	1.00	20.00	9.54	4.30	1.00	20.00
对未来价格预期（降低=1；不变=2；升高=3）	2.46	0.69	1	3	2.28	0.74	1	3
是否会扩大种植规模（是=1；否=0）	0.71	0.45	0	1	0.47	0.50	0	1
蔬菜销售难易程度	2.86	1.04	1	5	3.37	1.13	1	5

图 3-3 给出了不同地区无公害蔬菜种植户农业生产及销售特征。对于种植蔬菜的原因（见图 3-3a），有 79 人是源于政府鼓励种植，占比 29.70%，该比例在太白县和寿光市分别为 36.30%和 22.90%；有 48 人表示是出于种植习惯，占比 18.05%，在太白县和寿光市该比例分别为 18.52%和 17.56%；有 56 人种植蔬菜是由于赚钱多，占比 21.05%，太白县和寿光市该比例分别为 19.26% 和 22.90%；有 42 人是出于“跟风”，占比 15.79%，该比例在太白县和寿光市分别为 20.00%和 11.45%；还有 41 人是由于蔬菜容易出售，占比 15.41%，在太白县和寿光市该比例分别为 5.93%和 25.19%。

对于种植蔬菜存在的风险（见图 3-3b），有 24 人认为田间管理较为复杂，占比 9.02%，在太白县和寿光市分别占比 10.37%和 7.63%；有 78 人表示出售价格不稳定，占比 29.32%，在太白县和寿光市分别占比 22.96%和 35.88%；有 72 人表示蔬菜销路存在困难，占比 27.07%，该比例在太白县和寿光市分别为 38.52%和 15.27%；有 54 人认为蔬菜种植缺乏专业技术指导，占比 20.30%，在太白县和寿光市分别占比 16.30%和 24.43%；还有 57 人认为蔬菜产量低，占比 21.43%，在太白县和寿光市分别占比 14.81%和 28.24%。

对于蔬菜市场价格的了解渠道（见图3－3c），有26人通过亲属邻里了解，占比9.77%，该比例在太白县和寿光市分别为9.63%和9.92%；有24人通过电视了解蔬菜价格信息，占比9.02%，在太白县和寿光市分别占比10.37%和7.63%；有13人通过手机了解蔬菜价格信息，占比4.89%，该比例在太白县和寿光市分别为5.19%和4.58%；有27人的信息获得源于政府，占比10.15%，该比例在太白县和寿光市分别为13.33%和6.87%；有80人通过电脑网络获得蔬菜价格信息，占比30.08%，在太白县和寿光市分别占比33.33%和26.72%；有101人通过收菜的商贩获得蔬菜价格信息，比例为37.97%，该比例在太白县和寿光市分别为23.70%和52.67%；还有8人表示不关注蔬菜市场价格信息，占比3.01%，该比例在太白县和寿光市分别为4.44%和1.53%。

对于蔬菜出售的渠道（见图3－3d），无公害蔬菜种植户中有30人通过企业收购的方式出售蔬菜，占比11.28%，在太白县和寿光市分别占比12.59%和9.92%；有64人通过合作社收购的方式出售蔬菜，占比24.06%，该比例在太白县和寿光市分别为17.78%和30.53%；有2人表示通过菜贩收购的方式出售蔬菜，占比0.75%，在太白县和寿光市分别占比0.74%和0.76%；有

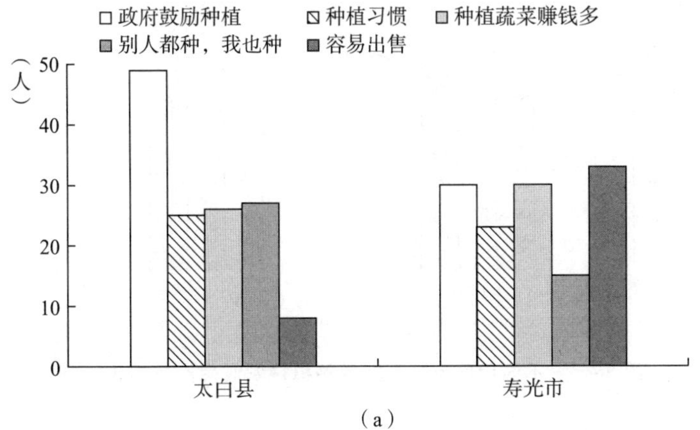

（a）

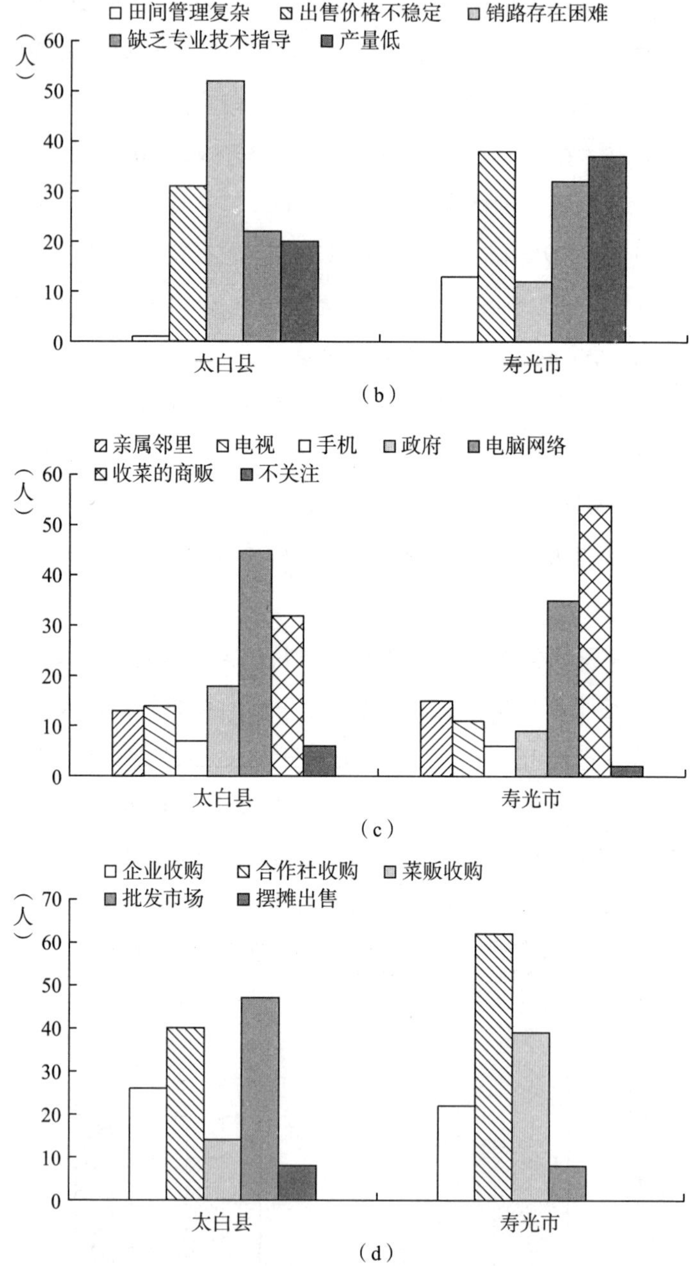

图 3-3 不同地区无公害蔬菜种植户农业生产及销售特征

129 人通过批发市场出售蔬菜，占比 48.50%，在太白县和寿光市分别占比 54.81% 和 41.98%；有 41 人通过摆摊出售蔬菜，占比 15.41%，该比例在太白县和寿光市分别为 14.07% 和 16.79%。与普通蔬菜种植户相比，无公害蔬菜种植户通过菜贩出售蔬菜的比例相对较低。

对太白县和寿光市无公害蔬菜种植户农业生产及销售特征可能存在的差异采用 T 检验法进行分析，结果见表 3-21。

表 3-21　不同地区无公害蔬菜种植户农业生产及销售特征差异

变量	T 统计量	自由度	p 值
蔬菜种植面积（亩）	2.78***	257.52	0.01
蔬菜种植年限（年）	0.56	261.62	0.57
对未来价格预期（降低 = 1；不变 = 2；升高 = 3）	2.02**	261.51	0.04
是否会扩大种植规模（是 = 1；否 = 0）	4.05***	259.84	0.00
蔬菜销售难易程度	3.81***	260.48	0.00

注：** 和 *** 分别表示在 5% 和 1% 的水平下显著。

由表 3-21 分析可知，太白县和寿光市无公害蔬菜种植户在农业生产及销售特征方面存在较大不同，除蔬菜种植年限外，其余变量均存在显著差异。其中寿光市平均蔬菜种植面积显著大于太白县，太白县受访种植户对蔬菜未来价格预期显著高于寿光市，太白县受访种植户表示在未来会扩大种植规模者显著多于寿光市受访户，寿光市受访种植户表示蔬菜出售容易程度显著高于太白县。

（四）种植户农业环境认知特征

1. 全样本种植户农业环境认知

由于本书所关注的农业环境污染是与种植户生产行为密切相

关的问题，故种植户农业环境认知特征也重点考虑种植户对农药、化肥的施用及农业生产废弃物处理等给农业环境造成污染的认知，主要包括农业环境污染程度，施用农药、化肥对农业环境污染的认知，农药瓶（袋）、化肥袋、用过的地膜等农业废弃物对农业环境污染的认知（见表3－22）。

表3－22　蔬菜种植户农业环境认知分析

变量	平均值	标准差	最小值	最大值	样本量
农业环境污染程度	3.44	0.89	1	5	1323
施用农药对农业环境的污染	3.57	0.97	1	5	
施用化肥对农业环境的污染	3.36	0.93	1	5	
未发酵有机肥直接使用对农业环境的污染	3.31	0.99	1	5	
农药瓶（袋）丢弃在田里对农业环境的污染	3.62	1.01	1	5	
化肥袋丢弃在田里对农业环境的污染	3.41	0.92	1	5	
废弃地膜留在田里对农业环境的污染	3.78	0.92	1	5	

注：表中7个变量均为李克特五点量表形式，分别从无污染到非常严重，见表3－49。

由表3－22分析可知，受访蔬菜种植户农业环境认知水平处于中等以上，其中认为目前农业环境污染较重和非常严重者累计占比50.02%（将李克特五点量表中选择较重和非常严重的两个选项的人数加总，除以总人数得到，算法下同）；认为施用农药应该会和肯定会污染农业环境者占比58.58%；认为施用化肥应该会和肯定会造成农业环境污染的受访户累计占比44.60%；认为直接施用未发酵的有机肥应该会和肯定会造成农业环境污染者占比45.28%；认为将用过的农药瓶（袋）直接丢在田里应该会和肯定会导致农业环境污染者占比60.85%；认为将用过的化肥袋直接丢在田里应该会和肯定会造成农业环境污染者累计占比 50.26%；认为废弃的地膜留在田里应该会和肯定会造成农业环境污染者占比 66.82%。受访者对施用农药及将农药瓶（袋）和地膜废弃物丢弃在田里造成的农业环境污染认知程度相对较高。

2. 普通蔬菜种植户

表 3－23 和表 3－24 分别给出了普通蔬菜种植户整体及不同地区农业环境认知分析。普通蔬菜种植户受访者对农业环境认知各测量变量的均值基本在 3 以上，表明其对农业环境的认知程度处于中等水平以上。其中认为农业环境污染较重和非常严重者占比 47.40%，该比例在陕西、山西、山东和河南分别为 48.61%、41.51%、46.21% 和 53.14%；认为施用农药应该会和肯定会造成农业环境污染者占比 55.82%，在陕西、山西、山东和河南该比例分别为 50.58%、47.92%、63.64% 和 60.89%；认为施用化肥应该会和肯定会造成农业环境污染的受访者占比 40.21%，在陕西、山西、山东和河南分别占比 36.19%、35.09%、45.45% 和 43.91%；认为直接施用未发酵的有机肥应该会和肯定会造成农业环境污染者占比 42.76%，该比例在陕西、山西、山东和河南分别为 30.74%、43.40%、51.89% 和 44.65%；认为将用过的农药瓶（袋）直接丢弃在田里应该会和肯定会导致农业环境污染者占比 59.61%，在陕西、山西、山东和河南该比例分别为 55.25%、47.92%、63.26% 和 71.59%；认为将用过的化肥袋直接丢弃在田里应该会和肯定会造成农业环境污染者占比 47.02%，该比例在陕西、山西、山东和河南分别为 41.63%、38.87%、60.23% 和 47.23%；认为将废弃地膜留在田里应该会和肯定会造成农业环境污染者占比 64.52%，在陕西、山西、山东和河南该比例分别为 62.26%、51.32%、67.80% 和 76.38%。

表 3－23　普通蔬菜种植户农业环境认知分析

变量	平均值	标准差	最小值	最大值	样本量
农业环境污染程度	3.41	0.82	1	5	1057
施用农药对农业环境的污染	3.52	0.94	1	5	
施用化肥对农业环境的污染	3.28	0.90	1	5	
未发酵有机肥直接使用对农业环境的污染	3.27	0.95	1	5	
农药瓶（袋）丢弃在田里对农业环境的污染	3.60	0.97	1	5	
化肥袋丢弃在田里对农业环境的污染	3.34	0.90	1	5	
废弃地膜留在田里对农业环境的污染	3.76	0.89	1	5	

表 3－24　不同地区普通蔬菜种植户农业环境认知分析

变量	陕西省（$N=257$）				山西省（$N=265$）			
	平均值	标准差	最小值	最大值	平均值	标准差	最小值	最大值
农业环境污染程度	3.38	0.89	1	5	3.37	0.80	1	5
施用农药对农业环境的污染	3.37	1.02	1	5	3.39	0.94	1	5
施用化肥对农业环境的污染	3.18	0.92	1	5	3.20	0.91	1	5
未发酵有机肥直接使用对农业环境的污染	2.93	0.95	1	5	3.39	0.90	1	5
农药瓶（袋）丢弃在田里对农业环境的污染	3.40	1.00	1	5	3.35	1.02	1	5
化肥袋丢弃在田里对农业环境的污染	3.24	0.88	1	5	3.24	0.95	1	5
废弃地膜留在田里对农业环境的污染	3.62	0.93	1	5	3.57	0.97	1	5

变量	山东省（$N=264$）				河南省（$N=271$）			
	平均值	标准差	最小值	最大值	平均值	标准差	最小值	最大值
农业环境污染程度	3.32	0.87	1	5	3.57	0.71	1	5
施用农药对农业环境的污染	3.65	0.92	1	5	3.65	0.83	1	5

续表

变量	山东省（N=264）				河南省（N=271）			
	平均值	标准差	最小值	最大值	平均值	标准差	最小值	最大值
施用化肥对农业环境的污染	3.38	0.84	1	5	3.35	0.91	1	5
未发酵有机肥直接使用对农业环境的污染	3.45	0.91	1	5	3.29	0.95	1	5
农药瓶（袋）丢弃在田里对农业环境的污染	3.66	0.92	1	5	3.97	0.81	1	5
化肥袋丢弃在田里对农业环境的污染	3.58	0.78	1	5	3.31	0.93	1	5
废弃地膜留在田里对农业环境的污染	3.80	0.83	1	5	4.04	0.75	1	5

鉴于上述变量均为李克特五点量表形式，故采用单因素方差分析比较不同地区普通蔬菜种植户农业环境认知的差异，结果见表3－25。

由表3－25分析可知，陕西、山西、山东和河南普通蔬菜种植户农业环境认知水平存在较大差异，其中河南省受访户认为农业环境污染程度较重，山东省和河南省受访种植户对农药、化肥施用以及将农药瓶（袋）和地膜废弃物丢弃在田里造成的农业环境污染认知程度相对较高，陕西省受访种植户对未发酵的有机肥直接使用造成农业环境污染认知程度相对较低，山东省受访种植户对将化肥袋丢弃在田里造成农业环境污染认知程度相对较高。

表3－25　不同地区普通蔬菜种植户农业环境认知差异分析

变量	F统计量	自由度	p值
农业环境污染程度	4.81***	3.00	0.00
施用农药对农业环境的污染	7.10***	3.00	0.00
施用化肥对农业环境的污染	3.59**	3.00	0.01
未发酵有机肥直接使用对农业环境的污染	16.42***	3.00	0.00
农药瓶（袋）丢弃在田里对农业环境的污染	24.47***	3.00	0.00

续表

变量	F统计量	自由度	p值
化肥袋丢弃在田里对农业环境的污染	8.48***	3.00	0.00
废弃地膜留在田里对农业环境的污染	15.91***	3.00	0.00

注：** 和 *** 分别表示在5%和1%的水平下显著。

3. 无公害蔬菜种植户

表3－26和表3－27分别给出了无公害蔬菜种植户整体及不同地区农业环境认知分析。

表3－26　无公害蔬菜种植户农业环境认知分析

变量	平均值	标准差	最小值	最大值	样本量
农业环境污染程度	3.56	1.09	1	5	266
施用农药对农业环境的污染	3.77	1.05	1	5	
施用化肥对农业环境的污染	3.68	0.99	1	5	
未发酵有机肥直接使用对农业环境的污染	3.47	1.14	1	5	
农药瓶（袋）丢弃在田里对农业环境的污染	3.70	1.14	1	5	
化肥袋丢弃在田里对农业环境的污染	3.66	0.97	1	5	
废弃地膜留在田里对农业环境的污染	3.86	1.01	1	5	

表3－27　不同地区无公害蔬菜种植户农业环境认知分析

变量	太白县（$N=135$）				寿光市（$N=131$）			
	均值	标准差	最小值	最大值	均值	标准差	最小值	最大值
农业环境污染程度	3.67	1.01	1	5	3.46	1.17	1	5
施用农药对农业环境的污染	3.79	1.00	1	5	3.76	1.10	1	5
施用化肥对农业环境的污染	3.67	0.98	1	5	3.69	1.01	1	5
未发酵有机肥直接使用对农业环境的污染	3.41	1.12	1	5	3.53	1.17	1	5

续表

变量	太白县（$N=135$）				寿光市（$N=131$）			
	均值	标准差	最小值	最大值	均值	标准差	最小值	最大值
农药瓶（袋）丢弃在田里对农业环境的污染	3.64	1.13	1	5	3.75	1.15	1	5
化肥袋丢弃在田里对农业环境的污染	3.56	1.02	1	5	3.76	0.90	1	5
废弃地膜留在田里对农业环境的污染	3.81	0.99	1	5	3.92	1.03	1	5

无公害蔬菜种植户受访者中，认为农业环境污染较重和非常严重者累计占比62.41%，该比例在太白县和寿光市分别为67.41%和57.25%；认为施用农药应该会和肯定会对农业环境产生污染者累计占比69.55%，在太白县和寿光市该比例分别为70.37%和68.70%；认为施用化肥应该会和肯定会造成农业环境污染者累计占比62.03%，在太白县和寿光市该比例分别为57.78%和66.41%；认为直接施用未发酵的有机肥应该会和肯定会造成农业环境污染者累计占比55.26%，该比例在太白县和寿光市分别为54.81%和55.73%；认为将用过的农药瓶（袋）丢弃在田里对农业环境应该会和肯定会产生污染者累计占比65.79%，该比例在太白县和寿光市分别为62.96%和68.70%；认为将用过的化肥袋丢弃在田里应该会和肯定会造成农业环境污染者占比63.16%，在太白县和寿光市该比例分别为60.00%和66.41%；认为将废弃的地膜留在田里应该会和肯定会导致农业环境污染者占比75.94%，该比例在太白县和寿光市分别为76.04%和74.81%。

为进一步考察太白县和寿光市无公害蔬菜种植户农业环境认知水平可能存在的差异，采用T检验法进行分析，结果如表3-28所示。

表 3－28　不同地区无公害蔬菜种植户农业环境认知差异分析

变量	T 统计量	自由度	p 值
农业环境污染程度	1.56	255.73	0.12
施用农药对农业环境的污染	0.17	260.04	0.87
施用化肥对农业环境的污染	0.17	263.25	0.87
未发酵有机肥直接使用对农业环境的污染	0.90	262.32	0.37
农药瓶（袋）丢弃在田里对农业环境的污染	0.74	263.48	0.46
化肥袋丢弃在田里对农业环境的污染	1.70*	261.78	0.09
废弃地膜留在田里对农业环境的污染	0.81	262.84	0.42

注：* 表示在 10% 的水平下显著。

由表 3－28 分析可知，与普通蔬菜种植户相比，无公害蔬菜种植户农业环境认知程度同质性相对较高，仅在“化肥袋丢弃在田里对农业环境的污染”认知上存在显著性差异，表现为寿光市受访者认知程度较高，其余变量均不显著。

4. 普通与无公害蔬菜种植户农业环境认知差异

人口统计学特征和社会经济特征是个体行为差异的基础性变量，认知特征的差异可能是个体行为不同的重要因素之一，本小节将采用 T 检验法初步分析普通蔬菜种植户与无公害蔬菜种植户农业环境认知的差异，以进一步验证本书将种植户分为两大类型的合理性，结果见表 3－29。

表 3－29　普通与无公害蔬菜种植户农业环境认知差异分析

变量	普通蔬菜种植户平均值	无公害蔬菜种植户平均值	T 统计量	自由度	p 值
农业环境污染程度	3.41	3.56	2.15**	344.54	0.03
施用农药对农业环境的污染	3.52	3.77	3.65***	378.03	0.00

续表

变量	普通蔬菜种植户平均值	无公害蔬菜种植户平均值	T 统计量	自由度	p 值
施用化肥对农业环境的污染	3.28	3.68	6.04***	381.39	0.00
未发酵有机肥直接使用对农业环境的污染	3.27	3.47	2.65***	362.03	0.01
农药瓶（袋）丢弃在田里对农业环境的污染	3.60	3.70	1.26	368.18	0.21
化肥袋丢弃在田里对农业环境的污染	3.34	3.66	4.89***	388.68	0.00
废弃地膜留在田里对农业环境的污染	3.76	3.86	1.56	375.44	0.12
农业环境认知	3.45	3.67	4.71***	386.73	0.00

注：** 和 *** 分别表示在 5% 和 1% 的水平下显著。

由表 3－29 分析可知，无公害蔬菜种植户与普通蔬菜种植户在农业环境认知上存在显著差异，整体来看，无公害蔬菜种植户农业环境认知程度高于普通蔬菜种植户，除“农药瓶（袋）丢弃在田里对农业环境的污染”和“废弃地膜留在田里对农业环境的污染”两个变量外，其余变量均有统计学差异，在一定程度上表明本书将蔬菜种植户分为普通和无公害蔬菜种植户的合理性。

为进一步分析普通蔬菜种植户和无公害蔬菜种植户农业环境认知整体水平的差异，本书首先检验种植户农业环境认知七个测量变量的组成信度，结果显示，蔬菜种植户整体、普通蔬菜种植户及无公害蔬菜种植户的农业环境认知信度值（Cronbach's Alpha）分别为 0.818、0.827 和 0.776，表明农业环境认知水平的测量变量具有较高的可信性。故本书将上述七个农业环境认知的测量变量加总平均，作为农业环境认知整体维度，同样采用 T 检验法考察两种类型种植户认知程度的差异（见表 3－29）。结果同样表明无公害蔬菜种植户农业环境认知水平显著高于普通蔬菜种植户。

通过本节蔬菜种植户样本个体特征、家庭特征、农业生产及销售特征、农业环境认知特征的描述可以看出，陕西、山西、山东和河南普通蔬菜种植户样本来源差异性较大，这也在一定程度上表明实证分析中有控制地区变量的必要；与普通蔬菜种植户相比，无公害蔬菜种植户来源于两个不同省份，其异质性相对较小，但仍存在具有显著性差异的变量，为保证数据分析结果的可靠性，地区差异仍需控制。此外，在数据调查过程中发现，无公害蔬菜种植户接受农业生产培训者相对较多，这也可能是其农业环境认知程度高于普通蔬菜种植户的原因。

二　种植户农业环境保护动机测度

（一）内部动机测度

基于前文对内部动机的定义，本书蔬菜种植户农业环境保护内部动机包括两个维度：基于愉悦感的内部动机和基于责任感的内部动机。

1. 测量变量说明

目前，学术界对个体行为内部动机的测量没有达成一致意见，尚无统一的测量量表，虽然均从其概念出发，但对不同行为稍有差异。

个体行为的内部动机指的是个体关注于行为本身，并不需要行为以外的其他因素（包括经济激励等物质激励及非经济激励等）予以维持。从较多学者研究的内容来看，对基于愉悦感内部动机的测量通常关注的是某一行为本身是否有趣（Interesting）及行为主体喜欢（Enjoy）从事某一行为（Grant，2008；Bruno and Fiorillo，2012；Dedeurwaerdere et al.，2016）。按此逻辑，蔬菜种植户农业环境保护行为基于愉悦感的内部动机考察该行为本身给种植户带来的愉悦感，即农业环境保护行为本身给种植户带来的兴趣或快乐。作为探索性研究，为避免单变量测量造成结果有偏，本书蔬菜种植户农业环境保护行为基于愉悦感的内部动机同时采用四个变量来反映，具体包括：保护农业环境的过程是否快乐，保护农业环境是否有趣，保护农业环境是否吸引人，是否喜欢保护农业环境。四个反映型变量均为李克特五点量表形式，以避免二分类变量测量可能造成的信息缺失。

与基于愉悦感的内部动机类似，基于责任感的内部动机的测量同样没有统一的标准，但通常认为个体行为基于责任感的内部动机是个体从事某一行为出于道德责任的表现（Lindenberg，2001），如果个体行为违反了该准则其会感到愧疚（Guilty）（Van der Werff et al.，2013）。按此逻辑，蔬菜种植户农业环境保护行为基于责任感的内部动机反映的是其保护环境的责任感及违反该责任感的行为所产生的愧疚。考虑到直接询问受访者是否有责任保护环境可能存在社会希求性应答，本书采用“保护农业环境是不是每个人的责任”问项，来避免针对个人责任调查可能造成的结果失真。此外，基于责任感的内部动机可能使自己感觉更好（Van der Werff et al.，2013）和更多的利他倾向（Kanungo，2001），故本书种植户农业环境保护行为基于责任感内部动机包括四个测量变量，即保护农业环境是不是每个人的责任，不保护农业环境是否感到愧疚，保护农业环境是否感觉更好和不保护农业环境对他人的不良影响，采用李克特五点量表来衡量。

2. 信度与效度检验

为验证对蔬菜种植户农业环境保护内部动机测量的稳定性与可靠性，本书采用 Cronbach's Alpha 值测量每个维度下的可靠性，并用 AVE（Average Variance Extracted）值检验其收敛效度和区别效度。公式如下：

$$Cronbach's\ Alpha = \frac{k}{k-1}\left(1 - \sum_{i=1}^{k}\frac{S_i^2}{S_p^2}\right) \tag{3-5}$$

$$AVE = \frac{\sum \lambda^2}{(\sum \lambda^2 + \sum \theta)} \tag{3-6}$$

式中，k 为测量变量数；S_i^2 为每个项目得分的方差；S_p^2 为总分方差；λ 为标准化因子载荷；θ 为观测变量的测量误差。通常认为当 Cronbach's Alpha 值大于 0.7 时可靠性较高；当 AVE 值大于 0.5 时，表明该测量变量有较好的收敛效度，当 AVE 值的平方根大于观测变量相关系数时，表明潜变量间有较好的区别效度。

由于本书蔬菜种植户农业环境保护行为内部动机属于潜变量，所对应的观测变量为反映型指标，为进一步验证两个维度下反映型指标设置的合理性，采用验证性因子分析法（Confirmatory Factor Analysis，CFA）（Heck and Thomas，2015）进行检验，通常因子载荷大于 0.7 表示该指标设置较为合理，探索性研究该标准可降低至 0.6。结果如表 3 – 30 和表 3 – 31 所示。

表 3 – 30　蔬菜种植户农业环境保护内部动机信度与效度检验

维度	测量变量	因子载荷	Cronbach's Alpha	AVE	AVE 值的平方根
愉悦感	保护农业环境的过程是否快乐	0.93***	0.94	0.79	0.89
	保护农业环境是否有趣	0.89***			
	保护农业环境是否吸引人	0.85***			
	是否喜欢保护农业环境	0.88***			
责任感	保护农业环境是不是每个人的责任	0.87***	0.91	0.72	0.85
	不保护农业环境是否感到愧疚	0.84***			
	保护农业环境是否感觉更好	0.87***			
	不保护农业环境对他人的不良影响	0.81***			

注：*** 表示在 1% 的水平下显著。

表 3-31　蔬菜种植户农业环境保护内部动机相关系数矩阵

	是否快乐	是否有趣	是否吸引人	喜欢保护	责任	愧疚	感觉更好	对他人影响
是否快乐	1.00							
是否有趣	0.82	1.00						
是否吸引人	0.79	0.76	1.00					
喜欢保护	0.82	0.78	0.75	1.00				
责任	0.22	0.21	0.20	0.21	1.00			
愧疚	0.22	0.21	0.20	0.20	0.73	1.00		
感觉更好	0.22	0.21	0.20	0.21	0.76	0.74	1.00	
对他人影响	0.20	0.19	0.19	0.19	0.70	0.68	0.70	1.00

注：限于篇幅，表中均为表 3-30 中测量变量的简称。

由表 3-30 和表 3-31 分析可知，基于愉悦感和基于责任感的内部动机因子载荷均大于 0.7，表明测量变量设置较为合理；Cronbach's Alpha 大于 0.9，表明内部动机的测量具有较高的可靠性，组成信度较高；AVE 值均大于 0.7，表明两个维度具有较好的收敛效度。此外，AVE 值的平方根均大于表 3-31 中观测变量的相关系数，表明两个维度具有较好的区别效度。

为进一步验证本书将内部动机分为两个维度的合理性，采用因子分析法，通过最大方差旋转提取公因子，结果见表 3-32。

表 3-32　蔬菜种植户农业环境保护内部动机的因子分析

测量变量	成分 1	成分 2	累计解释方差（%）	KMO 检验	Bartlett 球形检验
保护农业环境的过程是否快乐	0.93	0.14	42.05	0.85	0.00***
保护农业环境是否有趣	0.91	0.10			
保护农业环境是否吸引人	0.89	0.12			
是否喜欢保护农业环境	0.91	0.10			
保护农业环境是不是每个人的责任	0.15	0.88	81.49		
不保护农业环境是否感到愧疚	0.12	0.88			
保护农业环境是否感觉更好	0.11	0.89			
不保护农业环境对他人的不良影响	0.06	0.87			

注：*** 表示在 1% 的水平下显著。

由表 3－32 分析可知，Bartlett 球形检验和 KMO 检验均表明内部动机的八个测量变量适合做因子分析，且因子分析结果表明，八个测量变量共析出两个主成分，从其大小可以看出，种植户农业环境保护基于愉悦感和基于责任感的内部动机分属不同维度，在一定程度上说明本书对内部动机分类的合理性。

3. 蔬菜种植户农业环境保护内部动机描述性统计

（1）全样本蔬菜种植户农业环境保护内部动机

表 3－33 给出了全样本蔬菜种植户农业环境保护内部动机的描述性统计。在基于愉悦感的内部动机中，保护农业环境的过程是否快乐，保护农业环境是否有趣、是否吸引人及是否喜欢保护农业环境的得分均值依次为 3.09、3.02、2.96 和 3.10。与之相比，基于责任感内部动机的四个测量变量得分均值分别为 3.48、3.25、3.30 和 3.21，相对较高。

表 3－33　蔬菜种植户农业环境保护内部动机描述性统计

维度	测量变量	平均值	标准差	最小值	最大值	样本量
愉悦感	保护农业环境的过程是否快乐	3.09	1.01	1	5	1323
	保护农业环境是否有趣	3.02	1.04	1	5	
	保护农业环境是否吸引人	2.96	1.05	1	5	
	是否喜欢保护农业环境	3.10	1.04	1	5	
责任感	保护农业环境是不是每个人的责任	3.48	1.08	1	5	
	不保护农业环境是否感到愧疚	3.25	1.01	1	5	
	保护农业环境是否感觉更好	3.30	1.07	1	5	
	不保护农业环境对他人的不良影响	3.21	1.08	1	5	

（2）普通蔬菜种植户农业环境保护内部动机

表 3－34 给出了普通蔬菜种植户农业环境保护内部动机的描

述性统计。其中，基于愉悦感内部动机的四个测量变量得分均值分别为 3.04、2.98、2.93 和 3.04，处于中等水平；基于责任感内部动机的四个测量变量得分均值分别为 3.44、3.24、3.27 和 3.19，比中等水平略高。与全部样本类似，普通蔬菜种植户农业环境保护基于责任感的内部动机均值略高于基于愉悦感的内部动机。

表 3－34　普通蔬菜种植户农业环境保护内部动机描述性统计

维度	测量变量	平均值	标准差	最小值	最大值	样本量
愉悦感	保护农业环境的过程是否快乐	3.04	0.93	1	5	1057
	保护农业环境是否有趣	2.98	0.95	1	5	
	保护农业环境是否吸引人	2.93	0.96	1	5	
	是否喜欢保护农业环境	3.04	0.98	1	5	
责任感	保护农业环境是不是每个人的责任	3.44	1.00	1	5	
	不保护农业环境是否感到愧疚	3.24	0.97	1	5	
	保护农业环境是否感觉更好	3.27	1.06	1	5	
	不保护农业环境对他人的不良影响	3.19	1.04	1	5	

（3）无公害蔬菜种植户农业环境保护内部动机

表 3－35 给出了无公害蔬菜种植户农业环境保护内部动机描述性统计。与普通蔬菜种植户相比，无公害蔬菜种植户农业环境保护内部动机的两个维度各测量变量得分均值均较高，其中基于愉悦感内部动机的四个测量变量得分均值分别为 3.27、3.18、3.06 和 3.30，基于责任感内部动机的四个测量变量得分均值分别为 3.64、3.30、3.42 和 3.29。两个维度各测量变量得分均值均比中等水平略高，且整体来看，基于责任感的内部动机均值略高于基于愉悦感的内部动机。

表 3-35 无公害蔬菜种植户农业环境保护内部动机描述性统计

维度	测量变量	平均值	标准差	最小值	最大值	样本量
愉悦感	保护农业环境的过程是否快乐	3.27	1.26	1	5	266
	保护农业环境是否有趣	3.18	1.33	1	5	
	保护农业环境是否吸引人	3.06	1.35	1	5	
	是否喜欢保护农业环境	3.30	1.24	1	5	
责任感	保护农业环境是不是每个人的责任	3.64	1.33	1	5	266
	不保护农业环境是否感到愧疚	3.30	1.16	1	5	
	保护农业环境是否感觉更好	3.42	1.11	1	5	
	不保护农业环境对他人的不良影响	3.29	1.26	1	5	

4. 无公害、普通蔬菜种植户农业环境保护内部动机差异分析

蔬菜种植户农业环境保护内部动机是本研究的重点，检视不同类型种植户农业环境保护内部动机可能存在的差异是本书的逻辑起点，根据本章第一节中方法的描述，对不同类型种植户内部动机差异的分析采用 T 检验法。此外，前文中内部动机测量较高的信度和较好的效度表明，对内部动机不同维度的测量可以加总平均以考察不同类型种植户内部动机整体水平的差异，结果见表 3-36。

表 3-36 无公害、普通蔬菜种植户农业环境保护内部动机差异分析

维度	测量变量	普通蔬菜种植户平均值	无公害蔬菜种植户平均值	T 统计量	自由度	p 值
愉悦感	保护农业环境的过程是否快乐	3.04	3.27	2.75***	341.36	0.01
	保护农业环境是否有趣	2.98	3.18	2.32**	336.59	0.02
	保护农业环境是否吸引人	2.93	3.06	1.52	334.75	0.13
	是否喜欢保护农业环境	3.04	3.30	3.19***	353.27	0.00
	基于愉悦感的内部动机	3.00	3.20	2.60***	335.54	0.01

续表

维度	测量变量	普通蔬菜种植户平均值	无公害蔬菜种植户平均值	T统计量	自由度	p值
责任感	保护农业环境是不是每个人的责任	3.44	3.64	2.30**	344.69	0.02
	不保护农业环境是否感到愧疚	3.24	3.30	0.84	364.64	0.40
	保护农业环境是否感觉更好	3.27	3.42	1.95*	395.22	0.05
	不保护农业环境对他人的不良影响	3.19	3.29	1.18	360.70	0.24
	基于责任感的内部动机	3.29	3.43	1.87*	383.75	0.06

注：*、** 和 *** 分别表示在10%、5%和1%的水平下显著。

由表3－36分析可知，普通蔬菜种植户和无公害蔬菜种植户农业环境保护内部动机的两个维度均存在显著差异。从基于愉悦感的内部动机来看，除“保护农业环境是否吸引人”外，其余三个测量变量均表现出无公害蔬菜种植户农业环境保护基于愉悦感的内部动机显著强于普通蔬菜种植户，整体维度有同样的差异且显著。对于基于责任感的内部动机来讲，“不保护农业环境是否感到愧疚”和“不保护农业环境对他人的不良影响”在两种类型种植户间不显著，但无公害蔬菜种植户得分均值略高，其余测量变量和整体维度均显著，表现为无公害蔬菜种植户基于责任感的内部动机显著强于普通蔬菜种植户。通常认为，认知程度高的个体其内部动机也较强，本章第一节结果表明无公害蔬菜种植户农业环境认知程度高于普通蔬菜种植户，这也可能是导致无公害蔬菜种植户农业环境保护内部动机较强的原因。

（二）外部动机测度

1. 测量变量说明

与内部动机相对应，基于外部动机的行为并不关注行为本身，需要持续的外界条件或激励予以维持。基于本书对农户农业环境保护外部动机的定义，蔬菜种植户农业环境保护外部动机重点考虑的是，种植户保护农业环境是否为了获得更多收益、得到更多赞赏及避免惩罚。故本书对蔬菜种植户农业环境保护外部动机的测量包括以下几个方面：保护农业环境是不是为了增加收益，保护农业环境是否为了得到更多的赞赏，保护农业环境是否为了避免地方政府等的惩罚，施用低毒、无公害农药是否为了避免地方政府等的惩罚，施用有机肥是否为了防止土壤板结、增加蔬菜产量，将地膜从田里清理出来是不是为了防止蔬菜减产。上述变量均为李克特五点量表形式，从肯定不是到肯定是。

2. *信度与效度检验*

目前学术界通常认为虽然外部动机的来源不同，但均是通过外部激励等方式来维持（对于本书来讲，蔬菜种植户对利益和赞赏的追求及为了避免惩罚均是外部激励的方式，惩罚通常被认为是负向激励），即其作用的结果是一致的，因此对个体行为外部动机的研究并没有维度的区分。本书依据已有的研究成果探索性地用六个变量测量蔬菜种植户农业环境保护外部动机，首先要通过最大方差旋转提取公因子验证其维度是否具有单一性，结果见表 3－37。

表 3－37　蔬菜种植户农业环境保护外部动机因子分析

测量变量	成分	累计解释方差（%）	KMO 检验	Bartlett 球形检验
保护农业环境是不是为了增加收益	0.88	70.62	0.88	0.00***
保护农业环境是否为了得到更多的赞赏	0.87			
保护农业环境是否为了避免地方政府等的惩罚	0.84			
施用低毒、无公害农药是否为了避免地方政府等的惩罚	0.86			
施用有机肥是否为了防止土壤板结、增加蔬菜产量	0.81			
将地膜从田里清理出来是不是为了防止蔬菜减产	0.77			

注：*** 表示在 1% 的水平下显著。

由表 3 - 37 分析可知，结果与目前学术界对个体行为外部动机的研究较为一致。因子分析检验结果表明，本书蔬菜种植户农业环境保护外部动机的六个测量变量属于同一个维度，且 KMO 检验和 Bartlett 球形检验结果也均支持了因子分析的合理性。

在确定外部动机同属一个维度的基础上，采用与前文同样的方法对该维度的信度、效度进行检验，并进行验证性因子分析。需要说明的是，与内部动机略有不同，上述因子分析结果表明本书蔬菜种植户农业环境保护行为外部动机属于同一个维度，故此处不再进行区别效度检验，仅进行收敛效度检验，结果如表 3 - 38 所示。

表 3 - 38　蔬菜种植户农业环境保护外部动机信度与效度检验

测量变量	因子载荷	Cronbach's Alpha	AVE
保护农业环境是不是为了增加收益	0.90***	0.92	0.64
保护农业环境是否为了得到更多的赞赏	0.89***		
保护农业环境是否为了避免地方政府等的惩罚	0.83***		
施用低毒、无公害农药是否为了避免地方政府等的惩罚	0.79***		
施用有机肥是否为了防止土壤板结、增加蔬菜产量	0.72***		
将地膜从田里清理出来是不是为了防止蔬菜减产	0.68***		

注：*** 表示在 1% 的水平下显著。

由表 3 - 38 分析可知，蔬菜种植户农业环境保护外部动机六个测量变量的 Cronbach's Alpha 值和 AVE 值均较大，表明测量变量具有较高的信度和较好的收敛效度。此外，验证性因子分析结果表明，除“将地膜从田里清理出来是不是为了防止蔬菜减产”外，其余测量变量的因子载荷均大于 0.7，但考虑到本书对蔬菜种植户农业环境保护行为外部动机的测量属于探索性研究，因子载荷可接受水平为 0.6，故为保证分析的合理性，本书保留该测量变量。

3. 蔬菜种植户农业环境保护外部动机描述性统计

（1）全样本蔬菜种植户农业环境保护外部动机

表 3－39 给出了全样本蔬菜种植户农业环境保护外部动机的描述性统计。样本户对保护农业环境是为了增加收益同意和非常同意者累计占比 63.79%，对保护农业环境是为了得到更多的赞赏同意和非常同意者累计占比 60.62%，对保护农业环境是为了避免地方政府等的惩罚同意和非常同意者累计占比 64.93%，对施用低毒、无公害农药是为了避免地方政府等的惩罚同意和非常同意者累计占比 55.63%，对施用有机肥是为了防止土壤板结、增加蔬菜产量同意和非常同意者累计占比 51.93%，对将地膜从田里清理出来是为了防止蔬菜减产同意和非常同意者累计占比 53.44%。与农业环境保护内部动机相比，样本户外部动机相对较强。

表 3－39　蔬菜种植户农业环境保护外部动机描述性统计

测量变量	平均值	标准差	最小值	最大值	样本量
保护农业环境是不是为了增加收益	3.66	1.19	1	5	1323
保护农业环境是否为了得到更多的赞赏	3.60	1.17	1	5	
保护农业环境是否为了避免地方政府等的惩罚	3.64	1.10	1	5	
施用低毒、无公害农药是否为了避免地方政府等的惩罚	3.36	1.29	1	5	
施用有机肥是否为了防止土壤板结、增加蔬菜产量	3.36	1.21	1	5	
将地膜从田里清理出来是不是为了防止蔬菜减产	3.28	1.13	1	5	

（2）普通蔬菜种植户农业环境保护外部动机

普通蔬菜种植户农业环境保护外部动机的描述性统计见表

3－40。其中对保护农业环境是为了增加收益同意和非常同意者累计占比71.62%，对保护农业环境是为了得到更多的赞赏同意和非常同意者累计占比66.98%，对保护农业环境是为了避免地方政府等的惩罚同意和非常同意者累计占比71.14%，对施用低毒、无公害农药是为了避免地方政府等的惩罚同意和非常同意者累计占比61.87%，对施用有机肥是为了防止土壤板结、增加蔬菜产量同意和非常同意者累计占比55.53%，对将地膜从田里清理出来是为了防止蔬菜减产同意和非常同意者累计占比59.22%。

表3－40 普通蔬菜种植户农业环境保护外部动机描述性统计

测量变量	平均值	标准差	最小值	最大值	样本量
保护农业环境是不是为了增加收益	3.97	0.91	1	5	1057
保护农业环境是否为了得到更多的赞赏	3.86	0.93	1	5	
保护农业环境是否为了避免地方政府等的惩罚	3.87	0.88	1	5	
施用低毒、无公害农药是否为了避免地方政府等的惩罚	3.63	1.05	1	5	
施用有机肥是否为了防止土壤板结、增加蔬菜产量	3.57	1.00	1	5	
将地膜从田里清理出来是不是为了防止蔬菜减产	3.51	0.95	1	5	

（3）无公害蔬菜种植户农业环境保护外部动机

表3－41给出了无公害蔬菜种植户农业环境保护外部动机的描述性统计。其中对保护农业环境是为了增加收益同意和非常同意者累计占比32.71%，对保护农业环境是为了得到更多的赞赏同意和非常同意者累计占比35.34%，对保护农业环境是为了避免地方政府等的惩罚同意和非常同意者累计占比40.23%，对施用低毒、无公害农药是为了避免地方政府等的惩罚同意和非常同意者累计占比30.83%，对施用有机肥是为了防止土壤板结、增加蔬菜产量同意和非常同意者累计占比37.59%，对将地膜从田里清

理出来是为了防止蔬菜减产同意和非常同意者累计占比30.45%。

表3-41　无公害蔬菜种植户农业环境保护外部动机描述性统计

测量变量	平均值	标准差	最小值	最大值	样本量
保护农业环境是不是为了增加收益	2.46	1.40	1	5	266
保护农业环境是否为了得到更多的赞赏	2.56	1.41	1	5	
保护农业环境是否为了避免地方政府等的惩罚	2.73	1.39	1	5	
施用低毒、无公害农药是否为了避免地方政府等的惩罚	2.27	1.54	1	5	
施用有机肥是否为了防止土壤板结、增加蔬菜产量	2.52	1.54	1	5	
将地膜从田里清理出来是不是为了防止蔬菜减产	2.37	1.32	1	5	

4. 无公害、普通蔬菜种植户农业环境保护外部动机差异分析

对普通蔬菜种植户和无公害蔬菜种植户受访者农业环境保护外部动机的描述初步表明，无公害蔬菜种植户农业环境保护外部动机相对较弱。为进一步分析两类蔬菜种植户农业环境保护外部动机的差异，本书采用T检验法对二者进行比较。

此外，前文分析结果表明，蔬菜种植户农业环境保护外部动机的测量属于单一维度，且具有较高的组成信度和较好的收敛效度，故验证两类蔬菜种植户农业环境保护外部动机整体的差异时，将六个测量变量加总平均，结果如表3-42所示。

表3-42　无公害、普通蔬菜种植户农业环境保护外部动机差异分析

测量变量	普通蔬菜种植户平均值	无公害蔬菜种植户平均值	T统计量	自由度	p值
保护农业环境是不是为了增加收益	3.97	2.46	16.75***	323.78	0.00
保护农业环境是否为了得到更多的赞赏	3.86	2.56	14.30***	325.26	0.00
保护农业环境是否为了避免地方政府等的惩罚	3.87	2.73	12.83***	320.54	0.00

续表

测量变量	普通蔬菜种植户平均值	无公害蔬菜种植户平均值	T 统计量	自由度	p 值
施用低毒、无公害农药是否为了避免地方政府等的惩罚	3.63	2.27	13.71***	329.72	0.00
施用有机肥是否为了防止土壤板结、增加蔬菜产量	3.57	2.52	10.59***	322.88	0.00
将地膜从田里清理出来是不是为了防止蔬菜减产	3.51	2.37	13.31***	338.01	0.00
农业环境保护外部动机	3.74	2.41	16.17***	316.95	0.00

注：*** 表示在 1% 的水平下显著。

由表 3－42 分析可知，无公害蔬菜种植户和普通蔬菜种植户农业环境保护外部动机无论是单个测量变量还是整体维度，均存在显著差异，普通蔬菜种植户农业环境保护外部动机显著强于无公害蔬菜种植户。

相关研究表明，在发达的经济体下，农户环境保护导向会更加强烈（Burton and Wilson，2006；Sulemana and James，2014）。从本书样本调查情况来看，无公害蔬菜种植户无论平均年收入抑或平均蔬菜种植收入均远高于普通蔬菜种植户，可能意味着随着收入水平的提高，种植户对经济利益的追求相对下降，即种植户对经济利益的追求可能存在边际效应递减的趋势，此时，种植户会更加关注农业环境保护所带来的内在心理满足，进而提高总效用。这一结果也符合本书理论部分所提出的农户对农业生产追求总效用最大化的分析，因此可能出现了本书调查的结果，即无公害蔬菜种植户农业环境保护内部动机显著强于普通蔬菜种植户，但农业环境保护的外部动机显著弱于普通蔬菜种植户。此外，Wilson 和 Hart（2001）认为，农户向环境保护导向的转变是源于教育水平提高和政策效果显现的结果。从调查结果来看，无公害蔬菜种植户受教育水平略高于普通蔬菜种植户，且太白县和寿光市是中国目前较大的无公害蔬菜生产基地，当地政府对其发展比较重视，其政策的落实也较为到位。另外，无公害蔬菜种植户较多加入了合作社，这些合作社在蔬菜生产前、生产中和生产后都有较为严格的生产控制措施，对种植户生产培训等也相对较多，合作社的制度规范（包括有形和无形的规范）可能也是种植户向环境保护导向转变的原因之一。与之相比，在调查过程中发现，虽然也有较多普通蔬菜种植户加入了合作社，遗憾的是，有部分合作社形同虚设，种植户蔬菜生产仍以家庭为基本单位，蔬菜生产投入等决策受合作社影响不大。

三　种植户农业环境保护内、外部动机关系的初步检验

基于本书的理论分析部分，蔬菜种植户农业环境保护内部动机和外部动机可能存在不兼容现象，为此，本小节将初步采用皮尔森相关系数考察二者之间的关系。为方便标记，基于愉悦感内部动机的保护农业环境的过程是否快乐，保护农业环境是否有趣，保护农业环境是否吸引人，是否喜欢保护农业环境依次标记为 $I_{11} \sim I_{14}$；基于责任感内部动机的保护农业环境是不是每个人的责任，不保护农业环境是否感到愧疚，保护农业环境是否感觉更好，不保护农业环境对他人的不良影响依次标记为 $I_{21} \sim I_{24}$。蔬菜种植户农业环境保护外部动机的保护农业环境是不是为了增加收益，保护农业环境是否为了得到更多的赞赏，保护农业环境是否为了避免地方政府等的惩罚，施用低毒、无公害农药是否为了避免地方政府等的惩罚，施用有机肥是否为了防止土壤板结、增加蔬菜产量，将地膜从田里清理出来是不是为了防止蔬菜减产依次标记为 $E_1 \sim E_6$。结果见表 3 - 43 和表 3 - 44。

表 3-43　蔬菜种植户农业环境保护基于愉悦感的内部动机与外部动机相关系数矩阵

	I_{11}	I_{12}	I_{13}	I_{14}	E_1	E_2	E_3	E_4	E_5	E_6
I_{11}	1.000									
I_{12}	0.823	1.000								
I_{13}	0.790	0.755	1.000							
I_{14}	0.819	0.783	0.751	1.000						
E_1	0.021	0.020	0.019	0.020	1.000					
E_2	0.021	0.020	0.019	0.020	0.794	1.000				
E_3	0.019	0.018	0.018	0.018	0.740	0.733	1.000			
E_4	0.018	0.018	0.017	0.017	0.705	0.699	0.651	1.000		
E_5	0.017	0.016	0.015	0.016	0.643	0.637	0.593	0.566	1.000	
E_6	0.016	0.015	0.014	0.015	0.604	0.598	0.558	0.532	0.485	1.000

表 3-44　蔬菜种植户农业环境保护基于责任感的内部动机与外部动机相关系数矩阵

	I_{21}	I_{22}	I_{23}	I_{24}	E_1	E_2	E_3	E_4	E_5	E_6
I_{21}	1.000									
I_{22}	0.731	1.000								
I_{23}	0.756	0.735	1.000							
I_{24}	0.698	0.678	0.701	1.000						
E_1	-0.157	-0.153	-0.158	-0.146	1.000					
E_2	-0.156	-0.151	-0.157	-0.145	0.794	1.000				
E_3	-0.146	-0.141	-0.146	-0.135	0.740	0.733	1.000			
E_4	-0.139	-0.135	-0.139	-0.129	0.705	0.699	0.651	1.000		
E_5	-0.127	-0.123	-0.127	-0.117	0.643	0.637	0.593	0.566	1.000	
E_6	-0.119	-0.116	-0.120	-0.110	0.604	0.598	0.558	0.532	0.485	1.000

由表 3－43 和表 3－44 分析可知，蔬菜种植户农业环境保护基于愉悦感的内部动机、外部动机各维度内测量变量相关性较强，二者跨维度测量变量间相关系数为正。蔬菜种植户农业环境保护基于责任感的内部动机、外部动机各维度内测量变量同样呈较强的相关性，但跨维度相关系数为负，即受访蔬菜种植户农业环境保护基于责任感的内部动机与外部动机呈负相关关系。

进一步分别考察两类蔬菜种植户农业环境保护内部动机与外部动机的关系，结果分别见表 3－45 至表 3－48。由表 3－45 至表 3－48 分析可知，与全部样本相关系数矩阵类似，两类蔬菜种植户农业环境保护内部动机与外部动机在相关关系上均表现为维度内高度相关，跨维度相关性减弱。此外，两类蔬菜种植户农业环境保护基于愉悦感的内部动机与其外部动机正相关，基于责任感的内部动机与其外部动机负相关。

表 3－45　普通蔬菜种植户农业环境保护基于愉悦感的内部动机与外部动机相关系数矩阵

	I_{11}	I_{12}	I_{13}	I_{14}	E_1	E_2	E_3	E_4	E_5	E_6
I_{11}	1.000									
I_{12}	0.769	1.000								
I_{13}	0.766	0.743	1.000							
I_{14}	0.778	0.754	0.752	1.000						
E_1	0.062	0.060	0.060	0.061	1.000					
E_2	0.062	0.060	0.060	0.061	0.727	1.000				
E_3	0.060	0.058	0.058	0.059	0.700	0.699	1.000			
E_4	0.045	0.044	0.043	0.044	0.526	0.525	0.505	1.000		
E_5	0.043	0.042	0.041	0.042	0.501	0.500	0.482	0.362	1.000	
E_6	0.040	0.038	0.038	0.039	0.462	0.462	0.444	0.334	0.318	1.000

表 3-46　普通蔬菜种植户农业环境保护基于责任感的内部动机与外部动机相关系数矩阵

	I_{21}	I_{22}	I_{23}	I_{24}	E_1	E_2	E_3	E_4	E_5	E_6
I_{21}	1.000									
I_{22}	0.757	1.000								
I_{23}	0.780	0.780	1.000							
I_{24}	0.746	0.746	0.769	1.000						
E_1	-0.173	-0.173	-0.178	-0.170	1.000					
E_2	-0.173	-0.173	-0.178	-0.170	0.727	1.000				
E_3	-0.167	-0.167	-0.172	-0.165	0.700	0.699	1.000			
E_4	-0.126	-0.126	-0.129	-0.124	0.526	0.525	0.505	1.000		
E_5	-0.120	-0.120	-0.124	-0.118	0.501	0.500	0.482	0.362	1.000	
E_6	-0.111	-0.111	-0.114	-0.109	0.462	0.462	0.444	0.334	0.318	1.000

表 3-47　无公害蔬菜种植户农业环境保护基于愉悦感的内部动机与外部动机相关系数矩阵

	I_{11}	I_{12}	I_{13}	I_{14}	E_1	E_2	E_3	E_4	E_5	E_6
I_{11}	1.000									
I_{12}	0.919	1.000								
I_{13}	0.833	0.766	1.000							
I_{14}	0.920	0.847	0.767	1.000						
E_1	0.077	0.071	0.064	0.071	1.000					
E_2	0.077	0.071	0.064	0.071	0.767	1.000				
E_3	0.065	0.060	0.054	0.060	0.648	0.647	1.000			
E_4	0.081	0.074	0.067	0.074	0.800	0.799	0.675	1.000		
E_5	0.069	0.064	0.058	0.064	0.688	0.687	0.580	0.717	1.000	
E_6	0.057	0.053	0.048	0.053	0.570	0.569	0.481	0.594	0.511	1.000

表 3-48　无公害蔬菜种植户农业环境保护基于责任感的内部动机与外部动机相关系数矩阵

	I_{21}	I_{22}	I_{23}	I_{24}	E_1	E_2	E_3	E_4	E_5	E_6
I_{21}	1.000									
I_{22}	0.633	1.000								
I_{23}	0.785	0.569	1.000							
I_{24}	0.519	0.376	0.467	1.000						
E_1	-0.110	-0.080	-0.099	-0.065	1.000					
E_2	-0.110	-0.080	-0.099	-0.065	0.767	1.000				
E_3	-0.093	-0.068	-0.084	-0.055	0.648	0.647	1.000			
E_4	-0.114	-0.083	-0.103	-0.068	0.800	0.799	0.675	1.000		
E_5	-0.099	-0.071	-0.089	-0.059	0.688	0.687	0.580	0.717	1.000	
E_6	-0.082	-0.059	-0.074	-0.049	0.570	0.569	0.481	0.594	0.511	1.000

上述相关分析结果初步表明，种植户农业环境保护基于愉悦感的内部动机与外部动机正相关，基于责任感的内部动机与外部动机负相关。这也在一定程度上说明目前在不同领域研究个体行为内部动机与外部动机（特别是经济激励）的关系存在的较大争议可能是个体行为内部动机不同维度导致的，上述结果也初步说明了对于农户农业环境保护行为来讲，若该行为本身不能给人带来兴趣，则意味着农户农业环境保护内部动机与外部动机不兼容。需要注意的是，由于本小节仅初步分析了蔬菜种植户农业环境保护内部动机和外部动机的相关性，并未考虑蔬菜种植户基本特征、意愿和行为等的影响，故尚不能明确地对内部动机和外部动机，以及内部动机不同维度和外部动机的关系做出因果推断，该问题本书将在后续章节验证。

四　种植户农业环境保护内部动机影响因素分析

依据本书理论分析逻辑，蔬菜种植户农业环境保护行为的动机分为内部动机与外部动机，按其定义，个体行为的外部动机来源于非行为本身的外部激励（包括正向激励，如经济补偿、赞赏；负向激励，如惩罚等）。在经济学中对个体行为的干预通常为经济激励或惩罚，即个体行为的外部动机及其来源较为直观，这也可能是目前学术界并没有单独研究个体行为外部动机影响因素的原因。与外部动机相比，个体行为的内部动机是关注行为本身，并不需要外界激励来维持，是个体基于兴趣对行为本身的愉悦感及个体认为应该做出某种行为的责任感，特别是基于责任感的内部动机强调的是动机内化，是习得的动机，目前对该过程的相关研究较少，但其是个体行为动机的重要来源之一，故本节将探索性地分析蔬菜种植户农业环境保护内部动机的影响因素。

（一）变量选取及理论模型构建

行为经济学认为个体并未完全同质，即便个体是为了追求利益最大化，也会因为人口统计学特征和社会经济特征等的不同而产生行为的差异，目前，这一逻辑已被广泛应用于个体行为的分析。基于行为经济学的理论指导对农户行为的分析，已逐渐形成以农户行为或意愿为研究对象，以个体特征、家庭特征、种植特征和外界条件因素等为逻辑主线的常见研究范式（傅新红、宋汶庭，2010；何可、张俊飚，2014；朱淀等，2014；Zhang et al.，2017）。考虑到个体执行某一特定行为或出现某种行为的意愿源于该行为或意愿的动机，因此有理由预期蔬菜种植户个体特征、家庭特征、生产特征和外界条件因素的不同可能影响其农业环境保护内部动机的差异。正如前文所述，本书所研究的是蔬菜种植户农业环境保护的动机，无论是外部动机还是内部动机均为有意识的动机，而这种意识首先源于对特定行为的认知（Lindenberg，2001）。此外，尚需考虑个体生存与他人关系的影响，行为经济学认为个体同时生存于经济规范和社会规范之下，个体的生存不仅会影响他人，也会受到他人的影响（Ariely，2008）。对于蔬菜种植户农业生产行为来讲，种植户施药、施肥、地膜处理等农业生产及农业废弃物处理的动机均可能受到其他个体的影响，尤其在中国农村地区，以地缘和亲缘为纽带的关系对个体有深刻的影响（费孝通等，2012）。这种非正式制度安排甚至在一定程度上超过正式制度的影响，该非正式制度也形成一种社会规范的作用，在这种社会规范作用下，以地缘或亲缘为纽带的农户具有一定的趋同性，这也在一定程度上表明社会规范可能内化为个体行为的内部动机（Van Riper and Kyle，2014）。

基于上述分析，本书对蔬菜种植户农业环境保护行为内部动机影响因素的探讨主要关注以下几个方面：种植户个体特征、家庭特征、种植特征、外界条件因素、农业环境认知及社会规范。变量测量方式见表3－49。

表3－49　变量选取及测量方式

变量类型	变量	测量方式	预期
个体特征	性别（*Gender*）	男＝1；女＝0	+/−
	年龄（*Age*）	实际年龄	+/−
	受教育程度（*EDU*）	未上过学＝0；小学＝1；初中＝2；高中＝3；高中以上＝4	+
	风险规避程度（*Risk*）	风险偏好＝1；风险中性＝2；风险规避＝3	−
	党员（*PM*）	是＝1；否＝0	+
	村干部（*Leader*）	是＝1；否＝0	+
	身体健康状况（*Health*）	非常差＝1；较差＝2；一般＝3；较好＝4；非常好＝5	+/−
家庭特征	家庭人口数（*PO*）	家庭实际人口数	+/−
	农业劳动力人数（*APO*）	家庭从事农业生产的人数	+/−
	家庭年收入（*Income*）	过去一年家庭总收入	+
	蔬菜种植收入占比（*Ratio*）	蔬菜种植收入占总收入比例	−

续表

变量类型	变量	测量方式	预期
种植特征	蔬菜种植面积（*FZ*）	蔬菜种植多少亩	+/-
	蔬菜种植年限（*Year*）	从事蔬菜种植多少年	-
外界条件因素	是否加入合作社（*COOP*）	是=1；否=0	+
	接受种植培训（*Train*）	无=1；偶尔有=2；一般=3；较多=4；培训非常多=5	+
农业环境认知（*C*）	农业环境污染程度（C_1）	无污染=1；污染较轻=2；一般=3；较重=4；非常严重=5	+
	施用农药污染（C_2）	肯定不会=1；应该不会=2；一般=3；应该会=4；肯定会=5	
	施用化肥污染（C_3）	肯定不会=1；应该不会=2；一般=3；应该会=4；肯定会=5	
	未发酵有机肥污染（C_4）	肯定不会=1；应该不会=2；一般=3；应该会=4；肯定会=5	
	农药瓶（袋）污染（C_5）	肯定不会=1；应该不会=2；一般=3；应该会=4；肯定会=5	
	化肥袋污染（C_6）	肯定不会=1；应该不会=2；一般=3；应该会=4；肯定会=5	
	废弃地膜污染（C_7）	肯定不会=1；应该不会=2；一般=3；应该会=4；肯定会=5	
社会规范（*SO*）	亲属会保护（SO_1）	肯定不会=1；应该不会=2；一般=3；应该会=4；肯定会=5	+
	朋友会保护（SO_2）	肯定不会=1；应该不会=2；一般=3；应该会=4；肯定会=5	
	街坊邻里会保护（SO_3）	肯定不会=1；应该不会=2；一般=3；应该会=4；肯定会=5	

注：限于篇幅，农业环境认知包含的变量为前文对应变量的简称。为避免农业环境认知和社会规范单变量测量造成结果有偏，二者均采用潜变量测量方式；风险规避程度采用受访者对投资的成本、风险和收益的回答测量，选择高成本、高风险和高收益定义为风险偏好，选择中等成本、中等风险和中等收益定义为风险中性，选择低成本、低风险和低收益定义为风险规避；+表示预期影响为正向，-表示预期影响为负向，+/-表示影响方向不确定，下同。在理论分析过程中，我们认为质量检测与内部动机不存在关系，为避免加入该变量后可能出现以数据为导向的误差，故质量检测未进入模型。

个体特征：种植户个体特征包括性别、年龄、受教育程度、风险规避程度、政治身份（党员、村干部）和身体健康状况。受教育程度代表了人力资源的培育程度，受教育程度越高，农户具有环境保护的行为倾向会越强烈（Burton and Wilson，2006；Sulemana and James，2014），预期受教育程度较高的种植户，其农业环境保护内部动机较强；风险规避程度反映了种植户农业生产对风险的偏好或厌恶程度，风险厌恶程度越高，种植户越可能更加注重农业的短期产出，越可能不重视农业环境的保护，预期对种植户农业环境保护内部动机影响为负；党员和村干部身份使得这类人群资源相对较丰富，对国家和当地农业环境政策等较为了解，认知程度相对较高，保护农业环境的内部动机可能较强；其余性别、年龄和身体健康状况对种植户农业环境保护内部动机的影响方向不明确，故不做预期。

家庭特征：种植户家庭特征包括家庭人口数、农业劳动力人数、家庭年收入、蔬菜种植收入占比（蔬菜种植收入也属于种植户家庭特征的重要组成部分，但在模型中同时含有家庭总收入、蔬菜种植收入和蔬菜种植收入占总收入比例会存在共线性，故实证分析中将其移除）。依据本书的理论分析，对于蔬菜种植户来讲，其任何行为的产生均以满足自身生活所需为前提，只有当“衣食住行”等基本生活需求得到满足，种植户才会在农业收益所带来的经济效用和农业环境保护所带来的心理效用间进行权衡，以实现效用最大化，故家庭年收入较高的种植户其农业环境保护的内部动机可能较强；蔬菜种植收入占比代表了种植户家庭收入对蔬菜种植的依赖，预期依赖性越大，越可能减弱其农业环境保护的内部动机。家庭人口数和农业劳动力人数影响方向不确定，不做预期。

种植特征：种植户种植特征包括蔬菜种植面积和蔬菜种植年限。其中种植户的蔬菜种植年限越长，固有的种植习惯越难以改变，可能不利于农业环境保护内部动机的增强；蔬菜种植面积是种植户重要的农业生产特征，本书保留该变量，但对其影响方向不做预期。

外界条件因素：种植户蔬菜生产的外界条件因素主要包括是否加入合作社、接受种植培训。加入合作社的种植户可能受到更多的规范性约束，较为紧密的合作社组织通常会使合作社成员有较强的组织内认同，可能会促进规范的内化，强化了种植户农业环境保护的内部动机；接受种植培训的种植户对蔬菜种植的生产流程和农业生产要素投入带来的污染更为了解，预期正向影响其农业环境保护的内部动机。

农业环境认知与社会规范：个体的行为或意愿源于其动机，有意识的动机产生的前提在于认知，故预期种植户农业环境认知程度越高，越能促进农业环境保护内部动机的增强；社会规范强调了他人对个体的影响，基于前文分析，预期他人对农业环境保护的赞同会促进种植户农业环境保护内部动机的增强。

基于前文的描述性统计，普通蔬菜种植户和无公害蔬菜种植户在其基本特征方面存在较大差异，且同一类种植户在不同地区仍存在差异（虽然无公害蔬菜种植户在基本特征方面在不同地区差异相对较小，但仍有显著性差异的变量）。作为探索性研究，为使分析结果更加可靠，本书分别对两类种植户单独分析，并比较二者的差异，在实证分析过程中控制地区差异可能给结果带来的偏差；此外，考虑到蔬菜种植户农业环境保护内部动机的双重维度，若整合在一起分析可能掩盖了不同维度的特点①，且不能明确验证本书蔬菜种植户农业环境保护内部动机是出于愉悦感、责任感或二者皆有，故对种植户农业环境保护内部动机的双重维度同样单独分析、比较差异，以期得出较为普遍性的结论。依据

① 可参考普通最小二乘法回归和分位数回归的差异。

上述分析，本书蔬菜种植户农业环境保护内部动机影响因素的理论分析模型构建如下：

$$I_i = F(Individuality, Family, Planting, External\text{-}Condition, Cognition, Social\text{-}Norm, Region) \quad i=1,2 \tag{3-7}$$

式中 I_1 和 I_2 分别对应种植户农业环境保护基于愉悦感的内部动机和基于责任感的内部动机；*Individuality* 为种植户个体特征；*Family* 为种植户家庭特征；*Planting* 为种植户种植特征；*External-Condition* 为外界条件因素；*Cognition* 为种植户农业环境认知；*Social-Norm* 为社会规范；*Region* 为抽样区域控制变量。

（二）计量模型选择

对两类蔬菜种植户农业环境保护基于愉悦感和基于责任感的内部动机影响因素的分析，采用多元线性回归模型进行估计，为保证数据分析结果的稳健性，同时给出贝叶斯多元线性回归模型估计结果。公式如下：

$$y = X_i\beta_i + \varepsilon \tag{3-8}$$

式中，y 为被解释变量，即蔬菜种植户农业环境保护基于愉悦感的内部动机或基于责任感的内部动机；X_i 为解释变量向量组合；β_i 为回归系数；ε 为残差项。公式（3-8）采用普通最小二乘法（Ordinary Least Square，OLS）进行估计。

（三）结果分析

为避免可能存在的多重共线性（Multicollinearity）对实证结果的干扰，首先将各潜变量加总平均，以观测变量的形式出现（社会规范的 Cronbach's Alpha 为 0.901），并以方差膨胀因子（Variance Inflation Factor，VIF）检视是否存在共线性，若 VIF 大于 10，意味着存在较为严重的多重共线性。结果表明，所有自变量的 VIF 最大值为 1.401，变量间不存在多重共线性。

1. 普通蔬菜种植户农业环境保护内部动机影响因素分析

基于多元线性回归模型和贝叶斯多元线性回归模型对普通蔬菜种植户农业环境保护内部动机（基于愉悦感和基于责任感的内部动机）进行分析，其中贝叶斯多元线性回归模型采用 HMC（Hamiltonian Monte Carlo）抽样方法抽样 20000 次，“燃烧期”10000 次后进行马尔科夫双链迭代，结果如表 3－50 和表 3－51 所示。

表 3－50　普通蔬菜种植户农业环境保护基于愉悦感内部动机估计结果

变量	多元线性回归模型		贝叶斯多元线性回归模型		
	系数	标准误	系数	95% 置信区间	
				下限	上限
截距项	1.256***	0.256	1.257***	0.755	1.753
Gender	0.028	0.045	0.028	－0.060	0.116
Age	－0.002	0.002	－0.002	－0.006	0.003
EDU	0.027	0.023	0.027	－0.019	0.072
Risk	－0.058*	0.032	－0.058*	－0.121	0.004
PM	0.189***	0.071	0.190***	0.051	0.328
Leader	0.101	0.083	0.100	－0.062	0.261
Health	－0.034	0.028	－0.034	－0.089	0.021
PO	0.001	0.016	0.001	－0.031	0.033
APO	0.044*	0.024	0.044*	－0.004	0.092
Income	0.000	0.008	0.000	－0.015	0.014
Ratio	0.080	0.080	0.081	－0.074	0.238
FZ	－0.003	0.002	－0.003	－0.007	0.001
Year	－0.003	0.003	－0.003	－0.010	0.003
C	0.200***	0.039	0.200***	0.124	0.276
COOP	0.055	0.048	0.056	－0.039	0.149
Train	－0.040*	0.022	－0.041*	－0.084	0.003
SO	0.188***	0.036	0.188***	0.118	0.259

续表

变量	多元线性回归模型		贝叶斯多元线性回归模型		
	系数	标准误	系数	95%置信区间	
				下限	上限
SX	0.503***	0.069	0.504***	0.371	0.640
SD	0.978***	0.066	0.979***	0.852	1.109
HN	0.934***	0.074	0.934***	0.789	1.079

注：* 和 *** 分别表示在10%和1%的水平下显著。*SX*、*SD* 和 *HN* 分别代表山西、山东和河南，下同。

表3-51　普通蔬菜种植户农业环境保护基于责任感内部动机估计结果

变量	多元线性回归模型		贝叶斯多元线性回归模型		
	系数	标准误	系数	95%置信区间	
				下限	上限
截距项	2.162***	0.321	2.161***	1.528	2.788
Gender	-0.063	0.057	-0.062	-0.173	0.047
Age	0.002	0.003	0.002	-0.003	0.008
EDU	0.026	0.029	0.026	-0.030	0.082
Risk	-0.028	0.040	-0.028	-0.106	0.049
PM	-0.008	0.089	-0.008	-0.180	0.163
Leader	0.374***	0.104	0.374***	0.172	0.577
Health	0.059*	0.035	0.059*	-0.011	0.129
PO	0.022	0.021	0.022	-0.018	0.062
APO	-0.068**	0.030	-0.068**	-0.127	-0.009
Income	-0.003	0.009	-0.003	-0.021	0.016
Ratio	-0.087	0.100	-0.087	-0.278	0.107
FZ	0.002	0.003	0.002	-0.003	0.007
Year	0.001	0.004	0.001	-0.008	0.009
C	0.113**	0.049	0.112**	0.016	0.209
COOP	-0.062	0.060	-0.062	-0.179	0.055
Train	-0.024	0.027	-0.024	-0.077	0.031
SO	0.220***	0.046	0.221***	0.130	0.310

续表

变量	多元线性回归模型		贝叶斯多元线性回归模型		
	系数	标准误	系数	95%置信区间	
				下限	上限
SX	-0.413***	0.086	-0.412***	-0.580	-0.241
SD	-0.121	0.083	-0.121	-0.286	0.041
HN	-0.048	0.093	-0.048	-0.230	0.134

注：*、** 和 *** 分别表示在 10%、5% 和 1% 的水平下显著。

图 3-4 和图 3-5 分别给出了普通蔬菜种植户农业环境保护基于愉悦感和基于责任感的内部动机影响因素的马尔科夫双链迭代路径（仅保留显著性变量，下同），由图分析可知，马尔科夫双链重合度较高，表明贝叶斯多元线性回归模型已达到稳定收敛。

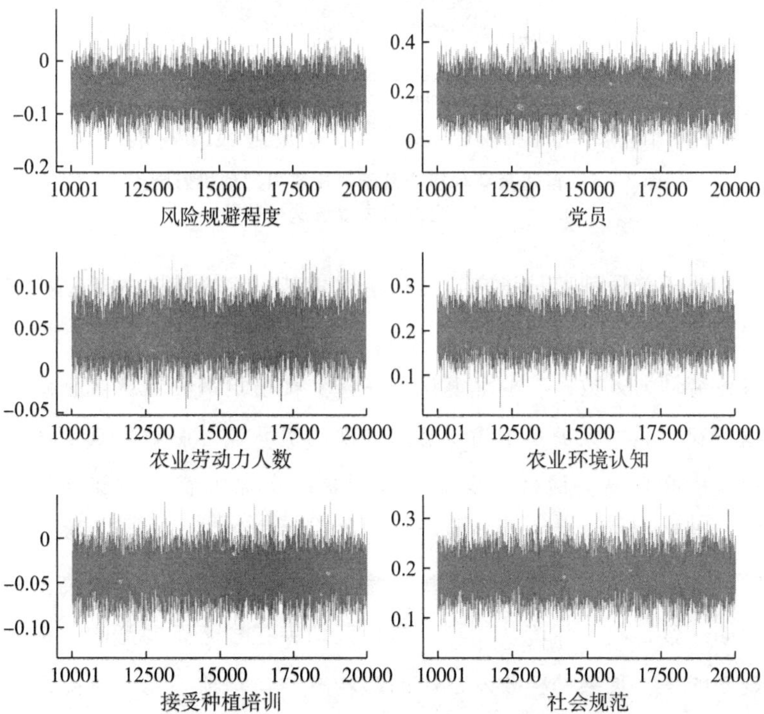

图 3-4　普通蔬菜种植户基于愉悦感内部动机影响因素马尔科夫双链迭代路径

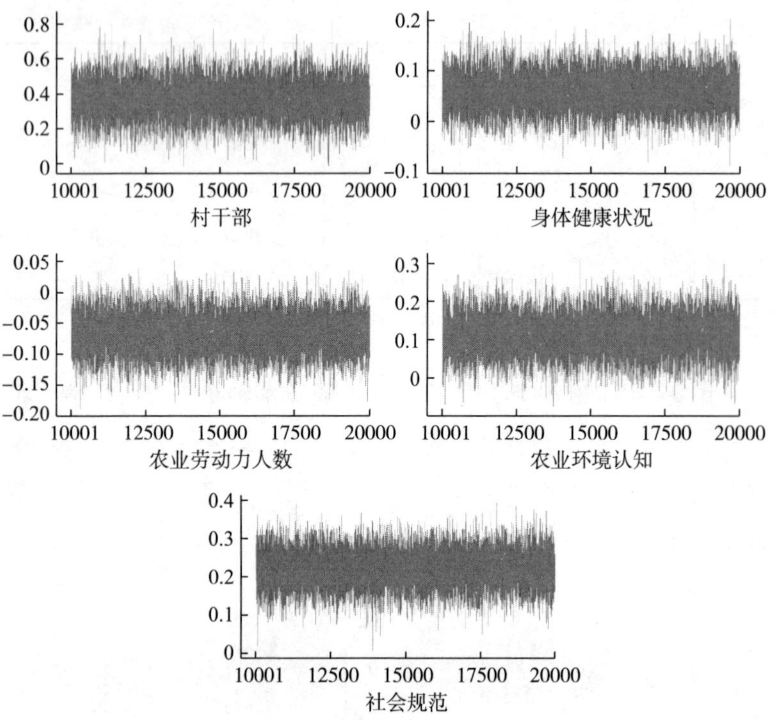

图 3-5　普通蔬菜种植户基于责任感内部动机影响因素马尔科夫双链迭代路径

对于普通蔬菜种植户农业环境保护基于愉悦感的内部动机来讲（见表 3-50），在控制了地区变量后，风险规避程度、党员、农业劳动力人数、农业环境认知、接受种植培训和社会规范对种植户农业环境保护基于愉悦感的内部动机有显著影响。其中风险规避程度越高，种植户农业环境保护基于愉悦感的内部动机越弱；党员身份对基于愉悦感的内部动机有显著正向影响；种植户家庭农业劳动力人数越多，基于愉悦感的内部动机水平越高；与预期一致，农业环境认知和社会规范均存在显著正向影响。需要说明的是，蔬菜种植收入占比的影响方向与预期不符，可能家庭收入越是依赖蔬菜种植，越会重视农业环境保护，使得基于愉悦感的内部动机增强；接受种植培训的影响方向与预期不符，可能是普通蔬菜受访种植户接受培训普遍较少所致。年龄越大，基于愉悦感的内部动机越弱，可能年龄较大的种植户劳动能力降低，更关注收益，所以并不认为保护农业环境是令人愉快的事；与预期一致，较高的受教育程度增强了种植户基于愉悦感的内部动机；村干部身份增强了种植户农业环境保护基于愉悦感的内部动机。

对于普通蔬菜种植户农业环境保护基于责任感的内部动机具有显著影响的因素包括村干部、身体健康状况、农业劳动力人数、农业环境认知和社会规范（见表 3－51）。与预期一致，村干部身份显著促进了种植户保护农业环境基于责任感的内部动机的增强；身体健康状况存在显著正向影响，说明身体健康状况越好，种植户可能越有能力保护农业环境，促使其保护农业环境基于责任感的内部动机的增强；与基于愉悦感内部动机不同，农业劳动力人数对种植户保护农业环境基于责任感的内部动机存在显著负向影响，在调查过程中发现一个现象，即家庭农业劳动力较多的农户通常认为这件事我不做，家庭的另一个劳动力会做，可能是这种心理减弱了其农业环境保护基于责任感的内部动机；与预期一致，农业环境认知和社会规范均对种植户农业环境保护基于责任感的内部动机有显著正向影响。党员身份和家庭年收入的影响方向与预期不符，但二者回归系数接近于零，故不做推断。与普通蔬菜种植户农业环境保护基于愉悦感的内部动机相似，接受种植培训的影响为负，可能是普通蔬菜种植户接受蔬菜种植培训较少所致。

通过对普通蔬菜种植户农业环境保护内部动机两个维度的分析可以初步看出，基于愉悦感的内部动机和基于责任感的内部动机影响因素存在差异。较高的风险规避程度显著减弱了基于愉悦感的内部动机，但对基于责任感的内部动机无显著影响；家庭农业劳动力人数基于两个维度的影响正好相反；身体健康状况对农户农业环境保护基于愉悦感的内部动机没有显著影响，但显著增强了基于责任感的内部动机，在一定程度上说明较好的身体健康状况并不能提升农户农业环境保护的愉悦感，却可提升农户保护农业环境的能力，有助于其基于责任感内部动机的实现，故增强了基于责任感的内部动机。在普通蔬菜种植户农业环境保护内部动机两个维度中，影响相同的因素为农业环境认知和社会规范，初步印证了理论分析部分内部动机首先源于认知的说法以及社会规范的强化有助于实现动机的内化。

2. 无公害蔬菜种植户农业环境保护内部动机影响因素分析

运用多元线性回归模型和贝叶斯多元线性回归模型对无公害蔬菜种植户农业环境保护内部动机的影响因素进行分析，其中贝叶斯多元线性回归模型采用 HMC 抽样方法抽样 20000 次，“燃烧期”10000 次后进行马尔科夫双链迭代，结果见表 3 – 52 和表 3 – 53。

表 3 – 52　无公害蔬菜种植户农业环境保护基于愉悦感内部动机估计结果

变量	多元线性回归模型		贝叶斯多元线性回归模型		
	系数	标准误	系数	95% 置信区间	
				下限	上限
截距项	0. 225	0. 606	0. 225	-0. 964	1. 435
Gender	-0. 268*	0. 140	-0. 268*	-0. 542	0. 008
Age	-0. 001	0. 007	-0. 001	-0. 015	0. 013
EDU	-0. 038	0. 060	-0. 038	-0. 154	0. 079
Risk	-0. 135	0. 090	-0. 135	-0. 312	0. 042
PM	0. 170	0. 244	0. 168	-0. 311	0. 649
Leader	0. 055	0. 290	0. 056	-0. 515	0. 628
Health	0. 012	0. 080	0. 012	-0. 146	0. 172
PO	0. 023	0. 057	0. 023	-0. 089	0. 134
APO	0. 065	0. 093	0. 065	-0. 119	0. 248
Income	0. 031**	0. 015	0. 031**	0. 001	0. 060
Ratio	0. 094	0. 311	0. 094	-0. 514	0. 704

续表

变量	多元线性回归模型		贝叶斯多元线性回归模型		
	系数	标准误	系数	95%置信区间	
				下限	上限
FZ	-0.011	0.018	-0.011	-0.046	0.024
Year	0.022	0.017	0.022	-0.011	0.056
C	0.548***	0.120	0.549***	0.315	0.782
COOP	0.406*	0.212	0.405*	-0.016	0.818
Train	0.036	0.067	0.036	-0.098	0.169
SO	0.132*	0.070	0.132*	-0.006	0.270
TB	-0.184	0.142	-0.185	-0.469	0.094

注：*、** 和 *** 分别表示在 10%、5% 和 1% 的水平下显著；*TB* 代表太白县，下同。

表 3-53　无公害蔬菜种植户农业环境保护基于责任感内部动机估计结果

变量	多元线性回归模型		贝叶斯多元线性回归模型		
	系数	标准误	系数	95%置信区间	
				下限	上限
截距项	0.769*	0.451	0.766*	-0.107	1.647
Gender	-0.258**	0.104	-0.257**	-0.460	-0.051
Age	-0.010*	0.005	-0.010*	-0.020	0.001
EDU	0.025	0.044	0.025	-0.062	0.115
Risk	-0.039	0.067	-0.039	-0.169	0.091
PM	0.380**	0.181	0.380**	0.019	0.741
Leader	-0.167	0.215	-0.168	-0.594	0.264
Health	0.040	0.060	0.041	-0.078	0.159
PO	0.047	0.042	0.047	-0.036	0.130
APO	-0.065	0.069	-0.066	-0.203	0.071
Income	0.014	0.011	0.014	-0.008	0.036
Ratio	0.422*	0.232	0.419*	-0.037	0.871
FZ	0.000	0.013	0.000	-0.026	0.026
Year	-0.006	0.013	-0.006	-0.031	0.020
C	0.598***	0.089	0.598***	0.422	0.773

续表

变量	多元线性回归模型		贝叶斯多元线性回归模型		
	系数	标准误	系数	95%置信区间	
				下限	上限
COOP	0.148	0.158	0.147	-0.164	0.458
Train	0.059	0.050	0.059	-0.039	0.157
SO	0.107**	0.052	0.107**	0.005	0.210
TB	-0.241**	0.105	-0.240**	-0.446	-0.036

注：*、** 和 *** 分别表示在10%、5%和1%的水平下显著。

图3-6和图3-7分别给出了无公害蔬菜种植户农业环境保护基于愉悦感和基于责任感的内部动机影响因素的马尔科夫双链迭代路径，由图分析可知，两模型均已达到稳定收敛。

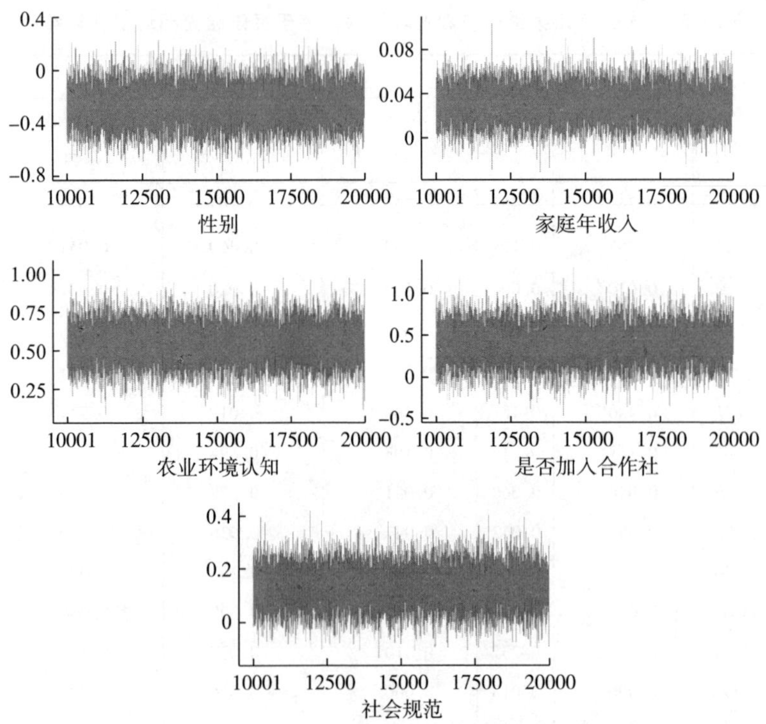

图3-6 无公害蔬菜种植户基于愉悦感内部动机影响因素马尔科夫双链迭代路径

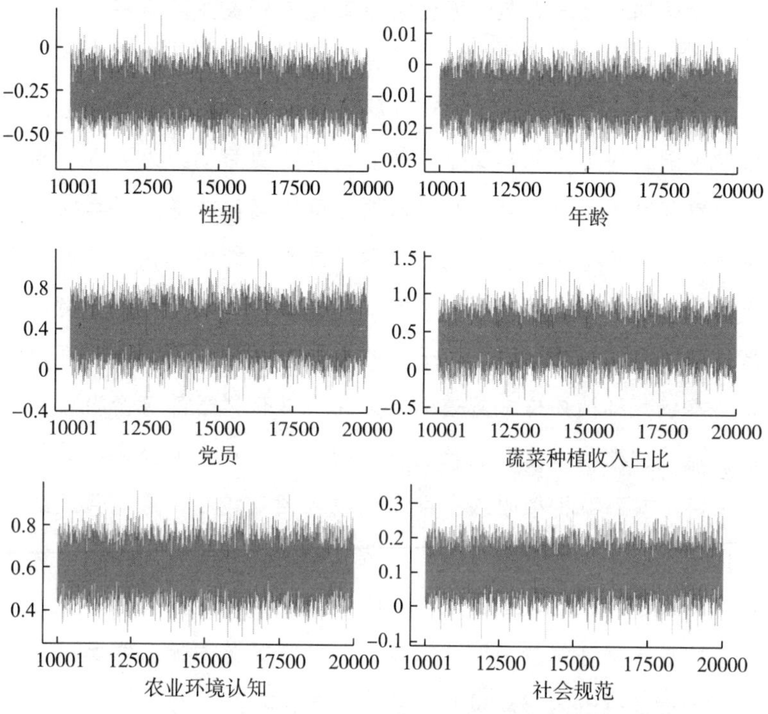

图 3－7　无公害蔬菜种植户基于责任感内部动机影响因素马尔科夫双链迭代路径

对于无公害蔬菜种植户农业环境保护基于愉悦感的内部动机来讲（见表 3－52），在控制了地区差异后，受访者性别、家庭年收入、农业环境认知、是否加入合作社和社会规范对无公害蔬菜种植户农业环境保护基于愉悦感的内部动机存在显著影响。其中，与女性相比，男性受访者农业环境保护基于愉悦感的内部动机相对较弱；家庭年收入越高，种植户基于愉悦感的内部动机越强；加入合作社的种植户能显著增强基于愉悦感的内部动机；与普通蔬菜种植户一致，农业环境认知和社会规范对基于愉悦感的内部动机均存在显著正向影响。

对于无公害蔬菜种植户农业环境保护基于责任感的内部动机而言（见表 3－53），性别、年龄、党员、蔬菜种植收入占比、农业环境认知和社会规范对无公害蔬菜种植户农业环境保护基于责任感的内部动机存在显著影响。其中与女性相比，男性受访者农业环境保护基于责任感的内部动机较弱，这也在一定程度上说明目前中国农村地区从事农业生产活动的主要劳动力为男性，男性承担着养家的重任，可能对收入关注度更高，故降低了其农业环境保护的责任感；与预期相符，党员身份使种植户获取的资源更丰富、对政府的政策等更加了解，显著正向影响了农业环境保护基于责任感的内部动机；村干部的影响方向与预期不符，可能是无公害蔬菜种植户样本量较小，且其中具有村干部身份者较少所致；蔬菜种植收入占比的影响与预期不符，对于无公害蔬菜种植户来讲，其蔬菜种植收入占家庭总收入相对较高，且与普通蔬菜种植户相比，无公害蔬菜种植户蔬菜质量检测等较为严格；农业环境认知程度相对较高，进而可能致使无公害蔬菜种植户农业环境保护基于责任感的内部动机增强；社会规范对无公害蔬菜种植户基于责任感的内部动机有显著的正向影响。

基于上述对普通蔬菜种植户和无公害蔬菜种植户农业环境保护基于愉悦感和责任感内部动机影响因素的分析，可知同类种植户农业环境保护内部动机的不同维度，以及内部动机相同维度下不同类型种植户的影响因素差异均较大，但对两类蔬菜种植户农业环境保护内部动机两个维度均有显著影响的因素为农业环境认知和社会规范，进一步验证了认知和社会规范会逐渐内化为个体行为内部动机的观点（Lindenberg，2001；Bertoldo and Castro，2016；Van der Werff and Steg，2016）。

五 本章小结

本章以陕西、山西、山东和河南四省的普通蔬菜种植户样本，以及陕西省太白县和山东省寿光市无公害蔬菜种植户样本为研究对象，对两类种植户样本的个体特征、家庭特征、农业生产及销售特征等基本特征和农业环境认知特征等进行了描述，并就同类种植户不同区域、两类种植户农业环境认知进行了对比，发现同类种植户基本特征和农业环境认知特征以及两类种植户农业环境认知水平均存在显著性差异，表明了实证研究中有必要将两类种植户分别分析，并控制同类种植户样本的地区差异。

对受访蔬菜种植户农业环境保护内部动机和外部动机进行测量，检验测量的信度与效度，进行验证性因子分析检验，并就内部动机、外部动机在不同类型种植户中进行比较分析。结果表明蔬菜种植户农业环境保护内部动机存在两个维度，即基于愉悦感的内部动机和基于责任感的内部动机，其农业环境保护的外部动机存在一个维度，且均通过了信度、效度检验及验证性因子分析；普通蔬菜种植户农业环境保护的内部动机显著弱于无公害蔬菜种植户，其农业环境保护的外部动机显著强于无公害蔬菜种植户。基于本书理论分析部分，初步认为种植户收入水平和生产规范等可能是造成这一结果的主要原因，虽然种植户农业生产和农业环境保护在于追求效用最大化，但必须首先满足“衣食住行”等物质的需要后，种植户才会在收入带来的经济效用与保护农业环境带来的内在满足感之间进行权衡。

采用相关系数矩阵初步分析了蔬菜种植户农业环境保护内部动机与外部动机的关系，发现基于愉悦感的内部动机与外部动机呈正相关关系，基于责任感的内部动机与外部动机呈负相关关系，这一结果可能给个体行为内部动机与外部动机之间关系的研究带来新的启示。目前关于个体行为内部动机与外部动机关系的研究存在较多分歧，本书的初步结果可能意味着研究的分歧主要源于所研究的具体行为，不同行为的内部动机来源略有差异，在具体行为分析中，采用基于愉悦感内部动机或基于责任感内部动机可能是导致分歧产生的重要原因。

采用多元线性回归模型和贝叶斯多元线性回归模型探索性地分析了两类蔬菜种植户农业环境保护内部动机的影响因素，结果表明，不同类型种植户以及内部动机的不同维度，其影响因素差异较大；虽然不能否定种植户农业环境保护的内部动机并非源于愉悦感，但发现农业环境认知和社会规范是对两类种植户以及内部动机的两个维度具有共同影响的因素。

第四章

种植户农业环境保护内部动机对农业环境保护意愿的影响

对个体行为的分析，较多理论认为意愿是行为的前项，探讨有意识的行为，其前提条件在于个体是否愿意执行某一行为，这也意味着对蔬菜种植户农业环境保护行为的探讨，首先考察其农业环境保护意愿显得尤为重要。农户环境保护行为存在动机，在有意识的情况下，有意愿才可能转化为行为，故本章遵循理论分析中对计划行为理论的拓展，探讨蔬菜种植户农业环境保护内部动机对农业环境保护意愿的影响。本章与现有较多研究的差异在于，不仅分析蔬菜种植户对农业环境保护是否愿意，而且进一步采用农业环境保护支付意愿的方式探究受访者农业环境保护意愿的程度。此外还探索性地检验了蔬菜种植户农业环境保护内部动机与外部动机在农业环境保护意愿上是否兼容。上述分析逻辑均在两类种植户和内部动机的两个维度下进行。

一　种植户农业环境保护意愿现状

（一）种植户农业环境保护意愿的测量、信度与效度检验

1. 种植户农业环境保护意愿的测量

目前学术界对个体行为意愿的测量常见的方式为，直接询问

是否愿意（葛继红等，2017；何凌霄等，2017），在所询问的行为意愿较为中性的情况下，这种方式较为直接有效，但在农业环境保护问题上可能存在社会希求性应答，即保护农业环境被普遍认为是应该做的事，在此情况下，农户的回答会带有倾向性——“愿意保护农业环境”，在本书预调查中也发现了该问题。为避免由农户倾向性应答造成二分类变量测量的较大误差，本书采用李克特五点量表的形式，从非常不愿意到非常愿意将蔬菜种植户农业环境保护意愿分为五个等级，为种植户提供了更多的备选项，也可在一定程度上减小种植户在“愿意与否”的问题上通常选择“愿意”的可能。另外，由于蔬菜种植户农业环境保护意愿是本书关注的重要问题之一，为进一步增加测量结果的稳健性，本书将种植户农业环境保护意愿视为潜变量，采用多变量反映型指标来衡量受访者的农业环境保护意愿。此外，考虑到本书所定义的种植户农业环境保护行为，将蔬菜种植户农业环境保护意愿测量变量设置为“您愿意保护农业环境吗?”（W_1），“您愿意减少农药、化肥施用吗?”（W_2），“您愿意用无公害生物农药和有机肥替代一般农药和化肥吗?”（W_3），“您愿意将农业生产废弃物回收处理吗?”（W_4）以及“您愿意学习农业环境保护知识和技术吗?”（W_5），共五个测量变量。

2. *种植户农业环境保护意愿信度与效度检验*

为了对种植户农业环境保护意愿测量的组成信度进行分析，首先需检验本书设置的测量变量是否属于同一维度，故采用最大方差旋转提取公因子进行验证，结果见表 4－1。

表 4－1　蔬菜种植户农业环境保护意愿因子分析

测量变量	成分	KMO 检验	Bartlett 球形检验	累计解释方差(%)
保护农业环境	0.921			
减少农药、化肥施用	0.899			

续表

测量变量	成分	KMO检验	Bartlett球形检验	累计解释方差(%)
用无公害生物农药和有机肥替代一般农药和化肥	0.908	0.899	0.000***	83.925
农业生产废弃物回收处理	0.933			
学习农业环境保护知识和技术	0.919			

注：*** 表示在1%的水平下显著。限于篇幅，表中为本书测量变量的简称，下同。

由表4-1分析可知，KMO检验和Bartlett球形检验结果均表明五个测量变量适合做因子分析，且因子分析结果表明，所设置的五个蔬菜种植户农业环境保护意愿测量变量只存在一个维度。故将进一步对这五个测量变量进行验证性因子分析，并采用Cronbach's Alpha值和AVE值进行组成信度和效度检验，由于因子分析结果表明蔬菜种植户农业环境保护意愿的测量变量仅包含一个维度，效度检验中不包括区别效度检验，结果见表4-2。

表4-2 蔬菜种植户农业环境保护意愿信度与效度检验

测量变量	因子载荷	Cronbach's Alpha	AVE
保护农业环境	0.901	0.954	0.807
减少农药、化肥施用	0.878		
用无公害生物农药和有机肥替代一般农药和化肥	0.892		
农业生产废弃物回收处理	0.918		
学习农业环境保护知识和技术	0.903		

由表4-2分析可知，所有测量变量因子载荷均大于0.8，表明各测量变量均能较好地反映受访者农业环境保护意愿这一潜变量。Cronbach's Alpha值为0.954，表明测量变量有较高的可靠性；AVE值大于0.5，表明测量变量的收敛效度较好。

（二）全样本蔬菜种植户农业环境保护意愿

在受访者农业环境保护意愿测量变量通过信度与效度检验的基础上，对全部受访者农业环境保护意愿进行描述，结果见表4－3。

表4－3　全样本蔬菜种植户农业环境保护意愿描述性统计

测量变量	平均值	标准差	最小值	最大值	样本量
保护农业环境	3.500	1.013	1	5	1323
减少农药、化肥施用	3.381	1.020	1	5	
用无公害生物农药和有机肥替代一般农药和化肥	3.394	1.030	1	5	
农业生产废弃物回收处理	3.485	1.047	1	5	
学习农业环境保护知识和技术	3.447	1.053	1	5	

由表4－3分析可知，蔬菜种植户农业环境保护意愿相对较强，五个测量变量平均值均大于3。其中愿意和非常愿意保护农业环境者累计占比58.88%，愿意和非常愿意减少农药、化肥施用者累计占比53.21%，愿意和非常愿意用无公害生物农药和有机肥替代一般农药和化肥者累计占比55.33%，愿意和非常愿意将农业生产废弃物回收处理者累计占比57.37%，愿意和非常愿意学习农业环境保护知识和技术者累计占比54.20%。从整体来看，愿意和非常愿意将农业生产废弃物回收处理者累计占比在五个测量变量中相对较高，虽然这一行为存在“皮鞋成本”，但采取这种行为的成本可能相对较低。

（三）普通蔬菜种植户农业环境保护意愿

表4－4给出了普通蔬菜种植户农业环境保护意愿的描述性

统计。从整体来看，普通蔬菜种植户农业环境保护意愿五个测量变量平均值均大于3，相对较高，其中愿意和非常愿意保护农业环境者累计占比59.32%，愿意和非常愿意减少农药、化肥施用者累计占比51.66%，愿意和非常愿意用无公害生物农药和有机肥替代一般农药和化肥者累计占比55.25%，愿意和非常愿意将农业生产废弃物回收处理者累计占比56.39%，愿意和非常愿意学习农业环境保护知识和技术者累计占比54.97%。

表4-4　普通蔬菜种植户农业环境保护意愿描述性统计

测量变量	平均值	标准差	最小值	最大值	样本量
保护农业环境	3.477	0.986	1	5	1057
减少农药、化肥施用	3.365	0.980	1	5	
用无公害生物农药和有机肥替代一般农药和化肥	3.393	1.007	1	5	
农业生产废弃物回收处理	3.466	1.007	1	5	
学习农业环境保护知识和技术	3.454	1.033	1	5	

（四）无公害蔬菜种植户农业环境保护意愿

表4-5给出了无公害蔬菜种植户农业环境保护意愿的描述性统计。与普通蔬菜种植户类似，无公害蔬菜种植户农业环境保护意愿的五个测量变量平均值均高于3。其中，愿意和非常愿意保护农业环境者累计占比57.14%，愿意和非常愿意减少农药、化肥施用者累计占比59.40%，愿意和非常愿意用无公害生物农药和有机肥替代一般农药和化肥者累计占比55.64%，愿意和非常愿意将农业生产废弃物回收处理者累计占比61.28%，愿意和非常愿意学习农业环境保护知识和技术者累计占比51.13%。

表 4-5 无公害蔬菜种植户农业环境保护意愿描述性统计

测量变量	平均值	标准差	最小值	最大值	样本量
保护农业环境	3.590	1.113	1	5	266
减少农药、化肥施用	3.444	1.165	1	5	
用无公害生物农药和有机肥替代一般农药和化肥	3.399	1.122	1	5	
农业生产废弃物回收处理	3.560	1.194	1	5	
学习农业环境保护知识和技术	3.417	1.131	1	5	

（五）普通、无公害蔬菜种植户农业环境保护意愿差异分析

为进一步分析普通蔬菜种植户和无公害蔬菜种植户在农业环境保护意愿上是否存在差异，且鉴于种植户农业环境保护意愿的测量方式为李克特五点量表的形式，本书采用 T 检验法进行分析。此外，由于种植户农业环境保护意愿的测量通过了信度与效度检验，故将各测量变量加总平均，作为受访者农业环境保护意愿整体维度的得分，结果见表 4-6。

表 4-6 普通、无公害蔬菜种植户农业环境保护意愿比较

测量变量	无公害蔬菜种植户平均值	普通蔬菜种植户平均值	T 统计量	自由度	p 值
保护农业环境	3.590	3.477	1.519	376.20	0.130
减少农药、化肥施用	3.444	3.365	1.012	364.97	0.313
用无公害生物农药和有机肥替代一般农药和化肥	3.399	3.393	0.078	379.27	0.938
农业生产废弃物回收处理	3.560	3.466	1.191	365.51	0.234
学习农业环境保护知识和技术	3.417	3.454	0.483	383.72	0.629
农业环境保护意愿	3.482	3.431	0.718	369.94	0.473

由表4－6分析可知，普通蔬菜种植户和无公害蔬菜种植户农业环境保护意愿无显著性差异，但整体来看，除“学习农业环境保护知识和技术”这一测量变量外，其余测量变量均为无公害蔬菜种植户农业环境保护意愿略强于普通蔬菜种植户。学习农业环境保护知识和技术在无公害蔬菜种植户中平均值略低，可能的原因是无公害蔬菜种植户接受的蔬菜种植生产培训等较多，相比之下，普通蔬菜种植户接受蔬菜生产新知识和培训次数等相对较少，因此其可能更愿意学习农业环境保护知识和技术。

二　种植户农业环境保护支付意愿测量

本章的主要研究目的在于验证蔬菜种植户农业环境保护内部动机是否影响其农业环境保护意愿，为保证结果的稳健性，将同时考虑种植户农业环境保护意愿及其支付意愿。目前学术界对农户农业环境保护意愿研究的主要内容大体可分为两类，一类是直接考察农户是否愿意保护农业环境（傅新红、宋汶庭，2010；李世杰等，2013；任重、薛兴利，2016）；另一类则为考察农户农业环境保护的支付意愿（Willingness To Pay，WTP）（Bozorg-Haddad et al.，2016；Larue et al.，2017）。由于支付意愿是在农户愿意保护农业环境的基础上考察其农业环境保护支付意愿的程度，故可将其作为对意愿研究的进一步深化。

（一）种植户农业环境保护支付意愿导出

支付意愿是条件价值评估法（Contingent Valuation Method，CVM）中常见的研究手段，由于公共物品等带来的正外部性不能从市场机制中得到补偿，故学术研究中通常用CVM衡量公共物品的正外部性，即通过受访者直接陈述对公共物品的支付意愿来衡量环境等公共物品的非市场价值（唐学玉，2013）。当然，目前学术界同样存在另外一种观点，认为个体的支付意愿是个体直接的心理陈述，与真实的公共物品非市场价值无关。需要说明的是，本书并不是采用农户农业环境保护支付意愿来衡量保护环境所带来的非市场价值，而是仅以此方法来衡量蔬菜种植户农业环境保护意愿的支付程度。

借鉴国内外对支付意愿的研究（唐学玉等，2012；Larue et al.，2017），本书首先采用一系列问题诱导受访者理解对农业环境保护支付的客观条件，即“和以前相比，您认为目前农业环境、土壤质量下降了吗?”，“您认为目前农业环境的污染和农药、化肥、地膜等投入有关系吗?”以及“为了提高农业环境质量，您最多愿意投资多少钱?”。在数据预调查过程中，发现种植户农业环境保护的支付意愿通常与其收入相关，通过支付意愿虽然导出了农户农业环境保护意愿的支付程度，但也给实证分析带来了障碍，即种植户支付意愿数量级差异较大，为避免数据数量级差异对结果造成的影响，本书按照预调研结果中受访者农业环境保护支付意愿的区间对其进行分类：零支付者（见下文的区分）、1～50元、51～100元、101～200元、201～500元以及500元以上六类，分别标记为1～6。

（二）零支付者及抗议支付者识别

在采用WTP对个体支付意愿进行分析时，通常会存在抗议支付者（Lo and Jim，2015），当抗议支付者出现时，与真正的零支付者回答是相同的，即表达了对农业环境保护的支付意愿为零。实际上二者却存在本质的差别，抗议支付者是真正对农业环境保护不愿意支付的人群，抗议是拒绝支付甚至不愿保护农业环境的表现；而真正的零支付者愿意保护农业环境，只是受收入、能力等客观条件的限制，有支付意愿但支付不起，成为真正的零支付者。对二者的有效区分对研究结果将有重要影响。

参考识别支付意愿为零的支付者的相关研究（McFadden，1994；唐学玉，2013；Lo and Jim，2015），本书设置了七个待选项区分真正的零支付者和抗议支付者。如果受访者支付意愿为零，则进一步询问如下问题："您对农业环境保护投资金额为零的原因是？①没有多余的钱；②农业环境保护投资会减少自己的收入；③对农业环境保护投资没有多大作用；④目前农业环境没有污染，不需要投资；⑤保护农业环境不值得自己投资；⑥农业环境好或不好，对自己没啥好处；⑦农业环境污染根本无法治理。"上述七个备选项中，①和②代表了受访者缺乏支付能力，实质是愿意对农业环境保护进行支付，但支付金额为零，即选择①或②选项者为真正的零支付者；反之，选择其余五个选项者为抗议支付者。

（三）种植户农业环境保护支付意愿

基于种植户农业环境保护支付意愿导出和抗议支付者、真正的零支付者的区分得出受访者农业环境保护的支付意愿，本小节就受访者整体、普通蔬菜种植户和无公害蔬菜种植户农业环境保护支付意愿进行描述性统计，并比较普通蔬菜种植户和无公害蔬菜种植户农业环境保护支付意愿可能存在的差异。

1. 全样本蔬菜种植户农业环境保护支付意愿

表4－7给出了全样本蔬菜种植户农业环境保护支付意愿的描述性统计，其中1323名受访者中，有835人有支付意愿，占比63.11%；有488人为抗议支付者，占比36.89%。在835名愿意支付者中，有256人选择支付0元，占比30.66%；愿意支付1～50元者103人，占比12.34%；愿意支付51～100元者146人，占比17.49%；愿意支付101～200元者共162人，占比19.40%；愿意支付201～500元者共142人，占比17.01%；愿意支付500元以上者26人，占比3.11%。从整体来看，愿意支付者支付金额主要集中于200元及以下，累计占比79.88%。

表 4－7　蔬菜种植户农业环境保护支付意愿

支付分类	频次	占比（%）	累计占比（%）	支付者数量（人）	抗议支付者数量（人）
0 元	256	30.66	30.66	835	488
1～50 元	103	12.34	42.99		
51～100 元	146	17.49	60.48		
101～200 元	162	19.40	79.88		
201～500 元	142	17.01	96.89		
500 元以上	26	3.11	100.00		

2. 普通蔬菜种植户农业环境保护支付意愿

表 4－8 给出了普通蔬菜种植户农业环境保护支付意愿的描述性统计，其中 1057 名受访者中，有 648 人愿意对农业环境保护进行支付，占比 61.31%；有 409 人为抗议支付者，占比 38.69%。在 648 名愿意支付者中，有 240 人选择支付金额为 0 元，占比 37.04%；有 80 人愿意支付金额在 1～50 元，占比 12.35%；有 114 人愿意支付金额在 51～100 元，占比 17.59%；有 104 人愿意支付金额在 101～200 元，占比 16.05%；有 92 人愿意支付金额在 201～500 元，占比 14.20%；有 18 人愿意支付金额在 500 元以上，占比 2.78%。与全部样本相比，普通蔬菜种植户愿意支付者的支付区间同样主要集中于 200 元及以下，累计占比 83.02%。

表 4－8　普通蔬菜种植户农业环境保护支付意愿

支付分类	频次	占比（%）	累计占比（%）	支付者数量（人）	抗议支付者数量（人）
0 元	240	37.04	37.04	648	409
1～50 元	80	12.35	49.38		
51～100 元	114	17.59	66.98		
101～200 元	104	16.05	83.02		
201～500 元	92	14.20	97.22		
500 元以上	18	2.78	100.00		

3. 无公害蔬菜种植户农业环境保护支付意愿

表4－9给出了无公害蔬菜种植户农业环境保护支付意愿的描述性统计，在266名受访者中，有187人愿意对农业环境保护进行支付，占比70.30%；有79人为抗议支付者，占比29.70%。在187名愿意支付者中，有16人选择支付金额为0元，占比8.56%；有23人选择支付金额在1～50元，占比12.30%；有32人选择支付金额在51～100元，占比17.11%；有58人选择支付金额在101～200元，占比31.02%；有50人选择支付金额在201～500元，占比26.74%；有8人选择支付金额在500元以上，占比4.28%。

表4－9 无公害蔬菜种植户农业环境保护支付意愿

支付分类	频次	占比（%）	累计占比（%）	支付者数量（人）	抗议支付者数量（人）
0元	16	8.56	8.56	187	79
1～50元	23	12.30	20.86		
51～100元	32	17.11	37.97		
101～200元	58	31.02	68.98		
201～500元	50	26.74	95.72		
500元以上	8	4.28	100.00		

（四）普通与无公害蔬菜种植户农业环境保护支付意愿差异分析

为进一步分析普通蔬菜种植户和无公害蔬菜种植户农业环境保护支付者占比和支付水平的差异，采用K-W检验和T检验进行分析，其中是否愿意支付为二分类变量，采用K-W检验分析；支付水平差异为有序分类变量，采用T检验进行分析。结果如表4－10所示。

表 4－10 普通、无公害蔬菜种植户农业环境保护支付意愿差异分析

变量	K-W 统计量	自由度	p 值	无公害种植户平均值	普通蔬菜种植户平均值	T 统计量	自由度	p 值
是否愿意支付	7.381***	1	0.007	—	—	—	—	—
支付水平	—	—	—	3.679	2.664	8.797***	349.160	0.000

注：*** 表示在 1% 的水平下显著。

由表 4－10 分析可知，就种植户是否愿意对农业环境保护进行支付而言，两类种植户存在显著差异，由前文可知无公害蔬菜种植户愿意支付者占比显著高于普通蔬菜种植户；对于愿意支付者来讲，无公害蔬菜种植户农业环境保护支付水平显著高于普通蔬菜种植户，与普通蔬菜种植户相比，无公害蔬菜种植户中零支付者占比相对较低，且愿意支付 100～200 元及 201～500 元者占比相对较高。两类种植户是否愿意支付，以及愿意支付者支付水平的差异可能是由受访种植户收入水平、农业环境认知水平、农业环境保护内部动机等的差异所致。

三 内部动机对意愿影响的变量选取、理论模型及研究方法

（一）变量选取的依据——现有研究的回顾

目前，国内外已有较多研究探讨农户农业环境保护意愿或农户亲环境意愿，不论研究的具体意愿是什么，归根结底研究的是在农户生产实践过程中改善农业环境的意愿，或至少不继续破坏农业环境的意愿。从目前研究的主要趋势来看，虽然研究的切入点略有差异，但其目标有高度的一致性，即不同学者在逐步探讨究竟是什么影响了农户农业环境保护意愿以及如何增强其保护意

愿。目前的经验研究主要集中于农户个体特征、家庭特征、种植特征、农户认知特征和外部条件因素。

农户个体特征主要包括农户性别、年龄、受教育程度和风险规避程度等。通常认为，女性个体更具有农业环境保护的倾向，在施用农药的选择上更倾向于选择无公害生物农药（朱淀等，2014）；农户年龄越大，对农业生产和农业环境保护等知识的学习能力越低，通常不利于其对农药和化肥的合理施用（江激宇等，2012）；受教育程度越高，农户认知能力越强，对农业环境保护问题也会更为关注（Noguera-Méndez et al.，2016）；农户较高的收入使其更具有风险偏好的特征，在农业生产中应对气候变化，更可能愿意采用创新的农业生产方式（Arunrat et al.，2017）。

农户家庭特征包括家庭人口数、农业劳动力人数、家庭年收入、农业收入占比等。通常情况下，农户家庭人口数表征的是农户家庭需要养活的人口，较多的家庭人口数使得农户生计压力较大，可能较不利于农户安全地施用农药（李世杰等，2013）；家庭农业劳动力人数代表了家庭的人力资本状况，相关研究表明，农户家庭农业劳动力人数越多，越与草地生态保护意愿呈负相关（李惠梅等，2013）；家庭年收入较多，使农户抵抗风险的能力较强，会增强农户保护农业环境的意愿（Noguera-Méndez et al.，2016）；农业收入占比越高，则农户家庭收入来源主要依赖于农业，其合理施用农药的意愿会减弱（王建华等，2015）。

农户种植特征主要包括种植面积、种植年限等，随着种植面积的扩大，农户农药施用量增加，但施药量的增加也会增加农药购入成本（傅新红、宋汶庭，2010）；种植年限代表了农户种植经验和种植习惯，种植年限越长，农户虽有更丰富的农业生产经验，但长期积累的种植习惯也较难改变，导致其安全施用农药的意愿减弱（李红梅等，2007）。

农户认知特征主要体现了农户对农业生产要素投入所带来后

果的认知。其中对农药残留认知程度越高，农户在农业生产中越可能增强合理施用农药的意愿（王建华等，2014a）；农药的不合理施用主要源于农户认知的不足，一项调查显示，农户农业生产主要依赖于对化学农药的投入，但其安全施用的知识明显不足（Khan and Damalas，2015）。

外部条件因素主要包括是否接受过农业生产指导、是否参与了合作社、农业产出是否接受检验等（Huang et al.，2008；吴林海等，2011；于左、高建凯，2013）。一般认为对农户农业生产予以指导可增加农户现代农业生产要素投入的合理性，从而减少农业环境的污染；有效的农业合作社为社员提供合理的农药、化肥等施用标准，可有效减少农户农业生产给农业环境带来的污染；农产品质量检测则是农户农业生产的外部刚性约束。

（二）变量选取及理论模型构建

国内外关于农户农业环境保护意愿的研究为本书蔬菜种植户农业环境保护意愿的研究提供了丰富的经验借鉴，但与目前的经验研究略有差异的是，本书不仅仅强调经验证据，更注重理论的验证，故将在第二章所建立的农户农业环境保护行为理论分析框架下探讨蔬菜种植户农业环境保护意愿问题。

1. 核心变量及计划行为理论变量

蔬菜种植户农业环境保护内部动机是本书关注的核心变量，包括基于愉悦感的内部动机和基于责任感的内部动机。作为探索性研究，虽然农业环境保护本身可能并不会给种植户带来较多的愉悦感，但依然不能排除有这种情况的可能。农业环境保护能带来环境的正外部性，具有公共物品的特征，种植户可能更多地出于责任感而保护农业环境。故本章预期基于责任感的内部动机对种植户农业环境保护意愿有正向影响，对于种植户基于愉悦感的内部动机，本章不做预期。

在对种植户农业环境保护意愿的研究上，计划行为理论变量包括种植户态度（Attitude，ATT）、主观规范（Subjective-Norm，SN）和感知行为控制（Perceived Behavioral Control，PBC）。农业环境保护态度是种植户对农业环境保护意愿和行为积极或消极的看法，目前常见的测量方式为单变量测量方式，即直接询问受访者态度是否积极或采用李克特量表形式询问受访者态度的积极性。但与农户收入等的测量不同，种植户农业环境保护的态度无法直接观测，通常需要反映型变量予以测量，为保证测量结果的稳健性，本书基于李克特五点量表，并采用三个测量变量来反映蔬菜种植户农业环境保护态度，即“您对农业环境保护的态度是?”，“您认为保护农业环境是否重要?”以及“您支持保护农业环境吗?”，其中 Cronbach's Alpha 值为 0.775，表明信度较高。根据计划行为理论对主观规范的定义，主观规范是个体认为别人会对自己采取某一行为有什么看法，即自己主观认为其他人是否赞成自己的行为。与态度相同，本书同样采用李克特五点量表反映型变量的方式来衡量种植户农业环境保护的主观规范。按照计划行为理论的定义，本书将蔬菜种植户农业环境保护主观规范的“操作型定义”表述为：“您对农业环境的保护考虑别人对自己的看法吗?”，“您认为亲属赞成您保护农业环境吗?”，“您认为朋友赞成您保护农业环境吗?”以及“您认为街坊邻里赞成您保护农业环境吗?”四个测量变量，Cronbach's Alpha 值为 0.827，信度较高。感知行为控制强调的是个体愿意采取某种行为，但受个人能力、机会等的限制，其可能并不一定将意愿付诸实践。按此定义本书将蔬菜种植户农业环境保护感知行为控制的“操作型定义”表述为：“您有保护农业环境的能力吗?”，“您有保护农业环境的机会吗?”，“保护农业环境对您来讲容易吗?”以及“只要您愿意，就可以采取保护农业环境的措施吗?”四个测量变量，Cronbach's Alpha 值为 0.804，表明信度较高。预期蔬菜种植户农业环境保护态度越积极，其越会有较强的农业环境保护意愿；主观规范越强，即认为别人赞成自己的做法，越可能增强种植户农业环境保护意愿；感知行为控制得分越高，即认为自己更有能力保护农业环境，其保护农业环境的意愿越强。

种植户农业环境保护内部动机对应的控制变量。本书所探讨的主要理论路径是种植户农业环境保护内部动机对农业环境保护意愿和行为的影响，且本书的动机是按照动机来源进行分类，故与内部动机相对应的是其农业环境保护的外部动机，对于该类来源型动机来讲，在个体行为或意愿中不是有和没有的问题，而是强和弱的差异（Pelletier et al.，1997），故对种植户内部动机的研究需要控制其外部动机。正如前文所述，个体意愿和行为的前提是其有动机，故预期不论是内部动机还是外部动机，均对蔬菜种植户农业环境保护意愿有正向影响。

2. 其他控制变量及预期

依据本节对目前农户农业环境保护意愿研究的回顾，本书对蔬菜种植户农业环境保护意愿控制变量的选取重点关注于种植户个体特征、家庭特征、种植特征、农业环境认知特征和外部条件因素。

（1）种植户个体特征

种植户个体特征包括性别、年龄、受教育程度、风险规避程度、党员和村干部身份、身体健康状况。在数据调查中发现，目前蔬菜种植仍以男性为主要劳动力，男性更多地承担着养家糊口的责任，预期在农业环境保护和种植业收入选择上，男性更倾向于选择增加种植收入；随着年龄增长，年龄较大的种植户由于体力下降造成劳动能力下降，因此可能更加依赖农药、化肥等生产要素的投入，农业环境保护意愿可能较弱；较高的受教育程度提高了种植户学习农业环境保护知识等的能力，预期对农业环境保护意愿有正向影响；风险规避程度越高，种植户越担心蔬菜产量降低造成收入降低，预期对农业环境保护意愿有不利影响；党员和村干部身份使得种植户有更广泛的人脉和知识，对农业环境污染可能更为了解，对农业环境保护意愿的影响可能更为积极；身体健康状况较好的种植户，可能增加农业劳动强度而减少生产要素的不合理施用，但也可能由于身体健康状况较好，其有更多的外出务工机会，导致农业生产对农药、化肥等生产要素投入的依赖性增强，故对农业环境保护意愿的影响不确定。

（2）种植户家庭特征

种植户家庭特征主要包括家庭人口数、农业劳动力人数、家庭年收入、家庭农业收入、蔬菜种植收入占比。如前文所述，家庭年收入、家庭农业收入和蔬菜种植收入占比可能存在共线性，且变量含有重复信息，故本书仅保留意义较大的家庭年收入和蔬菜种植收入占比。家庭人口数越多，可能意味着种植户生计压力越大，在农业环境保护和确保农业产出之间种植户更倾向于选择后者；农业劳动力人数越多，人力资本越多，越可能以人力资本投入代替生产要素等的投入，预期对农业环境保护意愿有正向影响；家庭年收入的影响不确定，一方面，若家庭收入主要源于农业，农户可能更注重作物产量而增加农药、化肥的不合理投入，另一方面，若家庭收入主要来源于非农收入，受比较收益的影响，可能以生产要素的大量使用来替代劳动力投入，也可能较高的收入水平使种植户更具有农业环境保护的导向，故对该变量不做预期；蔬菜种植收入占比表征了种植户对蔬菜生产的依赖，预期该比例越高，种植户对蔬菜种植依赖性越强，农业环境保护意愿可能越弱。

（3）种植户种植特征

种植户种植特征主要包括蔬菜种植面积和蔬菜种植年限。蔬菜种植面积的影响不确定，一方面，由于较大的种植面积给种植户带来较高的蔬菜种植风险，为保证蔬菜种植的收益，种植户可能更加依赖农药、化肥等的投入，对农业环境保护意愿产生不利影响；另一方面，在调查过程中发现，较大的种植面积虽然可能带来较高的收益，但往往种植户一次性投入水平的提高，导致其对农药、化肥等的一次性投入变得“不舍”，即种植户表现出不愿意大量投入农药、化肥，在一定程度上增强了其农业环境保护意愿，故对该变量不做预期。蔬菜种植年限反映了种植户种植的经验，虽然随着种植年限的增加，种植户有更好的蔬菜种植投入产出规划，但也往往由于种植年限的增加，固有的生产习惯更难改变，故该变量的影响不确定。

（4）种植户农业环境认知特征

认知特征重点考虑种植户对农业环境的认知，包括对农业环境污染程度的认知，施用农药对农业环境污染的认知，施用化肥对农业环境污染的认知，施用未发酵的有机肥对农业环境污染的认知，农药瓶（袋）、化肥袋、地膜等农业生产废弃物随意丢弃对农业环境污染的认知。预期种植户对农业环境的认知程度越高，越有助于增强其农业环境保护意愿。

（5）外部条件因素

外部条件因素主要包括种植户是否加入合作社、是否接受过蔬菜种植技术培训、蔬菜从生产到销售是否受到质量检测。其中有效的合作社对农户农业生产具有积极指导和帮助作用，且合作社社员也会有较高的认同度，提升了群体约束作用，故预期加入合作社对种植户农业环境保护意愿有正向影响。接受过蔬菜种植技术培训的种植户更加了解农药、化肥等施用时机，对要素投入造成的农业环境污染也可能更加了解，预期能增强种植户农业环境保护意愿。蔬菜从生产到销售的质量检测影响不确定，虽然质量检测作为刚性的外部约束对种植户行为产生影响，但这种检测是不是种植户自愿加入的，或是否影响了种植户农业环境保护意愿没有理论依据，一方面，若种植户不在意蔬菜质量检测或本身就采用安全的生产方式，那么质量检测可能会增强种植户农业环境保护意愿；另一方面，若种植户将质量检测视为对自己的不信任，可能会适得其反，即虽然监管了行为，但减弱了种植户农业环境保护意愿，故对该变量不做预期。

本书对蔬菜种植户农业环境保护意愿变量的选取见表4－11。

表4－11　变量定义及理论预期

变量类型	变量	测量方式	预期
核心变量	基于愉悦感的内部动机（I_1）	李克特五点量表潜变量（见表3－30）	+
	基于责任感的内部动机（I_2）	李克特五点量表潜变量（见表3－30）	+
态度（ATT）	保护农业环境态度（ATT_1）	非常消极＝1；比较消极＝2；一般＝3；比较积极＝4；非常积极＝5	+
	保护农业环境重要性（ATT_2）	非常不重要＝1；不重要＝2；一般＝3；重要＝4；非常重要＝5	
	支持保护农业环境（ATT_3）	非常不支持＝1；不支持＝2；一般＝3；支持＝4；非常支持＝5	
主观规范（SN）	考虑别人看法（SN_1）	从不考虑＝1；不考虑＝2；一般＝3；考虑＝4；总是考虑＝5	+
	亲属赞成（SN_2）	非常不赞成＝1；不赞成＝2；一般＝3；赞成＝4；非常赞成＝5	
	朋友赞成（SN_3）	非常不赞成＝1；不赞成＝2；一般＝3；赞成＝4；非常赞成＝5	
	街坊邻里赞成（SN_4）	非常不赞成＝1；不赞成＝2；一般＝3；赞成＝4；非常赞成＝5	
感知行为控制（PBC）	保护农业环境能力（PBC_1）	完全没有＝1；基本没有＝2；一般＝3；有＝4；肯定有＝5	+
	保护农业环境机会（PBC_2）	完全没有＝1；基本没有＝2；一般＝3；有＝4；肯定有＝5	
	保护农业环境难易（PBC_3）	很困难＝1；比较困难＝2；一般＝3；容易＝4；非常容易＝5	
	保护农业环境措施（PBC_4）	完全不同意＝1；不同意＝2；一般＝3；同意＝4；完全同意＝5	

续表

变量类型	变量	测量方式	预期
外部动机	农业环境保护外部动机（*E*）	李克特五点量表潜变量（见表3-37）	+
个体特征	性别（*Gender*）	男=1；女=0	-
	年龄（*Age*）	实际年龄	-
	受教育程度（*EDU*）	未上过学=0；小学=1；初中=2；高中=3；高中以上=4	+
	风险规避程度（*Risk*）	风险偏好=1；风险中性=2；风险规避=3	-
	党员（*PM*）	是=1；否=0	+
	村干部（*Leader*）	是=1；否=0	+
	身体健康状况（*Health*）	非常差=1；较差=2；一般=3；较好=4；非常好=5	+/-
家庭特征	家庭人口数（*PO*）	家庭实际人口数	-
	农业劳动力人数（*APO*）	家庭从事农业生产的人数	+
	家庭年收入（*Income*）	过去一年家庭总收入	+/-
	蔬菜种植收入占比（*Ratio*）	蔬菜种植收入占总收入比例	-
种植特征	蔬菜种植面积（*FZ*）	蔬菜种植了多少亩	+/-
	蔬菜种植年限（*Year*）	从事蔬菜种植多少年	+/-
农业环境认知（*C*）	农业环境污染程度（C_1）	无污染=1；污染较轻=2；一般=3；较重=4；非常严重=5	+
	施用农药污染（C_2）	肯定不会=1；应该不会=2；一般=3；应该会=4；肯定会=5	
	施用化肥污染（C_3）	肯定不会=1；应该不会=2；一般=3；应该会=4；肯定会=5	
	未发酵有机肥污染（C_4）	肯定不会=1；应该不会=2；一般=3；应该会=4；肯定会=5	
	农药瓶（袋）污染（C_5）	肯定不会=1；应该不会=2；一般=3；应该会=4；肯定会=5	
	化肥袋污染（C_6）	肯定不会=1；应该不会=2；一般=3；应该会=4；肯定会=5	
	废弃地膜污染（C_7）	肯定不会=1；应该不会=2；一般=3；应该会=4；肯定会=5	

续表

变量类型	变量	测量方式	预期
外部条件因素	是否加入合作社（*COOP*）	是 =1；否 =0	+
	接受种植培训（*Train*）	无 =1；偶尔有 =2；一般 =3；较多 =4；培训非常多 =5	+
	质量检测（*Check*）	没有 =1；很少 =2；一般 =3；较多 =4；非常多 =5	+/-
地区控制变量	山西省（*SX*）	山西省 =1；其余 =0	+/-
	山东省（*SD*）	山东省 =1；其余 =0	+/-
	河南省（*HN*）	河南省 =1；其余 =0	+/-
	太白县（*TB*）	太白县 =1；其余 =0	+/-

注：其中态度、主观规范和感知行为控制是计划行为的理论变量，以潜变量测量。部分变量为测量变量的简称。

通过上述分析，基于本书构建的理论分析框架，建立包括种植户农业环境保护内部动机、外部动机、态度、主观规范、感知行为控制、个体特征、家庭特征、种植特征、农业环境认知特征和外部条件因素并考虑区域差异的蔬菜种植户农业环境保护意愿理论分析模型：

$$W = F(Intrinsic, Extrinsic, Attitude, Subjective\text{-}Norm, Perceived\ Behavioral\ Control, Individuality, Family, Planting, External\text{-}Condition, Cognition, Region) \tag{4-1}$$

其中，*W* 为种植户农业环境保护意愿，其余变量含义同上文。

（三）研究方法选择

1. 结构方程模型和贝叶斯结构方程模型

在验证种植户农业环境保护内部动机对农业环境保护意愿影响时，由于因变量——意愿采用潜变量测量方式，故采用结构方程模型（Structural Equation Modeling，SEM）（Schumacker and Lomax，2016）对其进行验证，包括测量模型（4－2）和结构模型（4－3）的结构方程模型公式如下：

$$y_i = \mu + \Lambda \omega_i + \varepsilon_i \tag{4-2}$$

$$\eta_i = \beta_i X_i + \Gamma \xi_i + \delta_i \tag{4-3}$$

式中 y_i为蔬菜种植户农业环境保护意愿的测量变量；μ 为截距项；Λ 为因子载荷矩阵；ω_i为包含内生潜变量和外生潜变量的复合潜变量；ε_i为测量误差。η_i为外生潜变量；ξ_i为内生潜变量；X_i为协变量；Γ 为外生潜变量与内生潜变量间的回归系数；β_i为协变量的回归系数；δ_i为结构误差。

上述传统结构方程模型通常假设变量服从多元正态分布，且观测变量为连续型变量，在数据较为对称的情况下，将抽样数据作为连续型变量处理并不会带来较大偏差，但实测数据通常很难满足对称性的要求，如李克特五点量表形式。虽然可粗略地将其作为连续型变量处理，但其测量分布可能有偏，为保障实证结果的稳健性，在种植户农业环境保护意愿的分析中，将其作为有序分类变量处理。此外，考虑到目前较多研究间的分歧是由研究方法导致的，本书作为探索性研究，结果的稳健性尤为重要。根据李昊等（2017c）的建议，针对同一问题的分析应借助多方法交叉的运用以确保结果的稳健性，故对蔬菜种植户农业环境保护意愿的分析同时采用贝叶斯结构方程模型作为上述经典频率统计结构方程模型的稳健性检验，并根据 Olsson（1979）的建议对其进行拓展。将表 3－49 中含有李克特五点量表形式的数据作为有序分类变量，视其为以一定概率来源于正态分布（见图 4－1）。

$$a_n \leqslant y < a_{n+1}, z = n \tag{4-4}$$

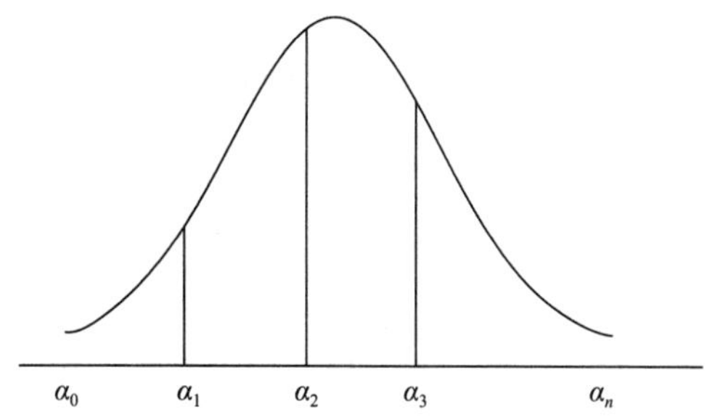

图 4-1　含有临界值的正态分布

其中，$-\infty = a_0 < a_1 < a_2 < a_3 < a_n = \infty$，$a_1$、$a_2$和$a_3$为临界值，有序分类变量便以一定概率包含在正态分布 N（μ，σ）中；y为潜变量的观测变量；z为有序分类变量。这种有序分类变量的计算方式允许$a_2 - a_1 \neq a_3 - a_2$。该方法采用数据空间扩增技术，在满足统计分析的同时，保留了有序分类变量自身的属性。此外，与传统频率统计不同，贝叶斯统计以先验分布推断后验分布，在有充足信息的情况下结果更贴近现实，因此与传统线性结构方程模型相比便有了极大拓展。本书在对种植户农业环境保护意愿的分析中，贝叶斯结构方程模型采用无先验信息贝叶斯结构方程模型。

2. 二项 Logit 模型与贝叶斯二项 Logit 模型

关于种植户农业环境保护内部动机对其农业环境保护是否有支付意愿影响的实证研究中，因变量为“是否”问题，对该类数据的分析目前常用的方法包括二项 Logit 模型和 Probit 模型，其中二项 Logit 模型通过“逻辑连接函数”使被解释变量 Y 的概率处于 0 和 1 之间，而 Probit 模型则是通过标准正态累积分布函数将解释变量 X 与被解释变量 Y 连接。其中二项 Logit 模型的逻辑分布有解析表达式，但 Probit 模型则没有，二项 Logit 模型应用的方便性可能是该模型应用更为广泛的原因。故本书选择二项 Logit 模型实证检验种植户农业环境保护内部动机对其农业环境保护是否有支付意愿的影响，公式如下：

$$P(Y=1 \mid X)=\frac{e^{x\beta}}{1+e^{x\beta}} \quad (4-5)$$

式中 Y 为被解释变量；X 为解释变量向量；x 为 X 中的元素。两边取自然对数可进一步推出：

$$\ln\left(\frac{P}{1-P}\right)=x\beta \quad (4-6)$$

考虑到结果的稳健性，进一步采用贝叶斯二项 Logit 模型进行估计，与传统频率统计二项 Logit 模型的差异在于，贝叶斯统计通过先验分布推断后验分布，其估计的过程更具有灵活性，公式如下：

$$p(\theta \mid y,x) \propto p(y \mid \theta,x)p(\theta,x) \quad (4-7)$$

式中，$p(\theta \mid y, x)$ 为后验概率密度函数；$p(y \mid \theta, x)$ 为似然函数；$p(\theta, x)$ 为参数 θ 和自变量 x 的联合分布。本书根据 Gelman 等（2008）的建议，选择柯西分布作为参数估计的先验分布函数，对于尺度变量参数选择半柯西分布函数，公式如下：

$$Cauchy\ (y \mid \mu,\sigma)=\frac{1}{\pi\sigma}\times\frac{1}{1+[(y-\mu)/\sigma]^2} \quad (4-8)$$

式中，$Cauchy\ (y \mid \mu, \sigma)$ 为柯西概率密度函数；y 为观测变量；μ 为均值；σ 为标准差；当柯西分布均值大于零时，为半柯西分布。

需要说明的是，在本书种植户农业环境保护意愿变量选取过程中，种植户农业环境认知、内部动机、外部动机、态度、主观规范和感知行为控制均为潜变量，由于前文已表明各维度组成信度较高，故在采用二项 Logit 和贝叶斯二项 Logit 模型估计时，将各潜变量加总平均，视为观测变量。

3. 多元线性回归模型与分位数回归模型

(1) 多元线性回归模型

为避免种植户农业环境保护支付意愿的支付值数量级的差异

对结果造成的影响，本书将其重新编码，并采用多元线性回归模型进行分析，见公式（3－8）。

（2）分位数回归模型

按照蔬菜种植户农业环境保护愿意支付者的支付水平差异将之分为六类，相对于二项分类其能携带更多的数据信息，但一般均值回归考虑的是被解释变量与解释变量条件分布的集中趋势，很难反映数据分布的全面特征，故为进一步探究内部动机对蔬菜种植户农业环境保护支付意愿的影响，采用分位数回归模型进行分析，并以多元线性回归模型的结果作为参照，公式如下：

$$y_q(x_i) = x_i \beta_q \tag{4-9}$$

$$\min_{\beta_q} \sum_{i: y_i \geq x_i \beta_q}^{n} q \left| y_i - x_i \beta_q \right| + \sum_{i: y_i < x_i \beta_q}^{n} (1-q) \left| y_i - x_i \beta_q \right| \tag{4-10}$$

式中，q 为分位数；y_q（x_i）为 x_i的线性函数；β_q为 q 分位数的回归系数，通过公式（4－10）最优化求出 β_q的估计量。通过分位数回归的方式，可以进一步分析随着种植户支付意愿的增强，其农业环境保护内部动机影响的变化以及稳健性。

4. 贝叶斯非线性结构方程模型

为验证种植户农业环境保护内部动机、外部动机在农业环境保护意愿上是否兼容，参照 Polomé（2016）对变量兼容性验证的做法，在考虑农户农业环境保护内部动机与外部动机的同时加入二者的交互项，该交互项反映了内部动机与外部动机的协同效应。若符号为正则表明二者的协同效应大于二者分开的单独效应，表现为二者是兼容的，即存在挤入效应；若符号为负，则表明二者的协同效应小于二者分开的单独效应，表现为二者是不兼容的，即存在挤出效应。

本书蔬菜种植户农业环境保护内部动机和外部动机采用的是潜变量测量方式，对潜变量的处理最常见的为结构方程模型，但种植户农业环境保护内部动机和外部动机兼容性验证的特殊性在于模型中不仅有潜变量，同时存在潜变量的交互项，这已经违反了经典结构方程模型线性要求的假设，虽然目前学术界常见的做法为采用均值处理方式，通过普通回归验证交互项，但这种方法会降低检验效能。故本书根据 Niven 和 Markland（2016）的建议，采用更为灵活的贝叶斯非线性结构方程模型（Bayesian Non-Linear Structural Equation Modelling）解决上述问题，直接处理含有潜变量交互项的结构方程模型，并设定如下测量模型（4－11）和结构模型（4－12）：

$$y_i = \mu + \Lambda\omega_i + \varepsilon_i \tag{4-11}$$

$$\eta_i = \beta_i X_i + \Gamma F(\xi_i) + \delta_i \tag{4-12}$$

式中，y_i 为潜变量的观测变量；μ 为截距项；Λ 为观测变量与潜变量间的因子载荷矩阵；ω_i 为潜变量；ε_i 为测量误差。η_i 为内生潜变量；X_i 为协变量；β_i 为协变量的回归系数；Γ 为潜变量间回归系数矩阵；$F(\xi_i)$ 为带有线性和非线性关系的外生潜变量；δ_i 为结构误差。

四　实证分析

依照本书分析的逻辑架构，对种植户农业环境保护内部动机与农业环境保护意愿关系的验证分别将普通蔬菜种植户和无公害蔬菜种植户分开，二者互为抽样水平的稳健性检验，同时以期得出更为普遍的结论。

（一）种植户农业环境保护内部动机与农业环境保护意愿

1. 普通蔬菜种植户

采用结构方程模型和贝叶斯结构方程模型对普通蔬菜种植户农业环境保护内部动机与农业环境保护意愿关系进行验证，结果如表 4 – 12 所示。

表 4 – 12　普通蔬菜种植户农业环境保护意愿估计

变量	结构方程模型		贝叶斯结构方程模型		
	系数	标准误	系数	95% 置信区间	
				下限	上限
$I_1 \to W$	0.057	0.041	0.057	-0.027	0.141
$I_2 \to W$	0.412***	0.030	0.411***	0.350	0.472
$ATT \to W$	0.216*	0.115	0.216**	0.036	0.396
$SN \to W$	0.097	0.105	0.096	-0.092	0.284
$PBC \to W$	0.022	0.107	0.022	-0.131	0.175
$E \to W$	0.057*	0.034	0.056*	-0.004	0.118
$Gender \to W$	-0.071	0.046	-0.070**	-0.132	-0.008
$Age \to W$	-0.002	0.002	0.038*	-0.001	0.077
$EDU \to W$	0.008	0.024	0.011	-0.024	0.046
$Risk \to W$	-0.134***	0.034	-0.132***	-0.193	-0.070
$PM \to W$	0.023	0.073	0.023	-0.116	0.162
$Leader \to W$	0.043	0.085	0.043	-0.090	0.176
$Health \to W$	0.030	0.029	0.035	-0.026	0.098
$PO \to W$	0.004	0.017	0.008	-0.033	0.049
$APO \to W$	-0.031	0.025	-0.029	-0.082	0.024
$Income \to W$	0.006	0.008	0.012	-0.010	0.034
$Ratio \to W$	-0.137*	0.082	-0.136**	-0.263	-0.009
$FZ \to W$	0.002	0.002	0.003	-0.005	0.011
$Year \to W$	0.002	0.003	0.009	-0.007	0.025
$C \to W$	0.353***	0.075	0.352***	0.292	0.414
$COOP \to W$	-0.021	0.049	-0.020	-0.126	0.086
$Train \to W$	0.011	0.023	0.015	-0.026	0.056
$Check \to W$	0.001	0.025	0.004	-0.025	0.033
$SX \to W$	-0.074	0.082	-0.074	-0.256	0.108
$SD \to W$	-0.229**	0.092	-0.229***	-0.360	-0.098
$HN \to W$	-0.006	0.093	-0.003	-0.144	0.138

续表

变量	结构方程模型		贝叶斯结构方程模型		
	系数	标准误	系数	95%置信区间	
				下限	上限
$W \to W_1$	1.000		1.000		
$W \to W_2$	0.954***	0.023	0.954***	0.913	0.995
$W \to W_3$	0.996***	0.023	0.996***	0.947	1.045
$W \to W_4$	1.053***	0.022	1.053***	0.996	1.110
$W \to W_5$	1.058***	0.023	1.058***	1.015	1.101
$I_1 \to I_{11}$	1.000		1.000		
$I_1 \to I_{12}$	0.997***	0.026	0.997***	0.948	1.046
$I_1 \to I_{13}$	0.989***	0.026	0.989***	0.944	1.034
$I_1 \to I_{14}$	1.042***	0.026	1.042***	0.989	1.095
$I_2 \to I_{21}$	1.000				
$I_2 \to I_{22}$	0.961***	0.025	0.961***	0.906	1.016
$I_2 \to I_{23}$	1.075***	0.026	1.075***	1.026	1.128
$I_2 \to I_{24}$	1.006***	0.027	1.006***	0.955	1.057
$ATT \to ATT_1$	1.000				
$ATT \to ATT_2$	1.089***	0.050	1.088***	0.982	1.194
$ATT \to ATT_3$	0.911***	0.045	0.911***	0.827	0.995
$SN \to SN_1$	1.000				
$SN \to SN_2$	1.590***	0.108	1.590***	1.400	1.780
$SN \to SN_3$	1.724***	0.115	1.724***	1.455	1.993
$SN \to SN_4$	1.572***	0.107	1.571***	1.351	1.791
$PBC \to PBC_1$	1.000				
$PBC \to PBC_2$	1.097***	0.042	1.097***	0.991	1.203
$PBC \to PBC_3$	0.811***	0.045	0.811***	0.688	0.934
$PBC \to PBC_4$	0.943***	0.041	0.943***	0.843	1.043
$E \to E_1$	1.000				
$E \to E_2$	1.008***	0.030	1.008***	0.951	1.065
$E \to E_3$	0.927***	0.028	0.927***	0.880	0.974
$E \to E_4$	0.845***	0.037	0.845***	0.765	0.925
$E \to E_5$	0.777***	0.036	0.777***	0.701	0.853

续表

变量	结构方程模型		贝叶斯结构方程模型		
	系数	标准误	系数	95%置信区间	
				下限	上限
$E \rightarrow E_6$	0.676***	0.035	0.676***	0.611	0.741
$C \rightarrow C_1$	1.000				
$C \rightarrow C_2$	1.057***	0.094	1.567***	1.355	1.779
$C \rightarrow C_3$	1.421***	0.088	1.421***	1.233	1.609
$C \rightarrow C_4$	0.979***	0.080	0.979***	0.810	1.148
$C \rightarrow C_5$	1.649***	0.098	1.648***	1.411	1.885
$C \rightarrow C_6$	1.068***	0.079	1.068***	0.901	1.235
$C \rightarrow C_7$	1.356***	0.085	1.356***	1.162	1.550

注：*、** 和 *** 分别表示在 10%、5% 和 1% 的水平下显著。

贝叶斯结构方程模型采用 Gibbs 抽样方法抽样 20000 次，“燃烧期” 10000 次后进行马尔科夫双链迭代，估计结果如图 4－2 所示，可知贝叶斯结构方程模型估计已稳定收敛。

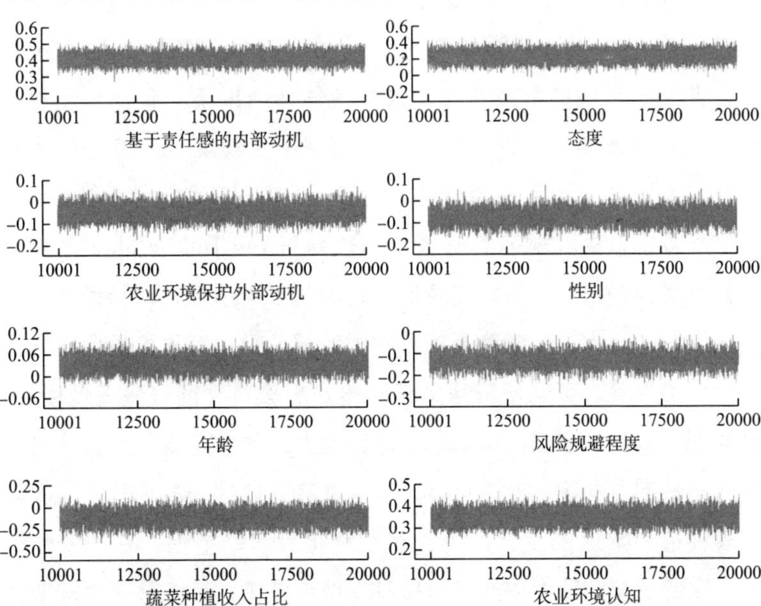

图 4－2　普通蔬菜种植户农业环境保护意愿马尔科夫双链迭代路径

由表 4 - 12 分析可知，对蔬菜种植户农业环境保护意愿在两个模型中均具有显著性影响的因素包括基于责任感的内部动机、态度、农业环境保护外部动机、风险规避程度、蔬菜种植收入占比和农业环境认知。其中基于责任感的内部动机对种植户农业环境保护意愿有显著正向影响，理论假设初步得证，同时结果也表明，基于愉悦感的内部动机对种植户农业环境保护意愿虽为正向影响，但不显著，初步说明种植户农业环境保护行为可能更多地基于责任感而非愉悦感。态度是个体行为意愿的关键（Ashoori et al.，2016；Painter and Ginks，2017），本书也发现类似的结论，种植户农业环境保护态度对其农业环境保护意愿有显著正向影响。性别的影响在两个模型中显著性不同，但均为负向影响。与预期一致，受访者风险规避程度越高，越对其农业环境保护意愿产生不利影响。家庭年收入的提高有助于增强种植户农业环境保护意愿，但不显著。蔬菜种植收入占比越高，受访者家庭收入来源越依靠蔬菜种植，对其农业环境保护意愿有显著负向影响。种植户对农业环境认知程度越高，越可能增强其农业环境保护意愿。此外，年龄的影响在两个模型中估计结果不一致，出于稳健性考虑，不做推论。计划行为理论模型中主观规范和感知行为控制的影响方向与预期一致，但不显著，一项对计划行为理论的 Meta 分析表明，主观规范的解释能力较弱（Van Dijk et al.，2016），感知行为控制不显著可能是意愿和行为的差异所致，即行为的能力可能会影响行为，但对意愿的影响力较弱。受教育程度虽为正向影响，但不显著，可能是普通蔬菜种植户受教育程度普遍偏低所致。需要说明的是，家庭人口数、农业劳动力人数和是否加入合作社的影响与预期方向不一致，可能是因为家庭人口数的多少并不能真正代表种植户家庭的生计压力；蔬菜种植具有季节性，在非农忙时间，家庭农业劳动力依然可以转移到城镇务工，可能是受比较收益的影响，农户农业环境的保护意愿减弱；在调查过程中发现，虽较多普通蔬菜种植户加入了合作社，但部分合作社并没起到帮助种植户的作用，这也可能是导致估计结果与预期相悖的原因。

2. *无公害蔬菜种植户*

通过结构方程模型和贝叶斯结构方程模型的估计，可得无公害蔬菜种植户农业环境保护内部动机对农业环境保护意愿的影响，结果见表 4－13。

表 4－13　无公害蔬菜种植户农业环境保护意愿估计

变量	结构方程模型		贝叶斯结构方程模型		
	系数	标准误	系数	95%置信区间	
				下限	上限
$I_1 \to W$	－0.055	0.046	－0.045	－0.119	0.029
$I_2 \to W$	0.225***	0.066	0.225***	0.086	0.364
$ATT \to W$	0.182***	0.022	0.182***	0.119	0.244
$SN \to W$	0.005	0.110	0.007	－0.213	0.227
$PBC \to W$	0.083	0.059	0.046	－0.083	0.175
$E \to W$	0.067*	0.037	0.067**	0.005	0.129
$Gender \to W$	－0.054	0.087	－0.054	－0.246	0.138
$Age \to W$	0.005	0.004	0.029	－0.016	0.074
$EDU \to W$	0.064*	0.037	0.066**	0.009	0.123
$Risk \to W$	0.070	0.056	0.042	－0.099	0.183
$PM \to W$	0.002	0.148	0.002	－0.221	0.225
$Leader \to W$	0.153	0.178	0.051	－0.265	0.367
$Health \to W$	0.089	0.049	0.034	－0.048	0.116
$PO \to W$	－0.019	0.034	－0.015	－0.080	0.050
$APO \to W$	－0.005	0.058	－0.003	－0.128	0.122
$Income \to W$	－0.001	0.009	0.004	－0.018	0.026
$Ratio \to W$	－0.101	0.192	－0.037	－0.425	0.351
$FZ \to W$	－0.014	0.011	－0.006	－0.041	0.029
$Year \to W$	0.000	0.011	0.007	－0.011	0.025
$C \to W$	1.077***	0.374	1.077***	1.015	1.139
$COOP \to W$	0.438***	0.130	0.439***	0.377	0.502

续表

变量	结构方程模型		贝叶斯结构方程模型		
	系数	标准误	系数	95%置信区间	
				下限	上限
$Train \rightarrow W$	0.032	0.041	0.034	-0.068	0.136
$Check \rightarrow W$	0.006	0.048	0.008	-0.076	0.092
$TB \rightarrow W$	-0.074	0.088	-0.045	-0.225	0.135
$W \rightarrow W_1$	1.000		1.000		
$W \rightarrow W_2$	1.076***	0.041	1.075***	0.999	1.151
$W \rightarrow W_3$	1.049***	0.038	1.048***	0.948	1.148
$W \rightarrow W_4$	1.047***	0.046	1.047***	0.955	1.139
$W \rightarrow W_5$	1.000***	0.043	1.001***	0.919	1.083
$I_1 \rightarrow I_{11}$	1.000		1.000		
$I_1 \rightarrow I_{12}$	0.979***	0.027	0.979***	0.922	1.036
$I_1 \rightarrow I_{13}$	0.901***	0.037	0.901***	0.830	0.972
$I_1 \rightarrow I_{14}$	0.911***	0.025	0.911***	0.864	0.958
$I_2 \rightarrow I_{21}$	1.000				
$I_2 \rightarrow I_{22}$	0.681***	0.048	0.681***	0.589	0.773
$I_2 \rightarrow I_{23}$	0.742***	0.042	0.742***	0.662	0.822
$I_2 \rightarrow I_{24}$	0.612***	0.057	0.612***	0.496	0.728
$ATT \rightarrow ATT_1$	1.000				
$ATT \rightarrow ATT_2$	0.953***	0.049	0.953***	0.859	1.047
$ATT \rightarrow ATT_3$	0.404***	0.060	0.404***	0.282	0.526
$SN \rightarrow SN_1$	1.000				
$SN \rightarrow SN_2$	2.489***	0.309	2.489***	1.879	3.099
$SN \rightarrow SN_3$	2.490***	0.307	2.490***	1.886	3.094
$SN \rightarrow SN_4$	1.887***	0.249	1.887***	1.448	2.326
$PBC \rightarrow PBC_1$	1.000				
$PBC \rightarrow PBC_2$	0.983***	0.031	0.983***	0.920	1.046
$PBC \rightarrow PBC_3$	0.632***	0.070	0.632***	0.503	0.761
$PBC \rightarrow PBC_4$	0.601***	0.067	0.601***	0.478	0.724
$E \rightarrow E_1$	1.000				

续表

变量	结构方程模型		贝叶斯结构方程模型		
	系数	标准误	系数	95%置信区间	
				下限	上限
$E \to E_2$	1.006***	0.051	1.006***	0.902	1.110
$E \to E_3$	0.840***	0.057	0.840***	0.720	0.960
$E \to E_4$	1.148***	0.053	1.148***	1.048	1.248
$E \to E_5$	0.993***	0.061	0.993***	0.875	1.111
$E \to E_6$	0.684***	0.058	0.684***	0.576	0.792
$C \to C_1$	1.000				
$C \to C_2$	2.741***	0.615	2.741***	1.589	3.893
$C \to C_3$	1.993***	0.466	1.993***	1.146	2.840
$C \to C_4$	1.040***	0.323	1.040***	0.430	1.650
$C \to C_5$	3.034***	0.679	3.034***	1.776	4.292
$C \to C_6$	1.669***	0.409	1.668***	0.862	2.474
$C \to C_7$	2.293***	0.525	2.293***	1.244	3.342

注：*、** 和 *** 分别表示在 10%、5% 和 1% 的水平下显著。

贝叶斯结构方程模型采用 Gibbs 抽样方法抽样 20000 次，“燃烧期”10000 次后进行马尔科夫双链迭代，估计结果如图 4－3 所示，可知该模型估计已稳定收敛。

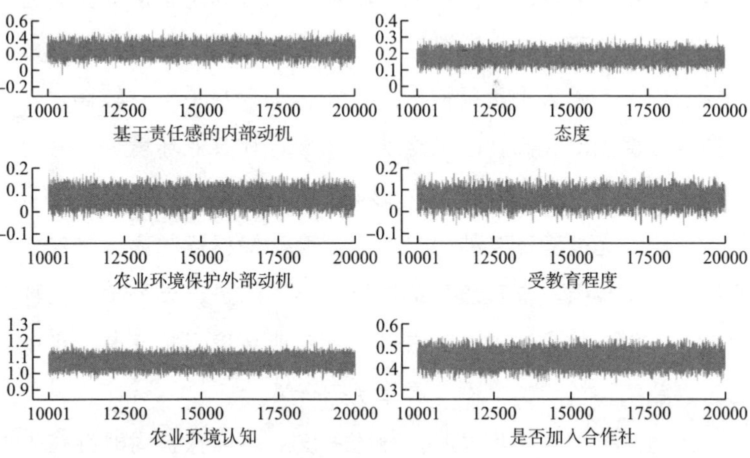

图 4－3 无公害蔬菜种植户农业环境保护意愿马尔科夫双链迭代路径

由表4－13分析可知，对无公害蔬菜种植户农业环境保护意愿在两个模型中均具有显著性影响的因素为基于责任感的内部动机、态度、农业环境保护外部动机、受教育程度、农业环境认知和是否加入合作社。基于责任感的内部动机显著正向影响了无公害蔬菜种植户农业环境保护意愿，基于愉悦感的内部动机虽有负向影响，但不显著，与普通蔬菜种植户的估计结果类似，进一步说明对蔬菜种植户来说，保护农业环境可能并不是令人愉快的事，而是责任感的维持。受访者农业环境保护外部动机同样显著正向影响其农业环境保护意愿。在计划行为理论变量中，与普通蔬菜种植户估计结果类似，无公害蔬菜种植户农业环境保护态度对其农业环境保护意愿产生积极影响；主观规范和感知行为控制虽与预期方向相符，但不显著。与预期不符的是，受访者年龄越大，其农业环境保护意愿越强，可能的原因是年龄较大的受访者对农业环境的逐步恶化更为了解，因此可能增强了其农业环境保护意愿。与普通蔬菜种植户略有差异，无公害蔬菜种植户受教育程度显著增强其农业环境保护意愿，由本书第三章描述性统计可知，无公害蔬菜种植户受教育程度高于普通蔬菜种植户，这也可能是该变量显著的原因。与预期不符，风险规避程度对无公害蔬菜种植户农业环境保护意愿影响不显著，可能是因为与普通蔬菜种植户相比，无公害蔬菜种植户家庭年收入水平相对较高，对风险的容忍度相对较高，故风险规避并未对其农业环境保护意愿产生显著性影响。家庭年收入的影响在两个模型中估计方向相反，不予讨论。无公害蔬菜种植户农业环境认知程度越高，其农业环境保护意愿越强。与普通蔬菜种植户不同的是，无公害蔬菜种植户加入合作社的受访者显著增强了其农业环境保护意愿，可能与无公害蔬菜种植户的合作社更加规范有关。

上述分析结果初步表明，种植户农业环境保护同时存在内部动机和外部动机，但其内部动机源于愉悦感的可能性不大，更多的是源于责任感；此外，对两类种植户农业环境保护意愿有共同影响的因素为农业环境保护态度和农业环境认知。无公害蔬菜种植户分析结果也在一定程度上说明，对于普通蔬菜种植户来讲，可在条件允许的情况下开办田间学校，鼓励种植户接受再教育，并加强对合作社的监管，发挥其规范性作用。

（二）种植户农业环境保护内部动机与是否愿意支付

1. 普通蔬菜种植户

为避免自变量可能存在的多重共线性，本书以连续型变量年龄作为因变量，其余变量作为自变量进行线性回归，检验其VIF值，结果表明，VIF值的范围在1.039～2.269，分析结果不会受到多重共线性的干扰。按照本章第二节对受访者农业环境保护是否愿意支付的分析，采用二项Logit模型和贝叶斯二项Logit模型进行回归，结果见表4－14。

表4－14 普通蔬菜种植户农业环境保护内部动机对其是否愿意支付的影响

变量	二项Logit模型		贝叶斯二项Logit模型		
	系数	标准误	系数	95%置信区间	
				下限	上限
截距项	3.521***	1.162	3.619***	1.434	5.804
I_1	0.073	0.125	0.077	-0.158	0.312
I_2	0.412***	0.096	0.425***	0.243	0.607
ATT	0.425***	0.167	0.437***	0.119	0.755
SN	-0.172	0.182	-0.181	-0.522	0.160
PBC	0.154	0.176	0.158	-0.169	0.485
E	-1.641***	0.155	-1.693***	-1.985	-1.401
Gender	0.034	0.169	0.037	-0.281	0.355
Age	-0.008	0.009	-0.008	-0.026	0.010
EDU	0.067	0.091	0.072	-0.100	0.244

续表

变量	二项 Logit 模型		贝叶斯二项 Logit 模型		
	系数	标准误	系数	95% 置信区间	
				下限	上限
Risk	-0.102	0.126	-0.104	-0.341	0.133
PM	-0.158	0.278	-0.160	-0.689	0.369
Leader	0.064	0.332	0.067	-0.560	0.694
Health	-0.168	0.107	-0.175	-0.377	0.027
PO	0.067	0.062	0.069	-0.049	0.187
APO	-0.001	0.09	-0.014	-0.186	0.158
Income	0.161***	0.038	0.167***	0.094	0.240
Ratio	-0.164	0.307	-0.175	-0.749	0.399
FZ	0.004	0.02	0.012	-0.023	0.047
Year	-0.018	0.012	-0.019	-0.043	0.005
C	0.246	0.152	0.255*	-0.029	0.539
COOP	0.197	0.176	0.203	-0.128	0.534
Train	-0.024	0.084	-0.024	-0.183	0.135
Check	0.151	0.093	0.154	-0.020	0.328
SX	-0.335	0.283	-0.349	-0.880	0.182
SD	-0.684**	0.285	-0.712***	-1.243	-0.181
HN	-0.405	0.308	-0.412	-0.982	0.158
R^2	0.516				
N	1057				

注：*、** 和 *** 分别表示在 10%、5% 和 1% 的水平下显著；为避免二项 Logit 模型估计的过离散化，采用 Quasi-Binomial Distribution 进行估计。

贝叶斯二项 Logit 模型采用 HMC 抽样方法抽样 20000 次，“燃烧期”10000 次后进行马尔科夫双链迭代，估计结果如图 4-4 所示，可知该模型估计已稳定收敛。

由表 4-14 分析可知，普通蔬菜种植户农业环境保护基于愉悦感和责任感的内部动机对其农业环境保护愿意支付均有正向影响，但基于愉悦感的内部动机影响不显著，基于责任感的内部动

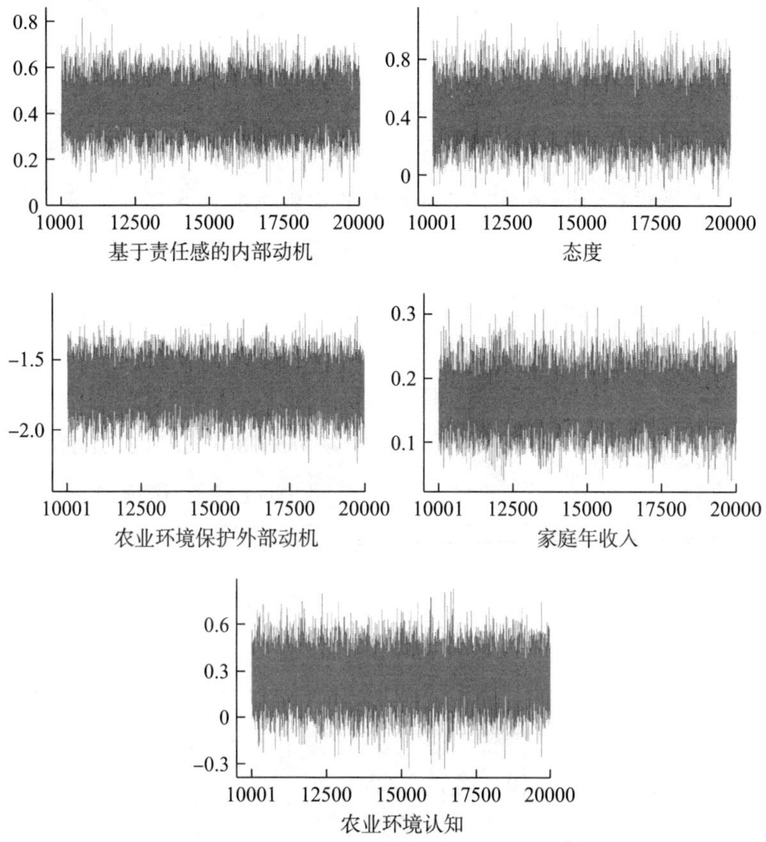

图 4-4　普通蔬菜种植户农业环境保护内部动机对其是否愿意支付影响的马尔科夫双链迭代路径

机在 1% 的水平下显著。此外，种植户农业环境保护外部动机对其农业环境保护愿意支付存在显著的负向影响，与预期恰好相反，结合表 4-12 和表 4-13 的结果，可能意味着种植户农业环境保护的外部动机显著增强了其农业环境保护意愿，外部动机较强的种植户虽然愿意保护农业环境，但其更加关注经济利益，造成其“愿意保护，但不愿意出钱”。此外，种植户农业环境保护态度和家庭年收入均存在显著影响。其中，种植户农业环境保护态度越积极，越显著增加其愿意支付的可能；家庭年收入越高，其对农业环境保护投资的可能性越大。农业环境认知在两个模型中显著性不同，但均对种植户农业环境保护愿意支付有正向影响。需要说明的是，主观规范的影响与预期不一致，可能是由于该变量对个体行为解释能力较弱（Van Dijk et al.，2016）。种植户是党员对农业环境保护支付意愿的影响为负，可能意味着是否愿意对农业环境保护支付更多的是出于收入和动机因素的考虑，而与其目前是党员身份关系不大。

2. 无公害蔬菜种植户

与上一节相同，首先采用多重共线性诊断以验证数据是否受到共线性的干扰，结果表明，VIF 值在 1.078～2.851，数据并没有受到多重共线性的干扰。采用二项 Logit 模型和贝叶斯二项 Logit 模型进行回归，结果见表 4－15。

表 4－15　无公害蔬菜种植户农业环境保护内部动机对其是否愿意支付的影响

变量	二项 Logit 模型		贝叶斯二项 Logit 模型		
	系数	标准误	系数	95%置信区间	
				下限	上限
截距项	－4.547***	1.732	－5.221***	－8.841	－1.601
I_1	－0.018	0.216	－0.026	－0.477	0.425
I_2	0.719***	0.269	0.835**	0.265	1.405
ATT	0.085	0.300	0.097	－0.532	0.726
SN	－0.094	0.289	－0.110	－0.716	0.496
PBC	0.331	0.311	0.377	－0.282	1.036
E	－1.063***	0.192	－1.226***	－1.638	－0.814
Gender	－0.371	0.409	－0.441	－1.299	0.417
Age	0.025	0.021	0.028	－0.017	0.073
EDU	0.444**	0.173	0.517***	0.154	0.880
Risk	－0.048	0.261	－0.059	－0.606	0.488
PM	－0.766	0.667	－0.855	－2.247	0.537

续表

变量	二项 Logit 模型		贝叶斯二项 Logit 模型		
	系数	标准误	系数	95% 置信区间	
				下限	上限
Leader	0.676	0.803	0.814	-0.879	2.507
Health	0.545**	0.218	0.628***	0.169	1.087
PO	-0.172	0.155	-0.190	-0.515	0.135
APO	-0.126	0.286	-0.134	-0.738	0.470
Income	0.150***	0.047	0.174***	0.076	0.272
Ratio	0.370	0.835	0.441	-1.311	2.193
FZ	-0.106**	0.048	-0.125**	-0.229	-0.021
Year	0.012	0.049	0.014	-0.090	0.118
C	0.236	0.404	0.273	-0.578	1.124
COOP	-0.046	0.551	-0.073	-1.233	1.087
Train	0.332	0.203	0.379	-0.044	0.802
Check	0.153	0.213	0.17	-0.281	0.621
TB	-0.151	0.397	-0.165	-1.002	0.672
R^2	0.612				
N	266				

注：*、** 和 *** 分别表示在 10%、5% 和 1% 的水平下显著；为避免二项 Logit 模型估计的过离散化，采用 Quasi-Binomial Distribution 进行估计。

贝叶斯二项 Logit 模型采用 HMC 抽样方法抽样 20000 次，“燃烧期” 10000 次后进行马尔科夫双链迭代，估计结果如图 4-5 所示，可知该模型估计已稳定收敛。

由表 4-15 分析可知，基于愉悦感的内部动机对种植户农业环境保护愿意支付影响为负，但不显著，基于责任感的内部动机的影响显著为正，结合前文分析，在一定程度上说明对于农业环境保护问题，种植户内部动机可能并非出于愉悦感，而是出于责任感。与普通蔬菜种植户略有差异的是，无公害蔬菜种植户农业环境保护态度对其支付意愿并无显著影响，但其方向与预期一

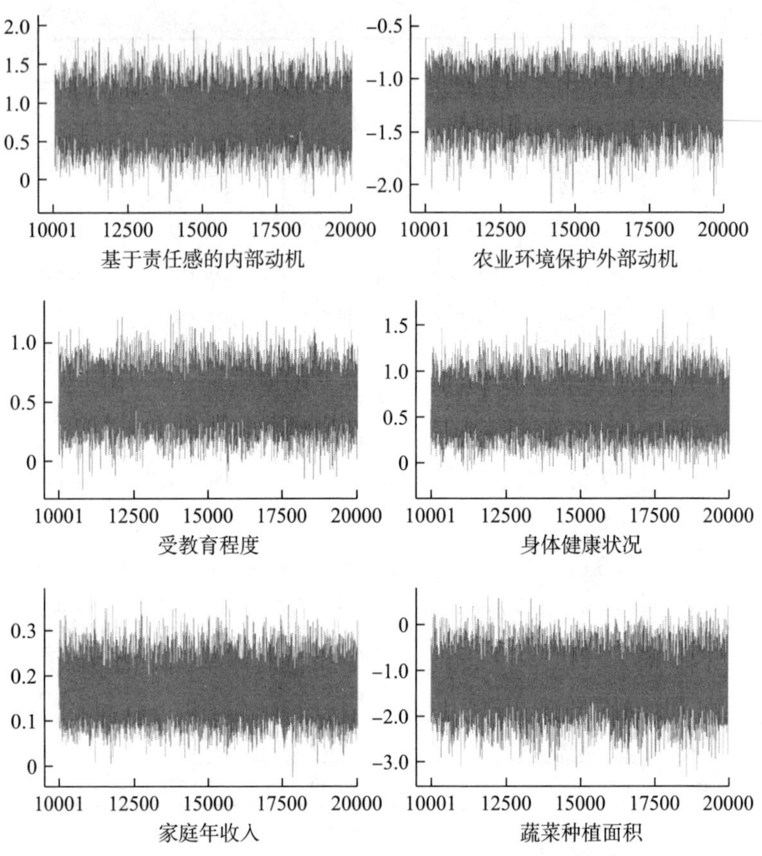

图 4－5　无公害蔬菜种植户农业环境保护内部动机对其是否愿意支付影响的马尔科夫双链迭代路径

致。种植户农业环境保护外部动机对其农业环境保护支付意愿有显著负向影响，这一结果与表 4－14 分析结果一致。这进一步说明了种植户农业环境保护意愿主要源于外部动机，其更在意的是经济收益，即使保护农业环境其目标也是收益。对农业环境保护外部动机较强者来讲，他们愿意保护农业环境，但不愿意出钱。与预期相符，无公害蔬菜种植户受教育程度越高，越能显著增强其农业环境保护支付意愿。无公害蔬菜种植户身体健康状况越好，越有助于增强其农业环境保护支付意愿。与普通蔬菜种植户类似，无公害蔬菜种植户较高的家庭年收入水平使得其更倾向于对农业环境保护投资。无公害蔬菜种植户蔬菜种植面积越大，其农业环境保护支付意愿越弱，可能意味着对于无公害蔬菜种植户来讲，种植规模越大，生产成本越高，进而造成其不愿意再拿出一部分钱来保护农业环境。接受种植培训在两个模型中均不显著，但均存在正向影响。需要说明的是，蔬菜种植收入占比的影响为正，这可能是受无公害蔬菜种植户绝对收入水平的影响。

基于对普通蔬菜种植户和无公害蔬菜种植户农业环境保护支付意愿的研究发现，对农业环境保护支付意愿的内部动机主要来源为基于责任感的内部动机，基于愉悦感的内部动机影响不显著；虽然种植户农业环境保护外部动机也强化了其农业环境保护意愿，但外部动机越强烈，蔬菜种植户越不愿意为农业环境保护支付；家庭年收入水平对种植户农业环境保护支付意愿有显著正向影响。

（三）种植户农业环境保护内部动机与愿意支付者支付意愿程度

1. 普通蔬菜种植户

以25%、50%和75%作为分位数，对普通蔬菜种植户农业环境保护内部动机和农业环境保护愿意支付者支付意愿程度进行回归，并以多元线性回归结果作为参照，结果如表4－16所示。

由表4－16分析可知，对于普通蔬菜种植户来讲，基于愉悦感的内部动机对其农业环境保护支付意愿程度无显著影响；在25%分位数下，基于责任感的内部动机同样没有显著影响，但随着种植户支付意愿程度的提高，其基于责任感的内部动机影响程度显著提升，逐渐由不显著变为显著。农业环境保护外部动机影响不显著，但其影响方向为负，在一定程度上说明种植户支付意愿程度的提高更多地源于其基于责任感的内部动机，表现为外部动机越强，越不愿意对农业环境保护投资。主观规范的影响由负向变为正向，且影响程度逐渐提高，说明支付意愿程度较高的种植户更关注于他人对自己的看法。感知行为控制在75%分位数下显著，也可能意味着有较高支付意愿程度的种植户保护农业环境的责任感较强，而对个人能力的关注相对较低。与预期一致，随着种植户农业环境保护支付意愿程度的提高，党员和村干部身份的作用逐渐变为显著。种植户较高的支付意愿程度显著受其家庭年收入水平的影响，支付意愿程度较低时，家庭年收入水平的影响不显著；支付意愿程度较高时，家庭年收入的作用增强。种植户家庭收入更依赖于蔬菜种植对其支付意愿程度有显著负向影响。蔬菜种植面积和接受种植培训的影响在分位数回归和多元线性回归中有差异，故不做推断。种植户农业环境认知水平的提高显著提高了其支付意愿程度。

表4-16　普通蔬菜种植户农业环境保护愿意支付者支付意愿程度回归结果

变量	25%分位数		50%分位数		75%分位数		OLS回归	
	系数	标准误	系数	标准误	系数	标准误	系数	标准误
截距项	-1.334	1.085	-1.731	1.091	-1.305	0.904	-1.352*	0.755
I_1	0.123	0.110	-0.033	0.119	0.077	0.115	0.092	0.086
I_2	0.146	0.091	0.337***	0.084	0.432***	0.089	0.278***	0.068
ATT	0.191*	0.105	0.177	0.157	0.326**	0.161	0.286**	0.121
SN	-0.032	0.103	0.352**	0.155	0.627***	0.130	0.276**	0.123
PBC	0.075	0.116	-0.162	0.162	-0.374**	0.164	-0.188	0.127
E	-0.116	0.074	-0.016	0.115	-0.059	0.109	-0.051	0.083
Gender	0.027	0.115	0.013	0.150	0.038	0.149	-0.008	0.117
Age	0.007	0.006	-0.001	0.008	-0.006	0.007	-0.001	0.006
EDU	0.067	0.064	0.110	0.081	0.099	0.076	0.083	0.061
Risk	0.059	0.066	-0.140	0.112	0.033	0.102	0.005	0.082
PM	0.107	0.203	0.214	0.321	0.449**	0.207	0.178	0.183

续表

变量	25%分位数		50%分位数		75%分位数		OLS 回归	
	系数	标准误	系数	标准误	系数	标准误	系数	标准误
Leader	0.080	0.351	0.747**	0.324	0.354*	0.209	0.338	0.209
Health	-0.082	0.090	-0.087	0.098	-0.097	0.081	-0.074	0.074
PO	0.054	0.053	0.037	0.043	0.042	0.042	0.065	0.042
APO	-0.056	0.084	0.096	0.089	-0.080	0.077	-0.029	0.068
Income	0.041	0.036	0.093***	0.024	0.068***	0.022	0.067***	0.018
Ratio	-0.159	0.207	-0.051	0.278	-0.604**	0.275	-0.211	0.213
FZ	0.014	0.022	0.009	0.018	0.019	0.016	0.013***	0.004
Year	-0.002	0.009	-0.021	0.013	-0.010	0.017	-0.010	0.009
C	0.212*	0.122	0.441***	0.127	0.455***	0.141	0.339***	0.108
COOP	0.050	0.103	0.003	0.172	-0.003	0.165	0.021	0.130
Train	0.029	0.063	0.097	0.076	0.041	0.065	0.035**	0.058
Check	0.094	0.069	0.090	0.088	0.145*	0.076	0.140**	0.064
SX	-0.319	0.281	-0.460**	0.225	-0.682***	0.228	-0.476**	0.195
SD	-0.298	0.263	-0.338	0.296	-0.106	0.225	-0.251	0.198
HN	-0.400	0.279	-0.404	0.291	-0.337	0.336	-0.434**	0.214

注：*、** 和 *** 分别表示在 10%、5% 和 1% 的水平下显著。

2. 无公害蔬菜种植户

与普通蔬菜种植户研究方法相同，将25%、50%和75%作为分位数，并以多元线性回归结果作为参照对无公害蔬菜种植户农业环境保护支付意愿程度进行回归，结果如表4-17所示。

由表4-17分析可知，在25%分位数下和在50%、75%分位数下基于愉悦感的内部动机对无公害蔬菜种植户农业环境保护支付意愿程度影响方向不一致，但均不显著；与普通蔬菜种植户相比，基于责任感的内部动机对无公害蔬菜种植户农业环境保护支付意愿在三个分位数下均显著，可能是因为其基于责任感的内部动机相对较强。无公害蔬菜种植户农业环境保护外部动机虽不显著，但其影响方向均为负，在一定程度上说明，对于无公害蔬菜种植户来讲，较强的外部动机也同样降低了其农业环境保护的支付意愿程度，即愿意保护农业环境，但不愿意出钱。当无公害蔬菜种植户支付意愿程度较低时，其受教育程度影响显著为正；随着无公害蔬菜种植户支付意愿程度的提高，其受教育程度的影响不显著，但均为正向。农业环境认知水平同样是影响无公害蔬菜种植户农业环境保护支付意愿程度的关键因素。与普通蔬菜种植户略有差异，无公害蔬菜种植户家庭年收入对其支付意愿程度的影响虽为正向，但不显著，可能是由于无公害蔬菜种植户家庭年收入水平相对较高。在计划行为理论的变量中，无公害蔬菜种植户农业环境保护态度的影响不稳定；主观规范的影响与前文分析较为类似，但其影响不显著；从多元线性回归的结果来看，感知行为控制显著为正，可能对于无公害蔬菜种植户来说，较高的家庭年收入水平使其农业环境保护的能力较强，进而提高了其农业环境支付意愿程度。风险规避程度的影响与预期相反，可能意味着无公害蔬菜种植户较高的收入水平使其对风险厌恶的程度有所下降。此外，无公害蔬菜种植户是否为党员和村干部身份对其农业环境保护支付意愿程度的影响不稳定，可能是受样本量较小的影响。

表 4－17　无公害蔬菜种植户农业环境保护愿意支付者支付意愿程度回归结果

变量	25%分位数		50%分位数		75%分位数		OLS 回归	
	系数	标准误	系数	标准误	系数	标准误	系数	标准误
截距项	－3.378**	1.320	－1.704*	0.989	－0.982	1.954	－1.380	0.934
I_1	－0.007	0.101	0.020	0.079	0.096	0.090	0.035	0.082
I_2	0.832***	0.160	0.729***	0.125	0.628***	0.166	0.658***	0.131
ATT	－0.112	0.213	0.043	0.146	－0.193	0.242	0.018	0.155
SN	0.047	0.150	0.060	0.118	0.109	0.132	－0.029	0.120
PBC	0.102	0.171	0.058	0.145	0.143	0.176	0.248*	0.142

续表

变量	25% 分位数		50% 分位数		75% 分位数		OLS 回归	
	系数	标准误	系数	标准误	系数	标准误	系数	标准误
E	-0.091	0.113	-0.016	0.074	-0.137	0.090	-0.091	0.080
Gender	0.113	0.202	0.001	0.165	0.157	0.203	0.022	0.173
Age	-0.014	0.011	-0.013	0.009	0.003	0.011	-0.010	0.009
EDU	0.290***	0.105	0.072	0.078	0.025	0.093	0.101	0.079
Risk	0.198	0.123	0.143	0.107	0.030	0.122	0.126	0.112
PM	0.106	0.568	-0.016	0.263	-0.079	0.429	-0.092	0.338
Leader	-0.645	0.834	0.248	0.317	-0.179	0.443	-0.158	0.405
Health	0.134	0.156	0.034	0.145	-0.048	0.162	-0.051	0.114
PO	0.042	0.104	0.091	0.060	0.058	0.072	0.009	0.071
APO	-0.243	0.179	-0.153	0.103	-0.128	0.128	-0.088	0.113
Income	0.004	0.025	0.019	0.019	0.000	0.018	0.009	0.019
Ratio	-0.585	0.548	-0.336	0.359	-0.456	0.533	-0.435	0.382
FZ	-0.016	0.037	-0.002	0.025	0.012	0.023	0.000	0.023
Year	0.014	0.028	0.014	0.018	0.016	0.025	0.029	0.021
C	0.503**	0.241	0.500***	0.155	0.642**	0.251	0.422**	0.177
COOP	0.427	0.501	-0.187	0.511	-0.284	0.390	-0.055	0.297
Train	0.004	0.105	-0.040	0.062	-0.068	0.085	0.005	0.082
Check	0.283*	0.150	0.091	0.098	0.179	0.116	0.127	0.096
TB	0.229	0.268	0.194	0.172	0.353*	0.208	0.376*	0.186

注：*、** 和 *** 分别表示在 10%、5% 和 1% 的水平下显著。

通过普通蔬菜种植户和无公害蔬菜种植户农业环境保护支付意愿程度的对比发现，基于愉悦感的内部动机对种植户支付意愿程度无显著影响；在普通蔬菜种植户中，基于责任感的内部动机在 25% 分位数下对其支付意愿程度不显著，但从整体来看，该变量对两类种植户农业环境保护支付意愿程度均有显著正向影响；农业环境认知水平是影响两类种植户农业环境保护支付意愿程度的重要因素。有趣的是，外部动机在两类种植户中的影响虽不显著，但均为负向，结合本节中对两类蔬菜种植户农业环境保护意愿和是否愿意支付分析结果来看，种植户农业环境保护无论主要基于责任感的内部动机还是外部动机，均增强了种植户农业环境保护的意愿，但种植户并不愿意为此而支付。本书的分析结果从农户个体层面印证了 Burton 和 Wilson（2006）、Sulemana 和 James（2014）的推论，即在发达的经济体下，农户越来越具有农业环境保护的倾向。在本书则表现为随着收入水平的提高，种植户农业环境保护意愿更加强烈，但与发达经济体相比，目前中国农户收入水平普遍偏低，即便随着收入水平的提高，种植户仍然对农业环境保护的外部动机较为关注。这也可能是造成本书蔬菜种植户随着收入水平的提高，其农业环境保护意愿有所增强，但种植户不愿意为保护农业环境而支付的原因。

（四）种植户农业环境保护意愿——内部动机与外部动机是否兼容的验证

从第三章种植户农业环境保护内部动机和外部动机的初步关系可知，基于愉悦感的内部动机与外部动机存在一定程度的正相关关系，但基于责任感的内部动机和外部动机存在一定的负相关关系。结合本章对种植户农业环境保护意愿的分析结果：基于愉悦感的内部动机对种植户农业环境保护意愿不显著，基于责任感的内部动机和外部动机均显著增强了种植户农业环境保护意愿，但对外部动机的关注导致种植户并不愿意为保护农业环境而支付。上述结果对种植户农业环境保护内部动机和外部动机是否存在挤入或挤出效应的研究显得尤为重要。由于本章分析结果表明，种植户农业环境保护基于愉悦感的内部动机对农业环境保护意愿没有显著影响，故本小节仅关注基于责任感的内部动机与外部动机的关系，依据动机拥挤理论进行验证。

1. 普通蔬菜种植户

运用贝叶斯非线性结构方程模型，直接检视普通蔬菜种植户农业环境保护基于责任感的内部动机与外部动机两个潜变量的交互项，结果如表 4－18 所示。

表 4－18 普通蔬菜种植户基于责任感的内部动机与外部动机的关系

路径	系数	95%置信区间		路径	系数	95%置信区间	
		下限	上限			下限	上限
$I_2 \times E \to W$	-0.023	-0.076	0.030	$W \to W_5$	1.034***	0.695	1.373
$I_2 \to W$	0.152***	0.082	0.221	$I_2 \to I_{21}$	1.000		
$ATT \to W$	0.111***	0.050	0.173	$I_2 \to I_{22}$	0.954***	0.813	1.095
$SN \to W$	0.022	-0.117	0.161	$I_2 \to I_{23}$	1.071***	0.918	1.224
$PBC \to W$	0.024	-0.239	0.287	$I_2 \to I_{24}$	0.999***	0.819	1.179
$E \to W$	0.055*	-0.004	0.114	$ATT \to ATT_1$	1.000		
$Gender \to W$	-0.012	-0.163	0.139	$ATT \to ATT_2$	1.062***	0.954	1.170
$Age \to W$	-0.001	-0.025	0.023	$ATT \to ATT_3$	0.902***	0.790	1.014
$EDU \to W$	0.048	-0.164	0.260	$SN \to SN_1$	1.000		
$Risk \to W$	-0.074**	-0.143	-0.004	$SN \to SN_2$	1.420***	1.249	1.591
$PM \to W$	0.016	-0.147	0.179	$SN \to SN_3$	1.660***	1.499	1.821
$Leader \to W$	0.024	-0.062	0.110	$SN \to SN_4$	1.510***	1.355	1.665
$Health \to W$	0.030	-0.084	0.144	$PBC \to PBC_1$	1.000		
$PO \to W$	0.023	-0.206	0.252	$PBC \to PBC_2$	1.031***	0.833	1.229
$APO \to W$	-0.013	-0.187	0.161	$PBC \to PBC_3$	0.802***	0.596	1.008
$Income \to W$	0.018	-0.084	0.120	$PBC \to PBC_4$	0.937***	0.717	1.157
$Ratio \to W$	-0.051	-0.233	0.131	$E \to E_1$	1.000		
$FZ \to W$	0.014	-0.072	0.100	$E \to E_2$	1.001***	0.829	1.173
$Year \to W$	0.038	-0.062	0.138	$E \to E_3$	0.920***	0.761	1.079
$C \to W$	0.156***	0.089	0.223	$E \to E_4$	0.834***	0.671	0.997
$COOP \to W$	-0.010	-0.098	0.078	$E \to E_5$	0.779***	0.605	0.953
$Train \to W$	0.021	-0.101	0.143	$E \to E_6$	0.682***	0.517	0.847
$Check \to W$	0.014	-0.041	0.069	$C \to C_1$	1.000		

续表

路径	系数	95% 置信区间		路径	系数	95% 置信区间	
		下限	上限			下限	上限
$SX \to W$	-0.011	-0.152	0.130	$C \to C_2$	1.052***	0.832	1.272
$SD \to W$	-0.131**	-0.189	-0.072	$C \to C_3$	1.417***	1.219	1.615
$HN \to W$	-0.003	-0.021	0.015	$C \to C_4$	0.966***	0.733	1.199
$W \to W_1$	1.000			$C \to C_5$	1.641***	1.427	1.855
$W \to W_2$	0.952***	0.519	1.385	$C \to C_6$	1.333***	1.139	1.527
$W \to W_3$	0.994***	0.618	1.370	$C \to C_7$	1.340***	1.122	1.558
$W \to W_4$	1.049***	0.659	1.439				

注：*、** 和 *** 分别表示在 10%、5% 和 1% 的水平下显著。

贝叶斯非线性结构方程模型采用 Gibbs 抽样方法抽样 20000 次，“燃烧期” 10000 次后进行马尔科夫双链迭代，由图 4-6 分析可知，该模型估计已稳定收敛。

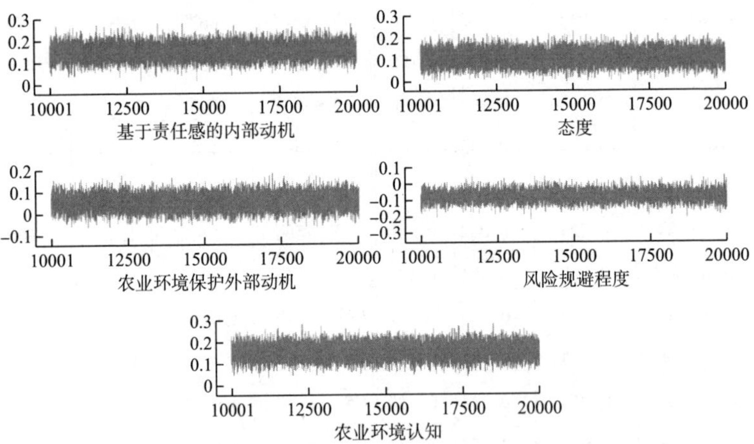

图 4-6 普通蔬菜种植户农业环境保护内、外部动机联合效应对意愿影响的马尔科夫双链迭代路径

由表 4-18 分析可知，普通蔬菜种植户农业环境保护基于责任感内部动机与外部动机的交互项对其农业环境保护意愿的影响不显著，未发现在农业环境保护意愿上种植户基于责任感的内部动机与其外部动机兼容与否。此外，单独来看，基于责任感的内部动机与外部动机对种植户农业环境保护意愿均存在显著正向影响。与前文所得结果类似，种植户农业环境保护态度、风险规避程度和农业环境认知均对其农业环境保护意愿有显著影响，其中态度越积极，越显著增强了种植户农业环境保护意愿；风险规避程度越高，越不利于种植户农业环境保护意愿的增强；较高的农业环境认知水平显著增强了种植户农业环境保护的意愿。

2. 无公害蔬菜种植户

与普通蔬菜种植户一致，采用贝叶斯非线性结构方程模型进行估计，所得结果见表4－19。

表4－19　无公害蔬菜种植户基于责任感的内部动机与外部动机的关系

路径	系数	95%置信区间		路径	系数	95%置信区间	
		下限	上限			下限	上限
$I_2 \times E \to W$	-0.032	-0.344	0.280	$I_2 \to I_{21}$	1.000		
$I_2 \to W$	0.189***	0.117	0.261	$I_2 \to I_{22}$	0.664***	0.562	0.766
$ATT \to W$	0.083***	0.027	0.139	$I_2 \to I_{23}$	0.715***	0.609	0.821
$SN \to W$	0.002	-0.020	0.024	$I_2 \to I_{24}$	0.632***	0.532	0.732
$PBC \to W$	0.021	-0.036	0.078	$ATT \to ATT_1$	1.000		
$E \to W$	0.076**	0.011	0.142	$ATT \to ATT_2$	0.942***	0.705	1.179
$Gender \to W$	-0.032	-0.222	0.158	$ATT \to ATT_3$	0.512***	0.281	0.743
$Age \to W$	0.039	-0.112	0.190	$SN \to SN_1$	1.000		
$EDU \to W$	0.061**	0.001	0.121	$SN \to SN_2$	2.111***	1.956	2.266
$Risk \to W$	0.027	-0.210	0.264	$SN \to SN_3$	2.008***	1.857	2.159
$PM \to W$	0.003	-0.015	0.021	$SN \to SN_4$	1.632***	1.487	1.777
$Leader \to W$	0.033	-0.059	0.125	$PBC \to PBC_1$	1.000		
$Health \to W$	0.020	-0.494	0.534	$PBC \to PBC_2$	0.961***	0.743	1.179
$PO \to W$	-0.010	-0.034	0.014	$PBC \to PBC_3$	0.622***	0.448	0.796
$APO \to W$	0.000	-0.239	0.239	$PBC \to PBC_4$	0.614***	0.381	0.847
$Income \to W$	-0.001	-0.023	0.021	$E \to E_1$	1.000		
$Ratio \to W$	-0.013	-0.158	0.132	$E \to E_2$	1.003***	0.809	1.197
$FZ \to W$	-0.001	-0.019	0.017	$E \to E_3$	0.819***	0.609	1.029

续表

路径	系数	95%置信区间		路径	系数	95%置信区间	
		下限	上限			下限	上限
$Year \rightarrow W$	0.004	-0.006	0.014	$E \rightarrow E_4$	1.103***	0.932	1.274
$C \rightarrow W$	0.867***	0.798	0.936	$E \rightarrow E_5$	0.982***	0.802	1.162
$COOP \rightarrow W$	0.130***	0.057	0.203	$E \rightarrow E_6$	0.677***	0.489	0.865
$Train \rightarrow W$	0.016	-0.019	0.051	$C \rightarrow C_1$	1.000		
$Check \rightarrow W$	0.015	-0.199	0.229	$C \rightarrow C_2$	2.343***	1.888	2.798
$TB \rightarrow W$	-0.022	-0.194	0.150	$C \rightarrow C_3$	1.873***	1.440	2.306
$W \rightarrow W_1$	1.000			$C \rightarrow C_4$	1.001***	0.781	1.221
$W \rightarrow W_2$	1.066***	0.829	1.303	$C \rightarrow C_5$	2.891***	2.358	3.424
$W \rightarrow W_3$	1.039***	0.737	1.341	$C \rightarrow C_6$	1.556***	1.260	1.852
$W \rightarrow W_4$	1.041***	0.812	1.270	$C \rightarrow C_7$	2.021***	1.488	2.554
$W \rightarrow W_5$	1.013***	0.882	1.144				

注：** 和 *** 分别表示在 5% 和 1% 的水平下显著。

贝叶斯非线性结构方程模型采用 Gibbs 抽样方法抽样 20000 次，“燃烧期” 10000 次后进行马尔科夫双链迭代，由图 4-7 分析可知，该模型估计已稳定收敛。

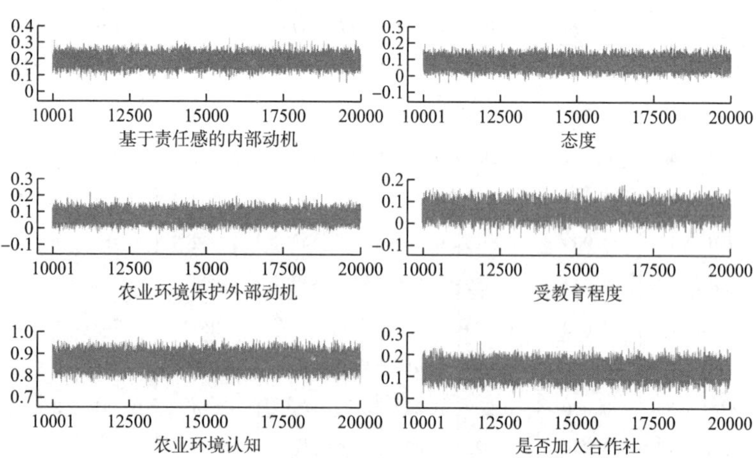

图 4-7 无公害蔬菜种植户农业环境保护内、外部动机联合效应对意愿影响的马尔科夫双链迭代路径

由表 4－19 分析可知，无公害蔬菜种植户农业环境保护基于责任感的内部动机与外部动机的交互项对其农业环境保护意愿影响不显著，与普通蔬菜种植户回归结果类似，对于无公害蔬菜种植户来讲，在农业环境保护意愿上，其农业环境保护基于责任感的内部动机与外部动机是否兼容证据不足。此外，与普通蔬菜种植户分析结果类似，单独考虑基于责任感的内部动机与外部动机都显著正向影响了种植户农业环境保护意愿。此外，对无公害蔬菜种植户来讲，积极的农业环境保护态度、较高的受教育程度和农业环境认知水平均显著增强了其农业环境保护意愿；加入合作社的种植户的农业环境保护意愿显著增强。

在农业环境保护意愿上，通过对两类蔬菜种植户农业环境保护基于责任感内部动机与外部动机关系的验证，本书初步得出如下结论：二者交互项的影响在两类种植户中虽不显著，但均为负向影响，在一定程度上说明，若给予种植户农业环境保护经济补偿，可能减弱其农业环境保护的内部动机，造成“给钱就愿意保护，不给钱就不愿意保护”的现象，且不利于种植户农业环境保护长效机制的形成，假设 H2－2 初步得证。

五　本章小结

以陕西、山西、河南和山东 1057 份普通蔬菜种植户样本和陕西省太白县、山东省寿光市 266 份定点调查的无公害蔬菜种植户样本为基础数据，通过对两类蔬菜种植户农业环境保护意愿、是否有支付意愿和农业环境保护支付意愿程度进行描述性统计，并依据本书理论分析框架，结合目前国内外对农户农业环境保护意愿的经验证据，选取了本书所关注的核心变量及控制变量，构建了理论分析模型，针对数据类型对所要验证的问题选取了所用方法。据此，探讨了蔬菜种植户农业环境保护内部动机对农业环境保护意愿、是否愿意支付及支付意愿程度的影响，最后验证了在农业环境保护意愿上，样本户农业环境保护内部动机与外部动机的挤入或挤出关系。

对两类蔬菜种植户农业环境保护意愿的描述性统计结果表明，整体来看，无公害蔬菜种植户农业环境保护意愿的均值略高于普通蔬菜种植户，但该差异在统计学上不显著。从两类蔬菜种植户农业环境保护是否愿意支付以及支付意愿程度来看，无公害蔬菜种植户愿意对农业环境保护支付者的占比显著高于普通蔬菜种植户，且支付意愿程度同样显著高于普通蔬菜种植户。

种植户农业环境保护基于责任感的内部动机和外部动机均显著正向增强了其农业环境保护意愿，基于愉悦感的内部动机的影响不显著；农业环境保护态度和农业环境认知在两类种植户中均存在显著性影响。

在种植户农业环境保护内部动机对其农业环境保护是否愿意支付的影响上，基于责任感的内部动机显著增加了种植户农业环境保护支付意愿的概率；基于愉悦感的内部动机的影响不显著。此外，与种植户农业环境保护意愿不同的是，农业环境保护外部动机显著负向影响了种植户的支付意愿，即外部动机水平越高，种植户越不愿意对农业环境保护进行支付；家庭年收入水平的提高对两类种植户农业环境保护支付意愿有显著正向影响。

在种植户农业环境保护内部动机对农业环境保护支付意愿程度的影响上，普通蔬菜种植户在25%分位数下，基于责任感的内部动机对其支付意愿程度无显著影响，但从整体来看，基于责任感的内部动机显著提高了两类种植户农业环境保护支付意愿的程度，基于愉悦感的内部动机影响方向不稳定，但均不显著，这一结果也可能意味着种植户更多的是源于责任感的内部动机来保护农业环境，保护农业环境本身并没有给种植户带来愉悦感；虽然外部动机影响不显著，但在模型中较为稳定，均为负向影响，进一步印证了对种植户是否愿意支付中的研究结果，农业环境保护外部动机较强的种植户更关注经济收益，虽然外部动机越强越显著增强了种植户农业环境保护意愿，但降低了其支付意愿程度，表现为外部动机越强，其越愿意保护农业环境，但不愿意对农业环境保护进行支付。此外，农业环境认知水平对两类种植户农业环境保护支付意愿程度均有显著正向影响。

对种植户基于责任感的内部动机和外部动机关系的验证结果表明，在种植户农业环境保护意愿上，二者在统计学意义上无显著差异，并未发现二者是否存在挤入或挤出效应。

第五章 种植户农业环境保护内部动机对农业环境保护行为的影响

农户农业生产行为是对农业环境产生影响的关键，农业环境问题的源头治理便在于促使农户农业生产行为向环境友好型生产行为转变。本章以普通蔬菜种植户和无公害蔬菜种植户调查样本为数据库，探讨种植户农业环境保护内部动机对其农业环境保护行为的影响，并进一步验证在农业环境保护行为层面上，种植户农业环境保护内部动机和外部动机是否兼容。

一 种植户农业环境保护行为现状

根据农户农业生产的特征及农户农业生产对农业环境的影响，本书的蔬菜种植户农业环境保护行为包括农药、化肥施用行为和农业生产废弃物处理行为。行为经济学对个体行为的测量最直接的手段为“是否”问题，即对某一行为直接测量有还是没有，但考虑到二分类变量与多分类变量相比，其测量结果可能掩盖测量信息甚至造成信息不完全，故本书在种植户农业环境保护行为的测量中采用多分类变量的形式，以更充分地反映种植户农业环境保护行为。种植户农药施用行为采用“您家蔬菜种植主要施用的农药类型是?”来衡量，选项包括：①高毒化学农药；

②低毒化学农药；③无公害生物农药；④不施药。化肥施用行为采用“您家蔬菜种植主要施用的化肥类型是?”来衡量，选项包括：①全部施用化肥；②以化肥为主；③化肥和有机肥用量差不多；④以有机肥为主；⑤全部施用有机肥。农业废弃物处理包括农药瓶（袋）、化肥袋和地膜处理，分别采用“您家蔬菜种植用完的农药瓶（袋）如何处理?”，“您家蔬菜种植用完的化肥袋如何处理?”和“您家蔬菜种植用过的地膜如何处理?”来衡量，选项包括：①随手丢弃在地头、水渠或路边；②烧掉或掩埋；③部分回收处理；④全部回收处理。其中如果种植户选择不施药，其农药瓶（袋）处理方式直接进入“全部回收处理”，这种数据编码方式一方面避免了数据缺失的弊端，另一方面按其对农业环境影响的属性直接进入本书设置的农药瓶（袋）处理方式中最优的选项，且从本书样本调查来看，不施药的种植户相对较少，本书认为这样的数据编码方式不会影响结果分析的真实性；与农药瓶（袋）处理类似，部分[①]完全施用有机肥的种植户，将其化肥袋处理方式标记为全部回收处理。

（一）全样本蔬菜种植户农业环境保护行为现状

表 5－1 给出了全样本蔬菜种植户农业环境保护行为的描述性统计分析，其中农业环境保护行为整体维度的测量以农药、化肥施用行为和农业生产废弃物处理行为的加总来表示。

① 此处用“部分”的原因在于，在数据调查过程中发现，较多完全施用有机肥的种植户也存在化肥袋处理行为，他们将发酵好的有机肥装入化肥袋，然后运至田间地头，当然，也有部分受访者直接用车装有机肥，没有用化肥袋，对于这些没有用化肥袋的种植户本书将其直接编码进入化肥袋全部回收处理者中，与不施药者的编码方式一致。

表 5－1　全样本蔬菜种植户农业环境保护行为描述性统计

变量	平均值	标准差	最小值	最大值	样本量
农药施用类型	1.867	0.972	1	4	1323
化肥施用类型	2.887	1.155	1	5	
农药瓶（袋）处理	2.420	1.019	1	4	
化肥袋处理	2.543	1.027	1	4	
地膜处理	2.520	0.992	1	4	
农业环境保护行为	12.237	3.310	5	21	

由表 5－1 分析可知，蔬菜种植户农药施用类型平均值得分相对较低，表明目前蔬菜种植过程中仍主要依赖化学农药的施用，其中施用无公害生物农药和不施药的种植户分别占比 33.71% 和 2.57%；从化肥施用类型来看，受访者以有机肥为主和全部施用有机肥分别占比 19.80% 和 12.70%，受访者仍主要依靠化肥投入；从农药瓶（袋）处理的方式来看，部分或全部回收处理者分别占比 32.66% 和 16.33%，仍有 50% 以上受访者选择随手丢弃在地头、水渠或路边，烧掉或掩埋处理；从化肥袋处理的方式来看，有 27.51% 的受访者选择部分回收处理，有 22.37% 的受访者选择全部回收处理；在地膜处理的方式中，有 27.44% 的受访者选择部分回收处理，有 20.41% 的受访者选择全部回收处理。从上述初步统计结果来看，在农业生产废弃物的处理中，化肥袋处理行为平均值得分略高。此外，从第四章蔬菜种植户农业环境保护意愿来看，普通蔬菜种植户和无公害蔬菜种植户农业环境保护意愿平均值均超过李克特五点量表的均值（区间为 1～5），但表 5－1 中蔬菜种植户农业环境保护行为平均值得分均低于取值区间的均值（区间为 5～21），初步说明了蔬菜种植户农业环境保护意愿并未完全转化为行为。

（二）普通蔬菜种植户农业环境保护行为现状

表 5－2 给出了普通蔬菜种植户农业环境保护行为的描述性

统计分析。其中受访者施用无公害生物农药和不施药分别占比31.32%和3.22%，表明普通蔬菜种植户以化学农药施用为主；以有机肥为主和全部施用有机肥者分别占比17.03%和8.42%，以化肥为主和全部施用化肥者累计占比62.06%，受访者仍主要依靠化肥投入；在农药瓶（袋）处理的方式中，选择部分回收处理、全部回收处理者分别占比28.86%和16.37%；在化肥袋处理的方式中，选择部分回收处理和全部回收处理的受访者分别占比22.61%和27.25%；在地膜处理的方式中，选择部分回收处理、全部回收处理者分别占比24.03%和22.33%。从普通蔬菜种植户农业生产废弃物处理来看，化肥袋处理行为平均值得分相对较高。此外，农业环境保护行为的综合得分低于取值范围的平均水平。

表5－2　普通蔬菜种植户农业环境保护行为描述性统计

变量	平均值	标准差	最小值	最大值	样本量
农药施用类型	1.864	0.968	1	4	1057
化肥施用类型	2.679	1.069	1	5	
农药瓶（袋）处理	2.359	1.036	1	4	
化肥袋处理	2.569	1.094	1	4	
地膜处理	2.500	1.035	1	4	
农业环境保护行为	11.970	3.381	6	21	

（三）无公害蔬菜种植户农业环境保护行为现状

表5－3给出了无公害蔬菜种植户农业环境保护行为的描述性统计分析，受访者农药施用类型中没有选择不施药者。其中施用无公害生物农药受访者占比43.23%；以有机肥为主和全部施用有机肥者分别占比30.83%、29.70%，表明受访者施用有机肥占比相对较高；在农药瓶（袋）处理的方式中，有47.74%的受

访者选择部分回收处理，有16.17%的受访者表示全部回收处理；在化肥袋处理的方式中，全部和部分回收处理者累计占比50.00%；在地膜处理的方式中，选择全部和部分回收处理者累计占比53.76%。从整体来看，农业环境保护行为综合得分略高于取值区间的均值。

表5-3　无公害蔬菜种植户农业环境保护行为描述性统计

变量	平均值	标准差	最小值	最大值	样本量
农药施用类型	1.880	0.987	1	3	266
化肥施用类型	3.711	1.117	1	5	
农药瓶（袋）处理	2.662	0.910	1	4	
化肥袋处理	2.444	0.694	1	4	
地膜处理	2.602	0.791	1	4	
农业环境保护行为	13.297	2.773	5	20	

（四）两类蔬菜种植户农业环境保护行为差异分析

通过上述对普通蔬菜种植户和无公害蔬菜种植户农业环境保护行为的初步描述，除化肥袋处理行为外，其他方面无公害蔬菜种植户平均值得分略高。为进一步分析两类种植户农业环境保护行为的不同是否具有统计学意义，采用T检验法进行分析，结果见表5-4。

表5-4　普通、无公害蔬菜种植户农业环境保护行为差异

变量	普通蔬菜种植户平均值	无公害蔬菜种植户平均值	T统计量	自由度	p值
农药施用类型	1.864	1.880	0.236	403.030	0.813
化肥施用类型	2.679	3.711	13.573***	395.880	0.000
农药瓶（袋）处理	2.359	2.662	4.716***	453.800	0.000
化肥袋处理	2.569	2.444	2.304**	637.270	0.022

续表

变量	普通蔬菜种植户平均值	无公害蔬菜种植户平均值	T 统计量	自由度	p 值
地膜处理	2.500	2.602	1.758*	518.720	0.079
农业环境保护行为	11.970	13.297	6.660***	483.370	0.000

注：*、** 和 *** 分别表示在 10%、5% 和 1% 的水平下显著。

由表 5-4 分析可知，在农药施用行为上，无公害蔬菜种植户平均值得分略高，但不显著；在化肥施用行为上，无公害蔬菜种植户平均值得分显著高于普通蔬菜种植户；在农业生产废弃物处理上，农药瓶（袋）和地膜处理均表现为无公害蔬菜种植户平均值得分显著高于普通蔬菜种植户，但在化肥袋处理方面，普通蔬菜种植户平均值得分显著高于无公害蔬菜种植户，可能是无公害蔬菜种植户有机肥施用比例较高的原因。从整体来看，无公害蔬菜种植户农业环境保护行为平均值得分显著高于普通蔬菜种植户。

二 内部动机对行为影响的变量选取、理论分析模型构建及研究方法

（一）变量选取的依据

随着中国粮食产量的连年增长和人们生活水平的提高，传统农业生产力低下造成的粮食数量供需矛盾逐渐向人们对食品安全需求增加与安全农产品有效供给不足的矛盾转变。虽然农产品从生产到加工等环节均可能造成食品安全风险的增加，但普遍认为食品安全风险的主因是农户对农药、化肥等的不合理施用，特别是蔬菜等经济作物由于高市场收益的特征，造成农户对农药、化肥等不合理施用尤为严重，鉴于此，中央政府提出农业供给侧结构性改革，力推传统农业由主要满足农产品数量的需求向更加注

重满足质量需求的现代农业转变，明确提出以优质、安全和绿色发展为导向的质量兴农理念。因此，切实加强农业环境保护和源头治理，全面提升农产品质量和食品安全水平是新的历史阶段中国农业发展的必然选择，农户农业环境保护行为的研究已成为近年来学术界关注的焦点。

目前学术界对农户农业环境保护行为的研究主要分为两类：第一，以意愿作为行为的代理变量研究农户农业环境保护行为，其研究的实质是农户的意愿；第二，直接研究农户农业环境保护的真实行为。虽然普遍认为行为的前项为意愿，但在实际分析中，显然意愿并不等同于行为，二者存在显著的差异（傅新红、宋汶庭，2010），且本书第四章已专门探讨了蔬菜种植户农业环境保护意愿，因此，本章意义上的行为指农户农业环境保护的真实行为，而非意愿，故在对已有研究的回顾中关注的是农户农业环境保护行为，不包括意愿。

与农户农业环境保护意愿的研究较为类似，目前学术界对农户农业环境保护行为的探索逐渐形成以农户个体特征、家庭特征、种植特征、认知特征和外部环境因素等为逻辑主线的行为经济学分析常用范式（Fan et al.，2015；Jallow et al.，2017；Pan et al.，2017；Woods et al.，2017）。

（1）农户个体特征对农业环境保护行为的影响

个体特征主要包括性别、年龄、受教育程度、政治身份和风险规避程度等。一般认为，农业生产者性别差异影响其农药施用行为（Kruger and Polanski，2011），在中国农村地区，农业生产力主要为男性，男性对国家禁用农药的了解程度较高，施用禁用农药的可能性较低（冯忠泽、李庆江，2007）；较大的年龄使农户体力下降，造成农户对农家肥施用量减少，化肥用量增多（阎建忠等，2010）；受教育程度较高使得农户更加了解农业环境污染，随着受教育程度的提高，农户更可能采用秸秆还田的方式处理秸秆；农村村干部身份能显著增加农户耕地保护性投入（杨志海等，2015）；中国农民收入水平普遍偏低，其风险规避程度较高，在农业增产和农业环境保护中通常选择前者，较高的风险规避程度使农户为避免可能的农业产出损失，往往施用大量化肥，甚至化肥用量远超过经济意义上的最优用量（米建伟等，2012；仇焕广等，2014）。

（2）农户家庭特征对农业环境保护行为的影响

农户家庭特征主要包括家庭人口数、农业劳动力人数、家庭年收入和农业收入占家庭总收入比例等。其中家庭人口数越多，越会减小农户采用安全农药施用行为的可能性（黄祖辉、钱峰燕，2005）；通常认为，农药、化肥等现代农业生产要素的引入，逐渐解放了农业劳动力，导致农业生产领域所需劳动力大量减少（刘伟等，2015），较多的家庭农业劳动力数量可以形成对现代农业生产要素的反向替代，减少农药、化肥等的投入；农户家庭年收入越高，越会提升其农药购买的支付能力，农业收入占比越高，对农业产出的依赖性越大，以农业为主要收入来源的家庭更倾向施用更多的农药（李光泗等，2007）。

（3）农户种植特征对农业环境保护行为的影响

农户种植特征主要包括种植规模、种植年限等。农户种植规模与规范的农药施用行为正相关（张云华等，2004），随着种植规模的扩大，农户购买农药的相对支出逐渐下降（麻丽平、霍学喜，2015），但也有研究表明，种植规模与农户购买不安全农药的种类正相关（王永强、朱玉春，2012）；随着种植年限的增加，农户长期积累的种植习惯更难改变，因此更不愿采用无公害生物农药（Abdollahzadeh et al.，2015）。

（4）农户认知特征对农业环境保护行为的影响

认知是个体行为决策的前提，虽然认知不一定引发期望行为，但中国农户农业环境的认知现状仍是制约农业环境优化提升的因素之一（王常伟、顾海英，2012）；环境意识淡薄、对农业环境的认知程度不高，造成了农户施肥方法与技术的不合理（张玲敏、马文奇，2001）；对农药施用危害性的认知程度的提升均在不同程度上减少了农药施用（蔡荣、韩洪云，2012）。

（5）外部条件因素对农户农业环境保护行为的影响

外部条件因素主要包括农户是否加入合作社、是否参加农业生产技术培训、政府对农产品质量检测等。其中，有效的农业生产合作社可以为社员提供农药、化肥施用的知识和技能，从而规范农户对农药和化肥的合理投入（王建华等，2014b；卫龙宝、李静，2014）；政府或其他组织举办的农药施用知识培训，可以加强农户对农药施用知识的了解，进而有助于农户降低农药施用量（朱淀等，2014）；对农药残留的检测显著降低了农户农药用量，农产品质量检测对食品安全具有重要作用（李治祥，2002）。

（二）变量选取及理论模型构建

上述农户农业环境保护行为的研究为本书提供了丰富的理论指导和经验借鉴，以本书的理论分析框架为基础，结合前人研究的经验证据（李昊等，2017b，2018c），对种植户农业环境保护行为的变量选取包括四个部分：核心变量、计划行为理论变量、核心控制变量和其他控制变量。

1. 核心变量、计划行为理论变量与核心控制变量

（1）核心变量

本书研究的主要目的在于探讨蔬菜种植户农业环境保护内部动机对农业环境保护行为的影响，故种植户农业环境保护内部动机是本书关注的核心变量。此外，虽然第四章分析结果表明种植户农业环境保护基于愉悦感的内部动机对农业环境保护意愿没有显著影响，但为保证结果的稳健性及分析种植户农业环境保护意愿和行为的差异，本章仍然考虑内部动机的两个维度，即基于愉

悦感的内部动机与基于责任感的内部动机。预期基于责任感的内部动机对种植户农业环境保护行为有积极影响，对基于愉悦感内部动机的影响不做预期。

（2）计划行为理论变量与核心控制变量

计划行为理论对个体行为的分析是通过态度、主观规范和感知行为控制影响个体意愿，进而影响其行为，其中感知行为控制可能对行为有影响，态度和主观规范仅通过意愿影响行为，按此理论逻辑，对种植户农业环境保护行为的分析应包括可能具有影响的感知行为控制和农业环境保护意愿。由于行为的产生通常源于其意愿，故预期种植户农业环境保护意愿对农业环境保护行为有正向影响；感知行为控制体现了行为的执行能力，预期感知行为控制越强，越会促进种植户农业环境保护行为的出现。

与种植户农业环境保护意愿分析一致，种植户农业环境保护内部动机相对的是外部动机，即种植户农业环境保护行为的出现可能主要源于其内部动机，也可能主要源于外部动机，故将种植户农业环境保护的外部动机作为内部动机的控制变量。与内部动机一致，预期较强的农业环境保护外部动机同样促进种植户农业环境保护行为的出现。

需要说明的是，本书对种植户农业环境保护外部动机维度的测量虽然包括农药、化肥和地膜的处理等，但本书在对种植户农药、化肥施用和农业废弃物处理等单独行为分析中仍将外部动机作为整体，原因如下：第一，对种植户农业环境保护动机的研究目前仍处于探索阶段，作为探索性研究其结果的稳健性尤为重要，在目前尚无种植户农业环境保护外部动机成熟测量量表的情况下，本书对种植户不同农业环境保护行为的研究仍将外部动机视为整体，避免单变量测量造成结果的较大偏差；第二，前文对蔬菜种植户农业环境保护外部动机维度的信度检验和因子分析的结果表明，外部动机的组成信度较高且外部动机具有单一维度属性，至少在本书所调查的蔬菜种植户数据上，有理由相信将外部动机作为整体进行分析使结果更为稳健。

2. 其他控制变量

按照目前学术界对农户农业环境保护行为的研究，本书选取蔬菜种植户个体特征、家庭特征、种植特征、农业环境认知和外部条件因素作为其他控制变量。

（1）种植户个体特征

种植户个体特征主要包括性别、年龄、受教育程度、风险规避程度、党员和村干部身份、身体健康状况。在中国农村地区，男性通常是农业生产的主要劳动力，养家的责任可能使男性对农业环境保护问题关注不足；种植户年龄的增长会减弱其劳动能力，使其对农药、化肥等生产资料依赖性更强，预期年龄越大越不利于农业环境保护；较高的受教育程度能增加种植户对农业环境保护知识的了解，对新知识和新技术的应用推广也相对容易接受，预期对农业环境保护行为有积极影响；风险规避程度的影响在不同的行为中可能不同，对于农药、化肥施用行为来讲，风险规避程度越高，种植户越担心蔬菜种植产量下降等的风险，导致其对农药、化肥施用不合理的可能性增大，但对农业生产废弃物处理来讲，合理地处置农业生产废弃物不会明显增加种植户经济成本，且有利于减少农业环境污染，对蔬菜种植有利，故预期该变量对农药、化肥施用行为有不利影响，但对农业生产废弃物处理有积极影响；党员和村干部身份在农村地区通常有模范带头作用，且相对普通种植户来说，具有党员和村干部身份的农户也更容易接触到当地农业环境治理的政策措施，预期正向影响其农业环境保护行为；身体健康状况越好，越可能以人力资本代替农药、化肥等生产要素投入，但农户身体健康状况越好，也可能增加其外出务工机会，减少其对农业环境的关注，故对该变量不做预期。

（2）种植户家庭特征

种植户家庭特征包括家庭人口数、农业劳动力人数、家庭年收入和蔬菜种植收入占比。家庭人口数越多，可能造成农户家庭生计压力越大，从而可能会弱化农业生产中其对农业环境的关注；家庭农业劳动力人数越多，越可能将更多劳动力投入农业生产，减少对农药、化肥等的依赖，预期对农业环境保护行为的出现有积极影响；与种植户农业环境保护意愿类似，家庭年收入对种植户农业环境保护的影响可能存在两方面效应，而关键在于家庭收入的主要来源，若家庭收入主要源于蔬菜种植收入，种植户的风险规避性可能更强，更加担心蔬菜减产等带来蔬菜种植收入和家庭年收入的降低，若家庭收入主要源于非农收入，可能以更多生产要素投入来“解放”农业劳动力，为劳动力进城务工提供条件，也可能家庭收入水平越高，使种植户更具有环境保护倾向，进而促进农业环境保护行为的出现，故家庭年收入仅作为控制变量，对其不做预期；蔬菜种植收入占比越高，越可能对种植户农业环境保护行为产生不利影响。

（3）种植户种植特征

种植户种植特征包括蔬菜种植面积和蔬菜种植年限。蔬菜种植面积的影响不确定，虽有研究表明随着种植规模的扩大，种植户较高的风险规避程度使其对农药、化肥的施用量等明显增加，但在实际调查过程中发现，也有部分种植户受生产成本的限制及对一次性大量支出的“不舍”，导致其对农业生产要素的投入并未与种植规模成比例增长，故对该变量不做预期；蔬菜种植年限越长，越可能导致种植户传统生产习惯较难改变，但也可能增加其蔬菜种植经验，促进其对农业生产要素的合理投入，故对该变量不做预期。

（4）种植户农业环境认知

认知是影响行为的关键，农户对农药、化肥等的不合理投入往往由于对其不合理投入的结果认识不足，故预期种植户农业环境认知程度越高，越会促进其农业环境保护行为的出现。

需要说明的是，与种植户农业环境保护外部动机类似，本书对种植户农业环境认知包括农药、化肥和地膜等对农业环境造成影响的认知，但由于通过检验得到种植户农业环境认知的信度较高且出于结果稳健性的考虑，本书仍将其作为整体维度，在分析不同行为时，根据验证目的和研究方法的需要，将其加总平均或以潜变量形式出现。

（5）外部条件因素

对种植户农业环境保护行为可能存在影响的外部条件因素包括是否加入合作社、是否接受种植培训和质量检测。有效的合作社往往为社员提供更加合理的农药、化肥施用标准等的指导，故预期对种植户农业环境保护行为有积极影响；接受蔬菜种植培训越多，越可能提高种植户蔬菜种植管理水平，促进其农业生产要素的合理投入，预期正向影响其农业环境保护行为；与种植户农业环境保护意愿不同，本书预期农产品质量检测对农业环境保护行为有积极影响，农产品质量检测虽然可能并不是种植户愿意接受的约束，但这一刚性约束可合理规范种植户行为。

本书对蔬菜种植户农业环境保护行为分析中，所选取的变量见表5－5。

表5－5　种植户农业环境保护行为变量选取及理论预期

变量类型	变量	测量方式	预期
核心变量	基于愉悦感的内部动机（I_1）	李克特五点量表潜变量（见表3－30）	+/－
	基于责任感的内部动机（I_2）	李克特五点量表潜变量（见表3－30）	+
感知行为控制（PBC）	保护农业环境能力（PBC_1）	完全没有＝1；基本没有＝2；一般＝3；有＝4；肯定有＝5	+
	保护农业环境机会（PBC_2）	完全没有＝1；基本没有＝2；一般＝3；有＝4；肯定有＝5	

续表

变量类型	变量	测量方式	预期
感知行为控制（PBC）	保护农业环境难易（PBC_3）	很困难=1；比较困难=2；一般=3；容易=4；非常容易=5	+
	保护农业环境措施（PBC_4）	完全不同意=1；不同意=2；一般=3；同意=4；完全同意=5	
农业环境保护意愿（W）	保护农业环境（W_1）	非常不愿意=1；不愿意=2；一般=3；愿意=4；非常愿意=5	+
	减少农药、化肥施用（W_2）	非常不愿意=1；不愿意=2；一般=3；愿意=4；非常愿意=5	
	用无公害生物农药和有机肥替代一般农药和化肥（W_3）	非常不愿意=1；不愿意=2；一般=3；愿意=4；非常愿意=5	
	农业生产废弃物回收处理（W_4）	非常不愿意=1；不愿意=2；一般=3；愿意=4；非常愿意=5	
	学习农业环境保护知识和技术（W_5）	非常不愿意=1；不愿意=2；一般=3；愿意=4；非常愿意=5	
外部动机	农业环境保护外部动机（E）	李克特五点量表潜变量（见表3-37）	+
个体特征	性别（Gender）	男=1；女=0	-
	年龄（Age）	实际年龄	-
	受教育程度（EDU）	未上过学=0；小学=1；初中=2；高中=3；高中以上=4	+
	风险规避程度（Risk）	风险偏好=1；风险中性=2；风险规避=3	+/-
	党员（PM）	是=1；否=0	+
	村干部（Leader）	是=1；否=0	+
	身体健康状况（Health）	非常差=1；较差=2；一般=3；较好=4；非常好=5	+/-
家庭特征	家庭人口数（PO）	家庭实际人口数	-
	农业劳动力人数（APO）	家庭从事农业生产的人数	+
	家庭年收入（Income）	过去一年家庭总收入	+/-
	蔬菜种植收入占比（Ratio）	蔬菜种植收入占总收入比例	-
种植特征	蔬菜种植面积（FZ）	蔬菜种植了多少亩	+/-
	蔬菜种植年限（Year）	从事蔬菜种植多少年	+/-

续表

变量类型	变量	测量方式	预期
农业环境认知（C）	农业环境污染程度（C_1）	无污染 =1；污染较轻 =2；一般 =3；较重 =4；非常严重 =5	+
	施用农药污染（C_2）	肯定不会 =1；应该不会 =2；一般 =3；应该会 =4；肯定会 =5	
	施用化肥污染（C_3）	肯定不会 =1；应该不会 =2；一般 =3；应该会 =4；肯定会 =5	
	未发酵有机肥污染（C_4）	肯定不会 =1；应该不会 =2；一般 =3；应该会 =4；肯定会 =5	
	农药瓶（袋）污染（C_5）	肯定不会 =1；应该不会 =2；一般 =3；应该会 =4；肯定会 =5	
	化肥袋污染（C_6）	肯定不会 =1；应该不会 =2；一般 =3；应该会 =4；肯定会 =5	
	废弃地膜污染（C_7）	肯定不会 =1；应该不会 =2；一般 =3；应该会 =4；肯定会 =5	
外部条件因素	是否加入合作社（*COOP*）	是 =1；否 =0	+
	接受种植培训（*Train*）	无 =1；偶尔有 =2；一般 =3；较多 =4；培训非常多 =5	+
	质量检测（*Check*）	没有 =1；很少 =2；一般 =3；较多 =4；非常多 =5	+
地区控制变量	山西省（*SX*）	山西省 =1；其余 =0	+/-
	山东省（*SD*）	山东省 =1；其余 =0	+/-
	河南省（*HN*）	河南省 =1；其余 =0	+/-
	太白县（*TB*）	太白县 =1；其余 =0	+/-

基于上述分析，在本书所构建的理论分析框架的指导下，本章构建了包括种植户农业环境保护内部动机和外部动机、感知行为控制、农业环境保护意愿、个体特征、家庭特征、种植特征、农业环境认知、外部条件因素并考虑地区差异的理论分析模型：

$$B = F(Intrinsic, Extrinsic, Perceived\ Behavioral\ Control, Willingness, Individuality, Family, Planting, External\text{-}Condition, Cognition, Region) \quad (5-1)$$

其中，B 为种植户农业环境保护意愿，其余变量含义同上文。

（三）研究方法

1. 多元线性回归模型与有先验信息的贝叶斯多元线性回归模型

（1）多元线性回归模型及贝叶斯多元线性回归模型

本书采用多元线性回归模型对蔬菜种植户农药、化肥施用行为进行分析，种植户农药、化肥施用行为作为因变量，种植户农业环境保护内、外部动机和意愿等作为自变量［见公式（3－8）］。同时为保证分析结果的稳健性，采用贝叶斯多元线性回归模型进行估计。由于目前学术界对农户化肥施用行为研究相对较少，故本书对种植户化肥施用行为的贝叶斯多元线性回归模型采用无先验信息的方式。

（2）贝叶斯多元线性回归模型的先验信息——Meta 分析

与对农户化肥施用行为的研究相比，目前学术界对农户农药施用行为的研究较多，这为本书种植户农药施用行为的研究提供了较为丰富的经验证据。与传统频率统计相比，贝叶斯估计更为灵活，在有信息的情况下采用先验信息来推断后验分布，使分析结果更为贴近现实，故本书将目前对中国农户农药施用行为的研究作为先验信息来推断后验分布，对本书蔬菜种植户农药施用行为估计的各自变量中，如存在先验信息则采用先验信息进行估计，无先验信息则采用无先验信息进行估计，以期得出更为稳健的结果，先验信息的计算采用 Meta 分析方法。

Meta 分析是一项可整合多个独立研究、得出更为稳健结果的统计技术（Morren and Grinstein，2016；李昊等，2017d），广泛应用于医学领域。随着学科间交叉化和边缘化以及方法学的不断渗透，近年来该分析方法被逐渐引入心理学、社会学和经济学等研究领域。鉴于本书所需的种植户农药施用行为影响因素的先验信息是在允许异质性存在的情况下，中国农户农药施用行为影响因素的回归系数，故采用 Meta 分析方法估计中国农户农药施用行为影响因素的系数。Meta 分析过程主要包括数据筛选及效应量选择、固定或随机效应模型选取、发表偏倚检验和矫正。而后根据效应量大小考虑各变量的重要性，提供先验信息运用本书所调查的数据推断后验分布。

第一，数据筛选及效应量选择。数据筛选过程主要是确定需要入选的文献标准。效应量选择的关键是使不同研究具有可比性，根据 Hunter 和 Schmidt（2004）的建议，本书选取与样本量无关且无量纲的 Cohen's d 作为效应量，公式为：

$$EF = \frac{\overline{X_t} - \overline{Y_t}}{S_{pool}^2} \tag{5-2}$$

$$S_{pool}^2 = \frac{(n_X - 1) S_X^2 + (n_Y - 1) S_Y^2}{n_X + n_Y - 2} \tag{5-3}$$

式中 EF 为效应量 Cohen's d；$\overline{X_t}$为实验组均值；$\overline{Y_t}$为对照组均值；S_{pool}^2为组间方差；n_X 和 n_Y 分别为实验组和对照组的样本量；S_X^2 和 S_Y^2 分别为实验组和对照组的方差。

经济分析通常没有实验组和对照组，回归分析是常见的研究方式，其效应量需通过转化得到 Cohen's d，效应量大于零表示正向影响，小于零则为负向影响，进而通过显著性检验判断其显著性。转换方式请参考 Lipsey 和 Wilson（2001）的研究，由于公式过多，此处从略。

第二，固定或随机效应模型选取。固定或随机效应模型的目的在于整合效应量，最为常见的方式为倒方差法①。固定效应模型假设研究的样本来源是同质的，总体中存在一个真实的效应量；随机效应模型放宽了该假设，认为样本来源可以是异质的，

① 倒方差法的目的是赋予不同研究不同的权重，方差与研究的样本量有关，样本量越大，方差越小，方差倒数越大，即样本量越大的研究所赋权重越大。

即效应量符合一定的分布，通常为正态分布，在效应量整合时应考虑组间方差的影响。模型选取的关键在于检验组间方差是否为零，本书选择 Q 统计量进行检验（Pigott，2012）。公式如下：

$$\hat{\theta}_k = \theta + u_k + \sigma_k \varepsilon_k$$

$$\varepsilon_k \xrightarrow{\text{i. i. d.}} \mathrm{N}(0,1) \tag{5-4}$$

$$u_k \xrightarrow{\text{i. i. d.}} \mathrm{N}(0,\tau^2)$$

$$w_k = \frac{1}{\hat{\sigma}_k^2 + \hat{\tau}^2} \tag{5-5}$$

$$Q = \sum_{k=1}^{K} w_k \left(\hat{\theta}_k - \frac{\sum_{k=1}^{K} w_k \hat{\theta}_k}{\sum_{k=1}^{K} w_k} \right)^2 \tag{5-6}$$

式中 $\hat{\theta}_k$ 为效应量估计值；θ 为真实效应量；u_k 为组间效应；σ_k 为效应量的标准差；ε_k 为测量误差；w_k 为倒方差权重；$\hat{\sigma}_k^2$ 为效应量方差估计值；τ^2 为组间方差；$\hat{\tau}^2$ 为组间方差估计值；Q 为异质性检验 Q 统计量。当 $\tau^2=0$ 时，随机效应模型变为固定效应模型。

第三，发表偏倚检验和矫正。发表偏倚是社会科学研究中常见的小样本效应，即通过显著性检验的结果更容易发表，尤其是样本量较小且显著的结果（Franco et al.，2014）。发表偏倚会降低分析结果的精度，甚至可能带来误导性结论。本书用倒漏斗图和线性回归方法检验发表偏倚（Moreno et al.，2009），存在发表偏倚则用非参数剪补法（Trim and Fill）矫正，填补缺失文献，进而估计矫正后的效应量及其显著性。

通过上述步骤计算本书蔬菜种植户农药施用行为分析中有先验信息自变量的先验信息。

2. 似不相关回归模型和贝叶斯似不相关回归模型

在对农户行为的实证分析中，传统的单方程估计通常针对不同行为单独估计，假设不同行为之间没有相关性，但从本书研究的蔬菜种植户农业环境保护行为来看，农药瓶（袋）、化肥袋和地膜处理均为农业生产废弃物的处理行为，三个行为在一定程度上可能存在相关性，若仍采用传统单方程估计而忽视行为间的相关性，可能造成模型估计偏误，从而得出有偏或错误的结论。故为排除上述估计偏差的可能性，本书对种植户农业生产废弃物处理行为采用似不相关回归（Seemingly Unrelated Regression，SUR）模型进行分析，即考虑种植户在农药瓶（袋）、化肥袋和地膜处理行为上可能存在的相关性，公式如下：

$$y_{ni} = x_{ji}\beta_j + \varepsilon_n \tag{5-7}$$

$$\begin{pmatrix} \varepsilon_1 \\ \vdots \\ \varepsilon_n \end{pmatrix} = \begin{pmatrix} 1 & \cdots & \rho_{1n} \\ \vdots & \ddots & \vdots \\ \rho_{n1} & \cdots & \rho_{nn} \end{pmatrix} \tag{5-8}$$

式中，y_{ni}为第 i 个个体第 n 种行为；x_{ji}为第 i 个个体第 j 个自变量；ε_n 为残差项；ρ_{nn}为相关系数，当公式（5－8）矩阵中非对角线元素不为零且显著时，代表残差相关，也说明对不同行为的分析考虑相关性是合理的。此外，按照本书对数据稳健性要求的分析逻辑，同时给出无先验信息的贝叶斯似不相关回归（Bayesian Seemingly Unrelated Regression，BSUR）模型作为分析结果的稳健性检验。

3. 贝叶斯非线性结构方程模型

为从整体角度检视蔬菜种植户农业环境保护行为，本书将种植户农药、化肥施用行为和农业生产废弃物处理行为的赋值加总，同时，为分析蔬菜种植户农业环境保护内部动机、外部动机与农业环境保护行为的关系，本书采用贝叶斯非线性结构方程模型处理含有潜变量的交互项［见模型（4－11）、模型（4－12）］。

三　种植户农业环境保护内部动机对农业环境保护行为的影响分析

（一）内部动机与种植户农药施用行为

1. 贝叶斯先验信息选择——Meta分析

（1）数据来源

农户农药施用行为的Meta分析数据来源于已公开发表的期刊论文。中文检索数据库包括中国知网、万方数据知识服务平台和维普期刊资源整合服务平台，英文检索数据库包括Web of Science、Elsevier、SpringerLink、Wiley Online Library、ProQuest、SAGE和谷歌学术等。中文检索词包括农药、行为、影响因素、选择、施用、安全、农户、过量、环境友好、环境等及其组合，英文检索词为Pesticide（s）、Behavior、（Influence）Factor（s）、Decision-making、Choice、Overuse、Safety、Farmer（s）、Environment-friendly、Pest（Control）等及其组合。初步检索得到文献记录10380篇，删除重复记录剩余7409篇，通过题目和摘要阅读剔除不相关文献7242篇，进而通过全文阅读，补充原文参考文献被引用但未被检索过程检索出的遗漏文献7篇，最后通过如下标准确定本书所用样本量31篇。

第一，原文写作语言为中文或英文，其他语言不在检索之列。

第二，考虑到本书数据分析受不同区域样本的控制，Meta分析中研究区域为中国境内，有明确的东部、中部、西部地域样本区分，将跨三大地理区域或全国水平的研究，且未明确区分样本来源的文献排除。

第三，原文为农户个体层面农药施用行为影响因素的量化研究，有不同因素与行为之间的量化关系，将综述类、描述性统计类及其他非量化研究排除。

第四，原文明确报告效应量 Cohen's d 或提供足够信息可通过计算转化为效应量及其方差、标准差，提供明确的有效样本量。

第五，为确保研究间的独立性，对相同数据来源分别发表在不同期刊的文献，选择其中量化分析更为全面的文献作为本书样本纳入。

通过上述标准，本书所选取的数据来源及编码如表 5－6 所示。

表 5－6　Meta 分析数据来源及编码

第一作者	发表年份	期刊名称	研究区域	样本量
瞿逸舟	2013	黑龙江农业科学	东部	237
胡定寰	2006	中国农村经济	东部	126
方秋平	2011	南京农业大学学报（社会科学版）	东部	490
方学伟	2014	江苏农业科学	西部	400
牛亚丽	2014	四川农业大学学报	东部	484
毛飞	2011	农业技术经济	西部	462
娄博杰	2014	农村经济	东部	474
王永强	2013	经济与管理研究	西部	285
朱淀	2014	中国农村经济	东部	648
田云	2015	中国农村观察	中部	387
江激宇	2012	农业技术经济	东部	151
蔡荣	2012	中国农业大学学报	东部	348
李秀义	2013	西安电子科技大学学报（社会科学版）	东部	335
吴林海	2011	自然辩证法通讯	中部	233
邢永华	2014	环境卫生学杂志	西部	249
王常伟	2013	管理世界	东部	643

续表

第一作者	发表年份	期刊名称	研究区域	样本量
王志刚	2012	中国人口·资源与环境	东部	392
魏欣	2012	统计与决策	西部	220
贾雪莉	2011	林业经济问题	东部	182
蔡书凯	2011	中国农业科学	中部	596
赵连阁	2013	中国农村经济	中部	287
李光泗	2007	农村经济	东部	440
周峰	2008	经济问题	东部	181
童霞	2011	农业技术经济	东部	237
周峰	2007	南京农业大学学报（社会科学版）	东部	331
高晨雪	2013	农业技术经济	中部	264
Liangxin Fan	2015	*Science of the Total Environment*	西部	79
Dongpo Li	2012	*Journal of the Faculty of Agriculture*	东部	199
Yazhen Gong	2016	*Agricultural Economics*	西部	259
Jiehong Zhou	2009	*Food Control*	东部	507
Yongqiang Wang	2015	*Food Control*	西部	472

（2）分析结果

基于效应量个数不低于5的经验法则，选取目前对农户行为影响因素研究的实证结果，通过Q检验判定选择固定或随机效应模型，估计结果见表5－7。

农户性别、年龄、受教育程度、家庭年收入、农业劳动力人数、蔬菜种植面积、蔬菜种植收入占比和接受种植培训存在异质性，为随机效应模型估计结果；家庭人口数、农业环境认知、蔬菜种植年限和是否加入合作社的异质性检验不显著，为固定效应模型估计结果。农户年龄、农业环境认知和蔬菜种植面积存在发表偏倚，故采用非参数Trim and Fill法进行校正，结果见表5－8，发表偏倚校正的倒漏斗图见图5－1。

表 5－7 贝叶斯先验估计

变量	效应量	标准误	Z_{EF}	P_{EF}	95% 置信区间		Q	P_Q	Z_B	P_B	n	N
					下限	上限						
Gender	-0.129	0.097	-1.328	0.184	-0.320	0.062	23.024	0.028**	0.547	0.596	13	4411
Age	0.014	0.031	0.457	0.648	-0.047	0.075	66.738	0.000***	-2.033	0.051*	31	10406
EDU	0.165***	0.045	3.665	0.000	0.077	0.254	52.463	0.013**	1.162	0.254	33	10249
PO	-0.011	0.045	-0.252	0.801	-0.100	0.077	7.570	0.911	1.325	0.208	15	3738
Income	0.016	0.081	0.191	0.848	-0.143	0.174	38.095	0.002***	1.271	0.222	18	4359
APO	0.028	0.077	0.362	0.717	-0.123	0.179	18.191	0.052*	0.276	0.789	11	3208
C	0.059	0.101	0.583	0.560	-0.140	0.258	2.050	0.915	4.096	0.009***	7	1714
FZ	0.024	0.020	1.166	0.244	-0.016	0.063	36.039	0.030**	2.119	0.046**	23	7059
Year	-0.062**	0.027	-2.325	0.020	-0.113	-0.010	16.336	0.360	0.372	0.715	16	5852
Ratio	-0.193***	0.066	-2.912	0.004	-0.323	-0.063	43.803	0.000***	-1.695	0.116	14	5405
Train	0.365***	0.081	4.500	0.000	0.206	0.524	29.830	0.054*	1.571	0.134	20	5365
COOP	0.160	0.153	1.044	0.297	-0.140	0.459	2.780	0.905	1.061	0.329	8	2710

注：Z_{EF}为综合效应量Z统计量；P_{EF}为效应量显著性检验p值；Q为异质性检验Q统计量；P_Q为异质性检验显著性p值；Z_B为发表偏倚检验Z统计量；P_B为发表偏倚显著性检验p值；n为效应量数；N为总样本量；*、**、***分别表示在10%、5%和1%的水平下显著。

表 5－8 发表偏倚的非参数校正

变量	效应量	标准误	Z_{EF}	P_{EF}	95% 置信区间		Q	P_Q	方向	N_S	SE_N
					下限	上限					
Age	0.076**	0.033	2.265	0.024	0.010	0.141	112.419	0.000***	右侧	10	3.578
C	0.018	0.096	0.191	0.848	-0.169	0.206	3.575	0.937	左侧	3	1.685
FZ	0.012	0.036	0.325	0.745	-0.059	0.082	66.543	0.000***	左侧	6	3.198

注：N_S为用非参数Trim and Fill法矫正填补文献的数量；SE_N为N_S的标准误；**、***分别表示在5%、1%的水平下显著。

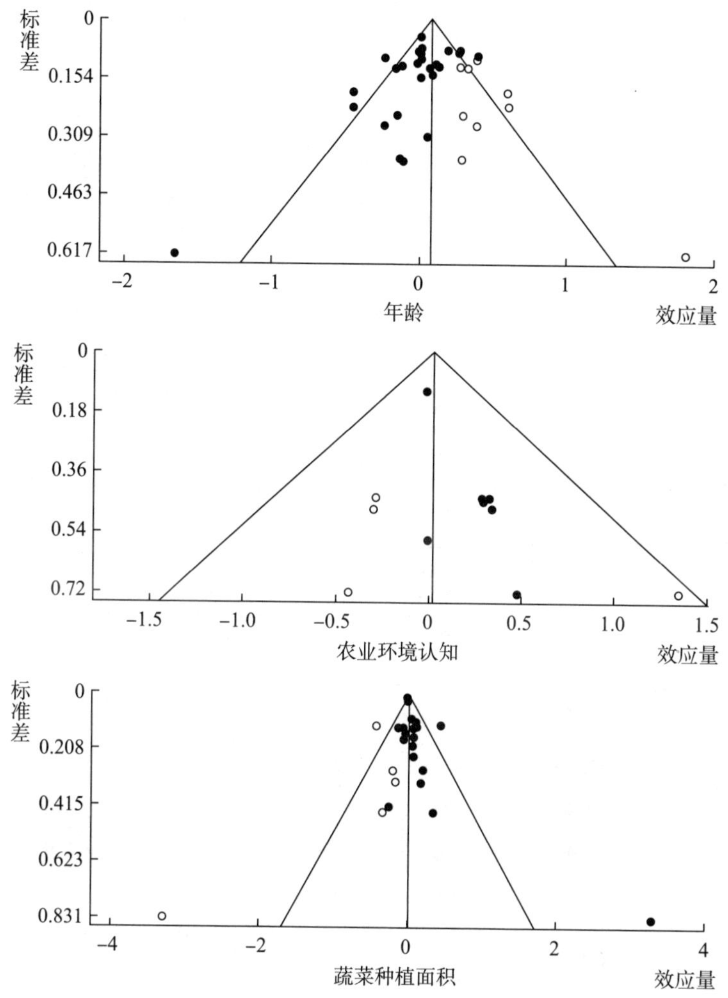

图 5－1 Meta 分析发表偏倚校正漏斗图

注：年龄与蔬菜种植面积所对应图的纵轴并非等间距。

由图 5－1 分析可知，年龄、农业环境认知和蔬菜种植面积在经过发表偏倚校正后，年龄在倒漏斗图右侧补充 10 篇文献，农业环境认知在倒漏斗图左侧补充 3 篇文献，蔬菜种植面积在倒漏斗图左侧补充 6 篇文献。由表 5－7 和表 5－8 分析可知，农户受教育程度、蔬菜种植年限、蔬菜种植收入占比、接受种植培训均对农户农药施用行为有显著影响；农户年龄的影响在发表偏倚矫正后显著为正。

将上述 Meta 分析结果经过效应量转化过程的反向转化后作为本书蔬菜种植户农药施用行为贝叶斯估计的先验信息，以提高模型估计精度，其中年龄、农业环境认知和蔬菜种植面积采用经过发表偏倚矫正后的结果。

2. 普通蔬菜种植户农业环境保护内部动机与农药施用行为

对普通蔬菜种植户农药施用行为的分析，首先检验所选取变量是否存在多重共线性，结果表明，VIF 值在 1.06～2.72，分析结果不受多重共线性的干扰，进而采用多元线性回归模型和有先验信息的贝叶斯多元线性回归模型进行估计，结果如表 5－9 所示。

表 5－9 普通蔬菜种植户农药施用行为

变量	多元线性回归模型		贝叶斯多元线性回归模型		
	系数	标准误	系数	95% 置信区间	
				下限	上限
截距项	－0.310	0.347	－0.309	－0.980	0.364
I_1	－0.006	0.039	－0.006	－0.083	0.069
I_2	0.069**	0.034	0.070**	0.004	0.136
PBC	0.102**	0.049	0.103**	0.007	0.200
W	0.216***	0.036	0.216***	0.145	0.286
E	0.078**	0.038	0.078**	0.006	0.152
Gender	－0.010	0.055	－0.011	－0.118	0.098
Age	0.005*	0.003	0.005*	0.000	0.011
EDU	0.033	0.028	0.033	－0.023	0.089
Risk	－0.060	0.040	－0.060	－0.138	0.017
PM	－0.066	0.086	－0.067	－0.235	0.100
Leader	－0.013	0.100	－0.012	－0.205	0.182
Health	0.027	0.034	0.027	－0.039	0.094
PO	0.008	0.020	0.008	－0.031	0.047

续表

变量	多元线性回归模型		贝叶斯多元线性回归模型		
	系数	标准误	系数	95%置信区间	
				下限	上限
APO	0.017	0.030	0.017	-0.041	0.074
Income	0.002	0.009	0.002	-0.016	0.020
Ratio	0.152	0.097	0.151	-0.038	0.337
FZ	-0.004	0.003	-0.004	-0.009	0.001
Year	0.001	0.004	0.001	-0.007	0.009
C	0.016	0.050	0.016	-0.080	0.114
COOP	0.145**	0.058	0.145**	0.031	0.259
Train	0.020	0.027	0.020	-0.033	0.072
Check	0.063**	0.029	0.064**	0.005	0.122
SX	0.125	0.089	0.124	-0.047	0.297
SD	-0.824***	0.091	-0.825***	-1.005	-0.648
HN	0.034	0.098	0.032	-0.160	0.226

注：*、** 和 *** 分别表示在10%、5%和1%的水平下显著；贝叶斯估计的90%和99%置信区间省略，下同。

贝叶斯多元线性回归模型采用HMC抽样方法抽样20000次，“燃烧期”10000次后进行马尔科夫双链迭代，估计结果如图5-2所示，可知该模型估计已稳定收敛。

由表5-9分析可知，在有先验信息的情况下，贝叶斯多元线性回归模型与传统多元线性回归模型估计结果仍较为相似，表明估计结果较为稳健。基于责任感的内部动机、感知行为控制、农业环境保护意愿、农业环境保护外部动机、年龄、是否加入合作社和质量检测对普通蔬菜种植户农药施用行为有显著影响。基于责任感的内部动机越强，越会促进种植户选择能减少农业环境污染的农药类型或选择不施药；基于愉悦感的内部动机对种植户农药施用行为无显著影响，与第四章农业环境保护意愿的分析结果较为类似，进一步说明种植户农业环境保护意愿和行为可能并

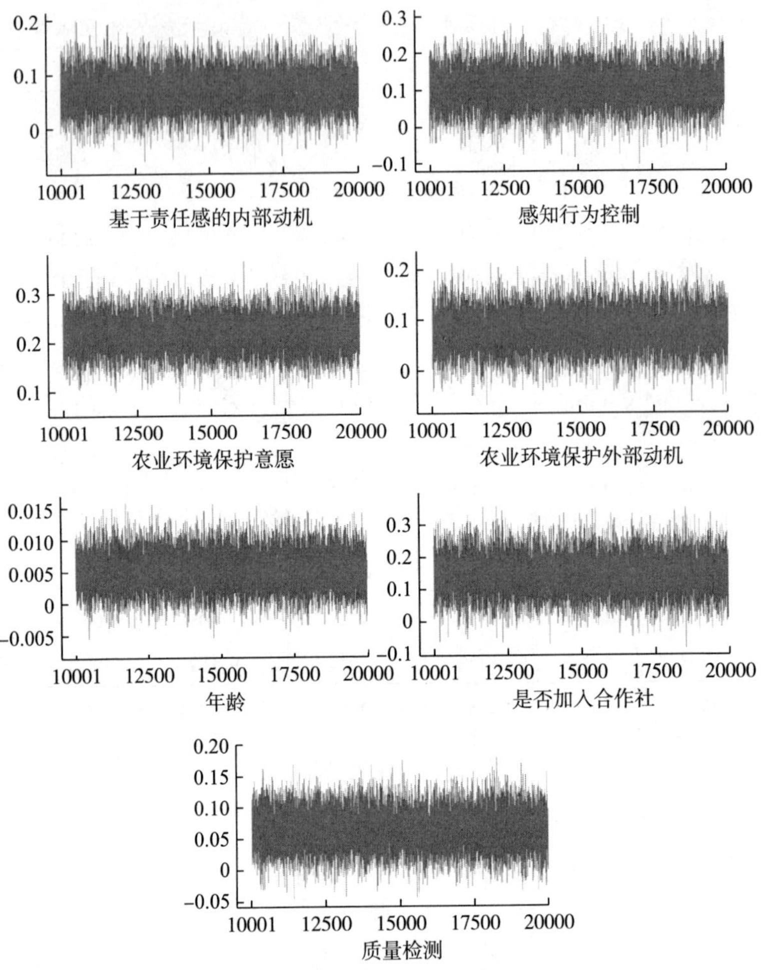

图 5-2　普通蔬菜种植户农药施用行为马尔科夫双链迭代路径

不是出于保护农业环境的愉悦感；与预期一致，种植户农业环境保护外部动机越强，越可能减少其对高毒化学农药的施用。

感知行为控制同样为显著正向影响，表明种植户农业环境保护能力越强，越可能合理施用农药；与预期一致，种植户农业环境保护意愿对合理的农药施用行为有显著正向影响；年龄的影响与预期不符，可能是由于年龄对农户行为的影响并不完全是线性的（李昊等，2017c），年龄的影响方向和显著性与上一小节 Meta 分析结果基本一致，这也在一定程度上说明本书抽样的合理性；加入合作社的种植户更可能选择有利于农业环境的农药施用类型，与第四章对种植户意愿的影响略有不同，在一定程度上说明种植户农业环境保护意愿和行为之间存在差异；与预期一致，农产品质量检测对种植户农药施用行为有显著正向影响。此外，党员和村干部身份的影响方向与预期不符，可能是样本中拥有党员和村干部身份的人较少所致；家庭人口数的影响为正，可能的原因是家庭人口数越多，并不意味着需要供养的老人和儿童越多，故家庭人口数可能并不能真正反映农户家庭的生计压力；蔬菜种植收入占比的影响与预期不符，在调查过程中发现，部分以蔬菜种植为主要收入来源的种植户认为，施用高毒化学农药的杀虫、杀菌效果虽好，但容易反弹，病虫害也容易产生抗药性，无公害农药虽然见效相对较慢，但长远来看有利于蔬菜病虫害的控制，这也可能是该变量的影响与预期不符的原因。

3. *无公害蔬菜种植户农业环境保护内部动机与农药施用行为*

对无公害蔬菜种植户农药施用行为分析所选取的变量进行多重共线性检验，结果表明，VIF 值在 1.09 ~ 2.67，回归结果不会受到多重共线性的干扰。多元线性回归模型和有先验信息的贝叶斯多元线性回归模型估计结果见表 5 - 10。

表 5 - 10　无公害蔬菜种植户农药施用行为

变量	多元线性回归模型		贝叶斯多元线性回归模型		
	系数	标准误	系数	95% 置信区间	
				下限	上限
截距项	-0.185	0.520	-0.187	-1.190	0.838
I_1	-0.016	0.057	-0.017	-0.129	0.096
I_2	0.263***	0.081	0.263***	0.102	0.422
PBC	-0.015	0.083	-0.016	-0.182	0.150

续表

变量	多元线性回归模型		贝叶斯多元线性回归模型		
	系数	标准误	系数	95%置信区间	
				下限	上限
W	0.170**	0.079	0.169**	0.014	0.325
E	0.148***	0.047	0.149***	0.056	0.242
Gender	-0.116	0.114	-0.116	-0.340	0.111
Age	-0.004	0.006	-0.004	-0.015	0.008
EDU	0.038	0.049	0.037	-0.060	0.134
Risk	0.043	0.073	0.043	-0.102	0.188
PM	0.262	0.197	0.260	-0.124	0.646
Leader	-0.060	0.236	-0.060	-0.519	0.408
Health	0.017	0.066	0.017	-0.110	0.149
PO	-0.007	0.045	-0.007	-0.096	0.082
APO	0.158**	0.076	0.158**	0.011	0.308
Income	0.025**	0.012	0.025**	0.001	0.050
Ratio	-0.038	0.252	-0.040	-0.537	0.462
FZ	-0.018	0.015	-0.018	-0.047	0.011
Year	-0.013	0.014	-0.013	-0.040	0.014
C	-0.003	0.116	-0.003	-0.228	0.225
COOP	-0.005	0.175	-0.002	-0.345	0.341
Train	0.002	0.054	0.002	-0.104	0.107
Check	0.052	0.061	0.052	-0.066	0.172
TB	-0.280**	0.117	-0.279**	-0.507	-0.049

注：** 和 *** 分别表示在5%和1%的水平下显著。

贝叶斯多元线性回归模型采用HMC抽样方法抽样20000次，“燃烧期”10000次后进行马尔科夫双链迭代，估计结果如图5-3所示，可知该模型估计已稳定收敛。

由表5-10分析可知，与普通蔬菜种植户农药施用行为的估计结果类似，在有先验信息的情况下，无公害蔬菜种植户农药施用行为的贝叶斯多元线性回归模型与传统多元线性回归模型估计结果较为接近，表明结果较为稳健。对无公害蔬菜种植户农药施

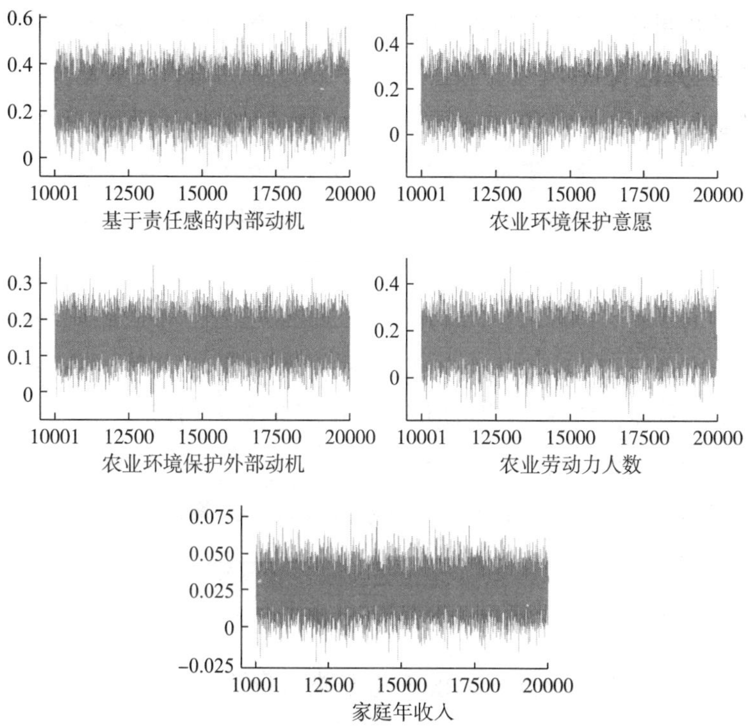

图 5－3　无公害蔬菜种植户农药施用行为马尔科夫双链迭代路径

用行为有显著影响的因素包括基于责任感的内部动机、农业环境保护意愿、农业环境保护外部动机、农业劳动力人数和家庭年收入。基于责任感的内部动机与农业环境保护外部动机均显著正向影响了种植户农药施用行为；与普通蔬菜种植户分析结果类似，基于愉悦感的内部动机对种植户农药施用行为无显著影响；农业环境保护意愿对种植户农药施用行为有显著正向影响。家庭年收入越高，越会显著降低种植户施用高毒化学农药的可能性（农药施用行为赋值越高越好，此处正向影响代表家庭年收入越高，越会显著增加种植户施用无公害生物农药的可能性，反向解释，即显著降低种植户施用高毒化学农药的可能性）。与预期一致，农业劳动力人数对种植户农药施用行为有显著正向影响。

与普通蔬菜种植户不同，感知行为控制对无公害蔬菜种植户农药施用行为影响为负，但不显著，可能是因为无公害蔬菜种植户平均收入水平相对较高，对其保护农业环境的行为阻碍相对较少。风险规避程度影响为正，可能是收入水平相对较高，从而降低了种植户的风险规避程度所致。农业环境认知和是否加入合作社对种植户农药施用行为的影响虽与预期不符，但其影响不显著，且其回归系数接近于零，故不做推论。

基于对普通蔬菜种植户和无公害蔬菜种植户农药施用行为的分析来看，基于愉悦感的内部动机对农户农药施用行为无显著影响，但基于责任感的内部动机和农业环境保护外部动机均显著正向影响其行为，由此来看，至少在种植户农药施用行为上，基于责任感的内部动机和农业环境保护外部动机均降低了种植户施用高毒化学农药的可能性。此外，与计划行为理论一致，农业环境保护意愿显著正向影响了种植户农药施用行为。

（二）内部动机与种植户化肥施用行为

1. 普通蔬菜种植户农业环境保护内部动机与化肥施用行为

首先对普通蔬菜种植户化肥施用行为分析所选取的变量进行多重共线性检验，结果表明，VIF 值在 1.06 ~ 2.72，分析结果不会受到多重共线性的干扰。基于多元线性回归模型和贝叶斯多元线性回归模型对普通蔬菜种植户化肥施用行为进行分析，其中贝叶斯多元线性回归模型采用无先验信息的形式，模型估计结果见表 5 – 11。

表 5 – 11　普通蔬菜种植户化肥施用行为

变量	多元线性回归模型		贝叶斯多元线性回归模型		
	系数	标准误	系数	95% 置信区间	
				下限	上限
截距项	-0.017	0.399	-0.015	-0.789	0.775
I_1	0.006	0.045	0.006	-0.081	0.094
I_2	0.086**	0.039	0.086**	0.010	0.161

续表

变量	多元线性回归模型		贝叶斯多元线性回归模型		
	系数	标准误	系数	95%置信区间	
				下限	上限
PBC	0.066	0.057	0.066	-0.044	0.176
W	0.172***	0.041	0.172***	0.090	0.254
E	0.118***	0.043	0.118***	0.031	0.204
Gender	0.158**	0.063	0.158**	0.032	0.282
Age	0.001	0.003	0.001	-0.006	0.007
EDU	0.037	0.033	0.037	-0.027	0.101
Risk	-0.094**	0.046	-0.094**	-0.183	-0.005
PM	-0.051	0.099	-0.052	-0.246	0.142
Leader	0.142	0.115	0.142	-0.083	0.366
Health	0.026	0.039	0.026	-0.050	0.102
PO	-0.019	0.023	-0.019	-0.064	0.026
APO	0.018	0.034	0.017	-0.051	0.085
Income	0.039***	0.010	0.039***	0.018	0.059
Ratio	0.326***	0.112	0.326***	0.109	0.545
FZ	0.006**	0.003	0.006**	0.000	0.012
Year	0.002	0.005	0.002	-0.007	0.011
C	0.115**	0.057	0.115	0.004	0.224
COOP	0.043	0.067	0.043	-0.089	0.175
Train	0.107***	0.031	0.107***	0.045	0.168
Check	0.030	0.034	0.030	-0.037	0.097
SX	0.099	0.102	0.099	-0.103	0.301
SD	0.186*	0.105	0.186*	-0.022	0.393
HN	-0.357***	0.112	-0.357***	-0.576	-0.136

注：*、** 和 *** 分别表示在 10%、5% 和 1% 的水平下显著。

贝叶斯多元线性回归模型采用 HMC 抽样方法抽样 20000 次，“燃烧期”10000 后进行马尔科夫双链迭代，估计结果如图 5-4 所示，可知该模型估计已稳定收敛。

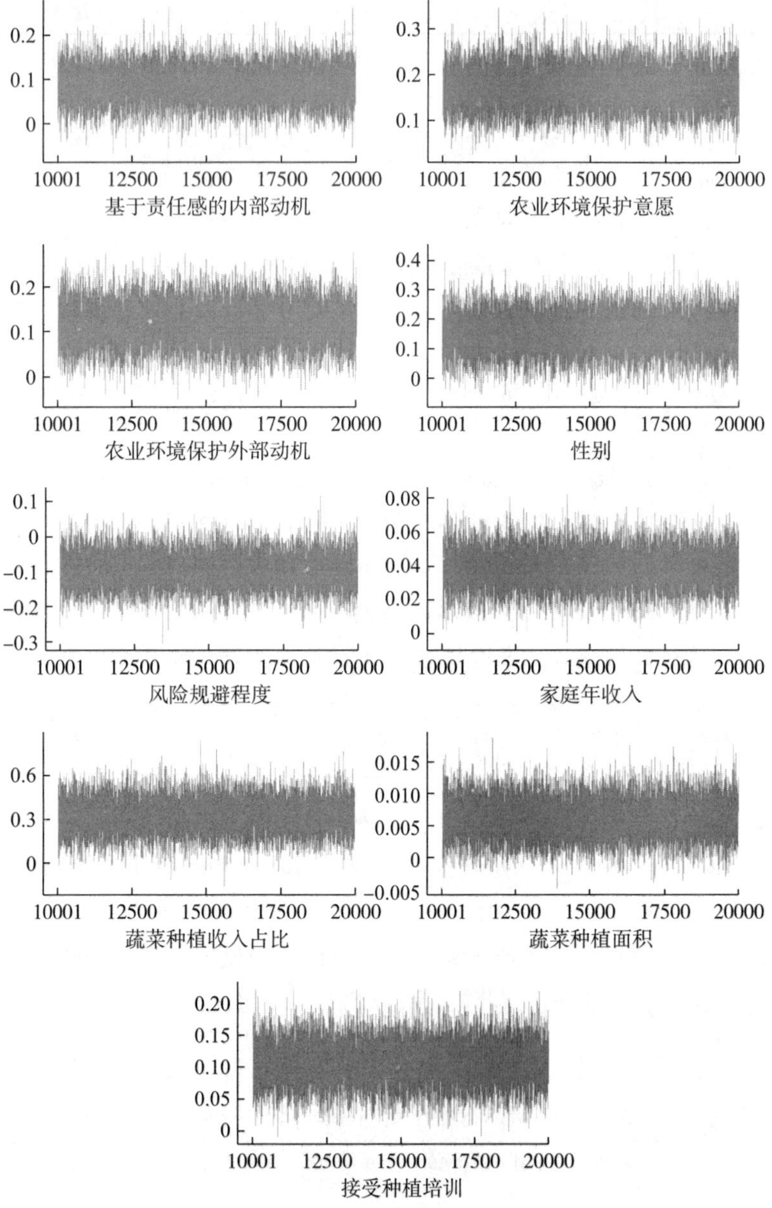

图 5－4　普通蔬菜种植户化肥施用行为马尔科夫双链迭代路径

由表 5－11 分析可知，对普通蔬菜种植户化肥施用行为具有显著影响的因素为基于责任感的内部动机、农业环境保护意愿、农业环境保护外部动机、性别、风险规避程度、家庭年收入、蔬菜种植收入占比、蔬菜种植面积、农业环境认知和接受种植培训。与预期一致，基于责任感的内部动机和农业环境保护外部动机显著增加了种植户施用有机肥的可能，基于愉悦感的内部动机仍不显著。农业环境保护意愿对化肥施用行为有显著正向影响。风险规避程度越高，种植户施用有机肥的可能性越小。调查过程中发现，种植户施用有机肥（粪肥）大约每车400元，与化肥相比成本较高，这也可能是家庭年收入越高的种植户，越可能施用有机肥替代化肥的原因。蔬菜种植收入占比的影响方向与预期不符，在数据收集过程中，发现部分以蔬菜种植为主要收入来源的种植户认为施用化肥可能导致土壤板结，影响蔬菜产量，用有机肥可以改善土壤，这也可能是导致蔬菜种植收入占比的影响与预期相反的原因。蔬菜种植面积越大，种植户施用有机肥的可能性越大。农业环境认知和接受种植培训均对化肥施用行为有正向影响。

2. *无公害蔬菜种植户农业环境保护内部动机与化肥施用行为*

对无公害蔬菜种植户化肥施用行为分析所选取的变量首先进行多重共线性检验，结果表明，VIF值在1.09~2.67，模型回归结果未受到多重共线性的影响；而后用多元线性回归模型和无先验信息的贝叶斯多元线性回归模型进行估计，结果见表5-12。

表5-12　无公害蔬菜种植户化肥施用行为

变量	多元线性回归模型		贝叶斯多元线性回归模型		
	系数	标准误	系数	95%置信区间	
				下限	上限
截距项	1.149**	0.578	1.150*	-0.007	2.292
I_1	-0.091	0.063	-0.091	-0.216	0.034
I_2	0.163*	0.090	0.162*	-0.016	0.340
PBC	0.137	0.093	0.136	-0.048	0.318

续表

变量	多元线性回归模型		贝叶斯多元线性回归模型		
	系数	标准误	系数	95%置信区间	
				下限	上限
W	0.208**	0.087	0.209**	0.037	0.380
E	0.027	0.052	0.027	-0.074	0.129
Gender	-0.120	0.126	-0.120	-0.372	0.135
Age	-0.008	0.006	-0.008	-0.021	0.004
EDU	-0.002	0.054	-0.002	-0.109	0.108
Risk	0.048	0.081	0.047	-0.113	0.205
PM	0.039	0.219	0.042	-0.390	0.475
Leader	-0.132	0.262	-0.135	-0.647	0.374
Health	0.121*	0.073	0.121	-0.025	0.266
PO	0.123**	0.050	0.123**	0.024	0.223
APO	0.066	0.084	0.066	-0.104	0.234
Income	0.005	0.014	0.006	-0.021	0.032
Ratio	-0.288	0.280	-0.289	-0.848	0.268
FZ	0.018	0.016	0.018	-0.015	0.050
Year	0.018	0.015	0.018	-0.012	0.049
C	-0.064	0.128	-0.064	-0.312	0.191
COOP	0.058	0.195	0.058	-0.328	0.442
Train	0.077	0.060	0.077	-0.043	0.196
Check	0.021	0.068	0.022	-0.113	0.156
TB	-0.351***	0.130	-0.353***	-0.609	-0.100

注：*、** 和 *** 分别表示在10%、5%和1%的水平下显著。

贝叶斯多元线性回归模型采用HMC抽样方法抽样20000次，“燃烧期”10000次后进行马尔科夫双链迭代，估计结果如图5-5所示，可知该模型估计已稳定收敛。

由表5-12分析可知，对无公害蔬菜种植户化肥施用行为有显著影响的因素为基于责任感的内部动机、农业环境保护意愿、身体健康状况和家庭人口数。基于责任感的内部动机显著增加了

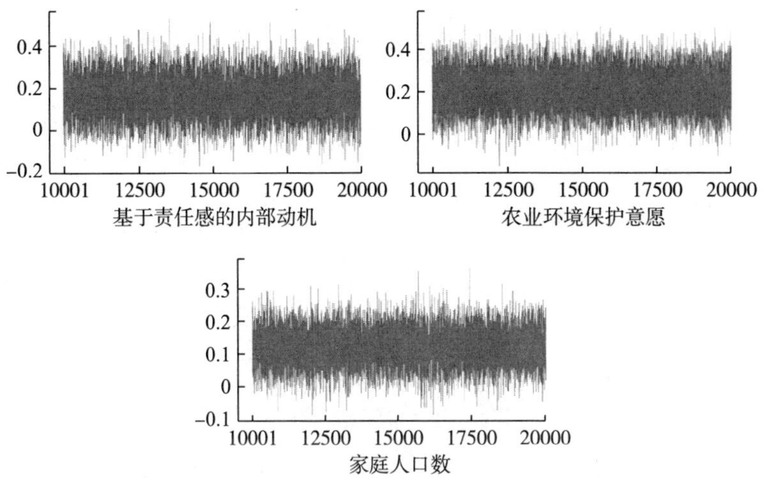

图 5-5　无公害蔬菜种植户化肥施用行为马尔科夫双链迭代路径

无公害蔬菜种植户有机肥施用的可能，基于愉悦感的内部动机影响不显著。与普通蔬菜种植户不同，农业环境保护外部动机对无公害蔬菜种植户化肥施用行为影响为正，但不显著，结合第三章描述性统计分析，可知这一结果可能是本书无公害蔬菜种植户外部动机相对较弱所致。农业环境保护意愿的增强显著增加了种植户施用有机肥的可能。身体健康状况在两个模型中估计的显著性不同，但均存在正向影响。家庭人口数与预期不符，可能是因为对于无公害蔬菜种植户来讲，家庭收入水平相对较高，种植户家庭即便需要赡养的老人和抚养的儿童多，也不会给其带来较大的生计压力。此外，风险规避程度为正，可能是因为无公害蔬菜种植户家庭收入水平相对较高，造成其抵御风险的能力相对较强。

对蔬菜种植户化肥施用行为的分析结果表明，对于普通蔬菜种植户和无公害蔬菜种植户，其基于责任感的内部动机均影响其行为，但基于愉悦感的内部动机影响方向不稳定，且不显著。这一结果进一步印证了前文的推论，即种植户农业环境保护内部动机的来源不是保护农业环境本身带来的愉悦感，而更多的可能是出于保护农业环境的责任感。

（三）内部动机与种植户农业生产废弃物处理行为

1. 普通蔬菜种植户农业环境保护内部动机与农业生产废弃物处理行为

考虑普通蔬菜种植户农业生产废弃物处理行为的相关性，采用似不相关回归模型和贝叶斯似不相关回归模型进行估计，结果见表 5－13。其中普通蔬菜种植户农业生产废弃物处理三种行为的回归残差显著相关，表明所选取的模型具有合理性。

图 5－6 至图 5－8 给出了贝叶斯似不相关回归模型马尔科夫双链迭代路径。采用 HMC 抽样方法抽样 20000 次，“燃烧期” 10000 次后进行马尔科夫双链迭代，由图可知，双链均已重合，该模型估计收敛效果较好。

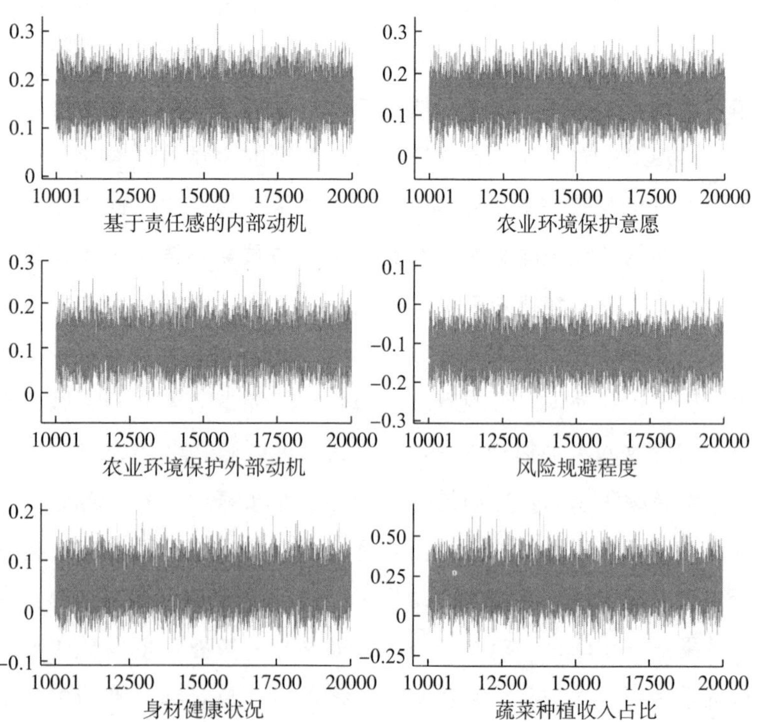

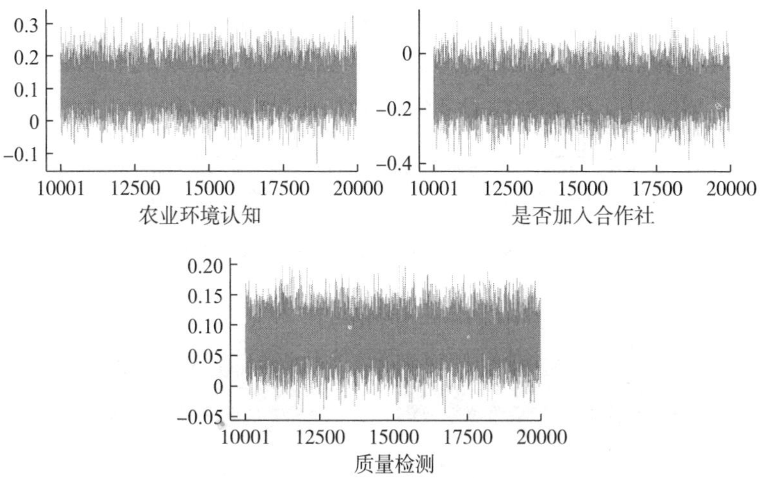

图 5-6 普通蔬菜种植户农药瓶（袋）处理行为马尔科夫双链迭代路径

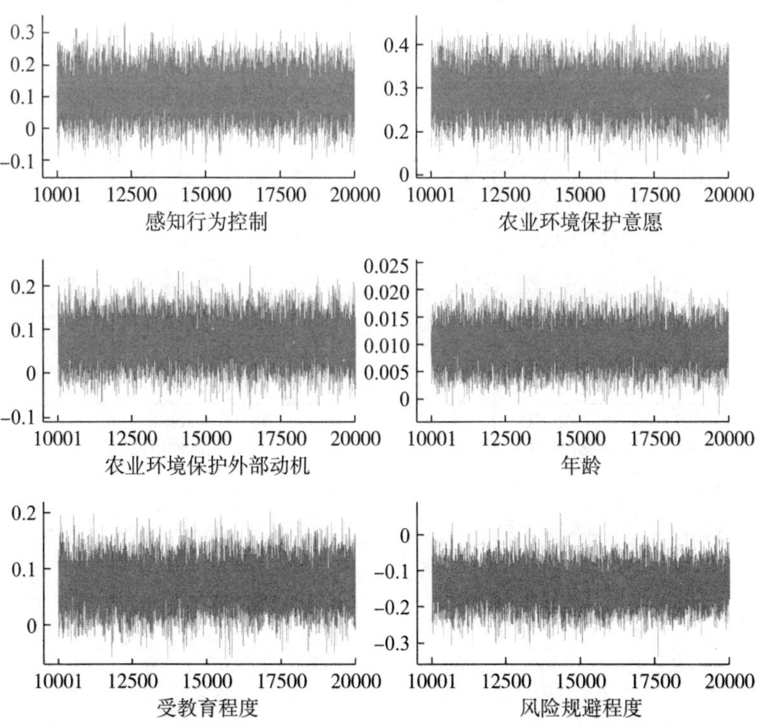

身体健康状况
质量检测

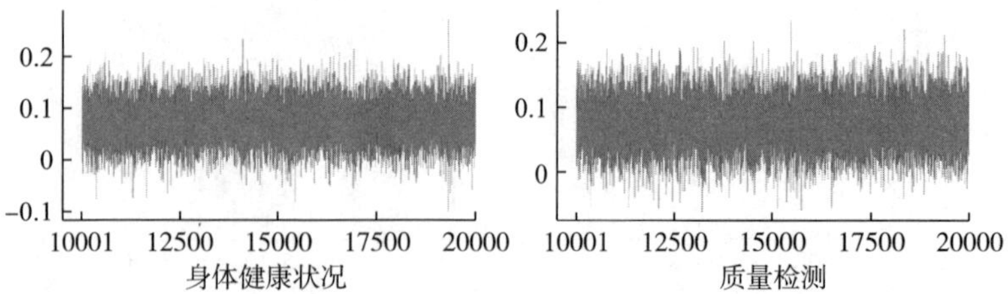

图 5－7　普通蔬菜种植户化肥袋处理行为马尔科夫双链迭代路径

基于责任感的内部动机
农业环境保护意愿
农业环境保护外部动机
年龄
蔬菜种植收入占比
蔬菜种植面积
蔬菜种植年限
农业环境认知

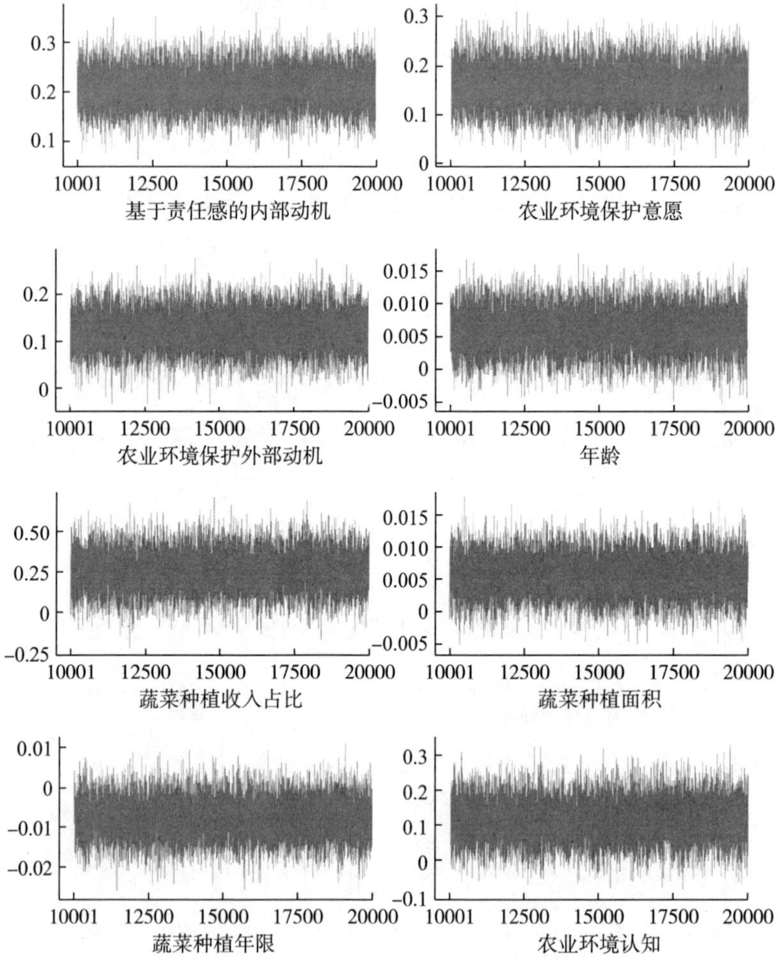

图 5－8　普通蔬菜种植户地膜处理行为马尔科夫双链迭代路径

表 5－13　普通蔬菜种植户农业生产废弃物处理行为分析

变量	农药瓶（袋）处理		化肥袋处理		地膜处理	
	SUR	BSUR	SUR	BSUR	SUR	BSUR
截距项	－0.582		0.668		0.885**	
	(0.399)		(0.426)		(0.401)	
I_1	0.005	0.002	0.050	0.053	－0.034	－0.031
	(0.045)	(－0.084，0.090)	(0.048)	(－0.041，0.146)	(0.045)	(－0.118，0.058)
I_2	0.179***	0.165***	0.062	0.078	0.187***	0.208***
	(0.039)	(0.093，0.238)	(0.041)	(－0.011，0.156)	(0.039)	(0.134，0.282)
PBC	0.001	－0.008	0.100*	0.110*	0.028	0.041
	(0.057)	(－0.120，0.102)	(0.061)	(－0.007，0.228)	(0.057)	(－0.069，0.153)
W	0.145***	0.141***	0.186***	0.190***	0.153***	0.160***
	(0.041)	(0.059，0.223)	(0.044)	(0.103，0.276)	(0.041)	(0.079，0.240)
E	0.136***	0.111***	0.043	0.073*	0.085*	0.124***
	(0.043)	(0.033，0.189)	(0.046)	(－0.010，0.155)	(0.044)	(0.046，0.202)
Gender	－0.046	－0.047	0.022	0.024	－0.075	－0.073
	(0.063)	(－0.168，0.076)	(0.067)	(－0.107，0.156)	(0.064)	(－0.198，0.051)
Age	0.007**	0.005	0.008**	0.010***	0.003	0.006*
	(0.003)	(－0.001，0.011)	(0.004)	(0.004，0.016)	(0.003)	(－0.000，0.012)
EDU	0.055*	0.051	0.069**	0.075**	0.037	0.044
	(0.033)	(－0.012，0.114)	(0.035)	(0.007，0.142)	(0.033)	(－0.020，0.108)

续表

变量	农药瓶（袋）处理		化肥袋处理		地膜处理	
	SUR	BSUR	SUR	BSUR	SUR	BSUR
Risk	-0.096**	-0.118***	-0.166***	-0.140***	-0.086*	-0.051
	(0.046)	(-0.201, -0.035)	(0.049)	(-0.230, -0.050)	(0.046)	(-0.137, 0.034)
PM	0.003	0.016	0.136	0.122	0.142	0.124
	(0.099)	(-0.177, 0.210)	(0.105)	(-0.087, 0.331)	(0.099)	(-0.069, 0.313)
Leader	0.061	0.071	0.027	0.013	0.109	0.091
	(0.116)	(-0.156, 0.296)	(0.123)	(-0.228, 0.258)	(0.116)	(-0.138, 0.319)
Health	0.076*	0.054*	0.048	0.073*	-0.092**	-0.058
	(0.039)	(-0.017, 0.126)	(0.042)	(-0.002, 0.149)	(0.040)	(-0.129, 0.012)
PO	0.000	-0.005	0.016	0.022	-0.012	-0.004
	(0.023)	(-0.049, 0.040)	(0.024)	(-0.026, 0.070)	(0.023)	(-0.049, 0.040)
APO	-0.021	-0.025	-0.054	-0.051	-0.056	-0.051
	(0.034)	(-0.090, 0.042)	(0.036)	(-0.121, 0.020)	(0.034)	(-0.119, 0.016)
Income	0.003	0.003	-0.005	-0.005	-0.004	-0.004
	(0.010)	(-0.018, 0.024)	(0.011)	(-0.027, 0.017)	(0.011)	(-0.025, 0.017)
Ratio	0.228**	0.206*	-0.014	0.013	0.215*	0.251**
	(0.112)	(-0.008, 0.419)	(0.119)	(-0.218, 0.244)	(0.112)	(0.032, 0.470)
FZ	0.001	0.001	-0.002	-0.002	0.006*	0.006*
	(0.003)	(-0.005, 0.007)	(0.003)	(-0.008, 0.004)	(0.003)	(-0.000, 0.011)

续表

变量	农药瓶（袋）处理		化肥袋处理		地膜处理	
	SUR	BSUR	SUR	BSUR	SUR	BSUR
Year	-0.002	-0.002	0.001	0.000	-0.007	-0.008*
	(0.005)	(-0.011, 0.007)	(0.005)	(-0.009, 0.010)	(0.005)	(-0.017, 0.001)
C	0.124**	0.108*	-0.048	-0.030	0.091	0.115**
	(0.057)	(-0.003, 0.219)	(0.061)	(-0.148, 0.087)	(0.057)	(0.006, 0.224)
COOP	-0.125*	-0.132**	-0.053	-0.045	-0.003	0.008
	(0.067)	(-0.260, -0.005)	(0.071)	(-0.185, 0.097)	(0.067)	(-0.122, 0.140)
Train	0.048	0.039	0.044	0.054	0.045	0.058
	(0.031)	(-0.022, 0.100)	(0.033)	(-0.009, 0.118)	(0.031)	(-0.002, 0.119)
Check	0.082**	0.077**	0.070*	0.076**	0.001	0.009
	(0.034)	(0.011, 0.143)	(0.036)	(0.005, 0.147)	(0.034)	(-0.057, 0.079)
SX	0.175*	0.145	0.069	0.104	0.219**	0.265***
	(0.102)	(-0.051, 0.340)	(0.109)	(-0.102, 0.316)	(0.102)	(0.068, 0.463)
SD	0.203*	0.179*	0.259**	0.287***	0.355***	0.393***
	(0.105)	(-0.024, 0.379)	(0.112)	(0.074, 0.505)	(0.105)	(0.192, 0.594)
HN	0.036	0.024	0.013	0.029	0.174***	0.195*
	(0.112)	(-0.197, 0.239)	(0.120)	(-0.204, 0.260)	(0.113)	(-0.029, 0.418)
相关性	ρ_{12} = 0.32***	ρ_{13} = 0.30***	ρ_{23} = 0.35***	ρ_{12} = 0.31***	ρ_{13} = 0.29***	ρ_{23} = 0.28***

注：SUR 为似不相关回归模型估计结果，估计结果对应括号中为标准误；BSUR 为贝叶斯似不相关回归模型估计结果，估计结果对应括号中为95%置信区间上下限；*、** 和 *** 分别表示在 10%、5% 和 1% 的水平下显著。

由表 5－13 分析可知，对于农药瓶（袋）处理行为来讲，影响普通蔬菜种植户农药瓶（袋）处理行为的关键因素包括基于责任感的内部动机、农业环境保护意愿、农业环境保护外部动机、风险规避程度、身体健康状况、蔬菜种植收入占比、农业环境认知、是否加入合作社和质量检测。年龄和受教育程度在两个模型中显著性结果不同，但均为正向影响。是否加入合作社在两个模型中估计结果一致，均为负向影响。基于责任感的内部动机与农业环境保护外部动机显著促进了种植户农药瓶（袋）合理处理行为的出现，基于愉悦感的内部动机影响不显著。农业环境保护意愿对农药瓶（袋）处理行为有显著正向影响。年龄的影响与预期不符，可能的原因是，一方面，受访者平均年龄较大；另一方面，年龄较大的受访者通常亲身经历了农业环境的变化，进而对农业环境保护更加重视。农药瓶（袋）的回收并不产生直接的经济成本，这也可能是年龄对农药瓶（袋）处理行为有正向影响的原因。受教育程度越高，越会促进种植户农药瓶（袋）合理处置行为的出现。风险规避程度显著为负，可能是因为风险规避程度较高的种植户，对蔬菜种植产出关注度较高，忽视了农业环境的保护。身体健康状况对农药瓶（袋）处理行为有显著正向影响。蔬菜种植收入占比的影响与预期不符，可能的原因是，农业生产废弃物的处理与种植户农业生产的经济成本关系不大，家庭收入越依赖于蔬菜种植收入，越可能对农业环境更加关注，当不存在明显经济成本的情况下，种植户更可能选择合理的农药瓶（袋）处理方式。种植户农业环境认知水平越高，越增加了其合理处置废弃农药瓶（袋）的可能。农产品质量检测同样存在显著的正向影响。加入合作社的影响与预期不符，基于在数据调查过程中与种植户的交流，本书认为，加入合作社只是一种形式，而能否对种植户农业生产行为起到约束作用的关键在于合作社是否有效地为种植户提供了农业生产的指导和帮助。

从种植户化肥袋处理行为的回归结果来看，种植户农业环境保护意愿对其化肥袋处理行为有显著正向影响。基于愉悦感的内部动机、基于责任感的内部动机影响均不显著，农业环境保护外部动机在两模型中显著性不一致，但均为正向影响。这一结果可能的原因是，在调查过程中，较多种植户将用过的化肥袋收集起来拿回家作为盛放物品或粮食的容器，可能是农村地区农户的这种生活方式和习惯，导致其对化肥袋的处理行为与农药瓶（袋）、地膜的处理行为略有不同，可能这种行为本身并不主要是源于内部或外部动机，而是源于生活习惯。此外，对种植户化肥袋处理行为有显著影响的关键因素包括感知行为控制、年龄、受教育程度、风险规避程度和质量检测。身体健康状况在两模型中显著性不同，但均为正向影响。种植户认为自己保护农业环境的能力越强，越可能将化肥袋回收处理。年龄的影响与预期不符，可能是因为年龄较大的种植户，受农村生活习惯的影响较大。受教育程度对其化肥袋处理行为有显著正向影响。风险规避程度的影响可能与农药瓶（袋）处理方式的影响类似，对蔬菜种植产出的较多关注造成种植户对农业环境问题关注不足，农业环境认知的负向影响也可为这一解释提供佐证。农产品质量检测作为刚性的外部约束能显著促进种植户化肥袋合理处置行为的出现。

对于地膜处理行为来讲，基于责任感的内部动机、农业环境保护意愿和农业环境保护外部动机对种植户合理的地膜处置行为均有显著正向影响，基于愉悦感的内部动机影响不显著，进一步为种植户农业环境保护内部动机是源于责任感提供了证据。此外，对种植户地膜处理行为有显著影响的关键因素还有蔬菜种植收入占比和蔬菜种植面积。年龄、农业环境认知在两模型中显著性不同，但均为正向影响。风险规避程度、身体健康状况和蔬菜种植年限在两模型中显著性不同，但均为负向影响。其中风险规避程度的影响为负，可能是种植户对蔬菜产出的重视，导致其农业环境保护意识不强所致。蔬菜种植收入占比越高，种植户越可能更加重视农业生产环境，在执行成本相对较低的情况下，会促进种植户选择对农业生产环境有利的地膜处理方式。蔬菜种植面积越大，越会对种植户合理的地膜处置行为产生积极影响。

2. 无公害蔬菜种植户农业环境保护内部动机与农业生产废弃物处理行为

表 5－14 给出了无公害蔬菜种植户农业生产废弃物处理的似不相关回归模型和贝叶斯似不相关回归模型估计结果。模型估计的三种行为的残差均显著正相关，表明模型应用的合理性。

图 5－9 至图 5－11 给出了贝叶斯似不相关回归模型马尔科夫双链迭代路径，采用 HMC 抽样方法抽样 20000 次，“燃烧期” 10000 次后进行马尔科夫双链迭代，由图分析可知，两条链重合度较高，该模型估计已稳定收敛。

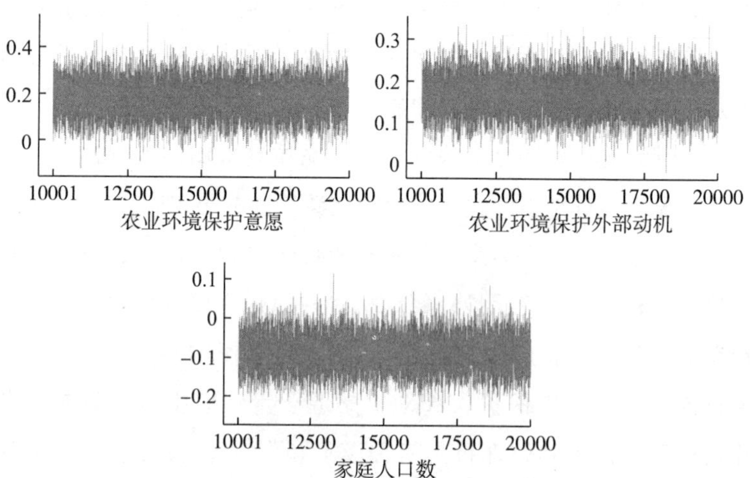

图 5－9　无公害蔬菜种植户农药瓶（袋）处理行为马尔科夫双链迭代路径

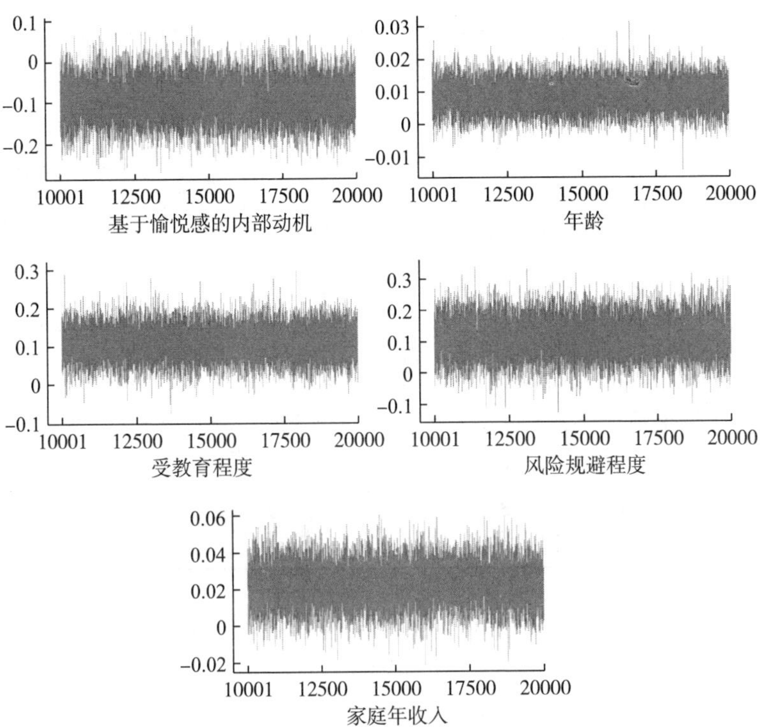

图 5-10　无公害蔬菜种植户化肥袋处理行为马尔科夫双链迭代路径

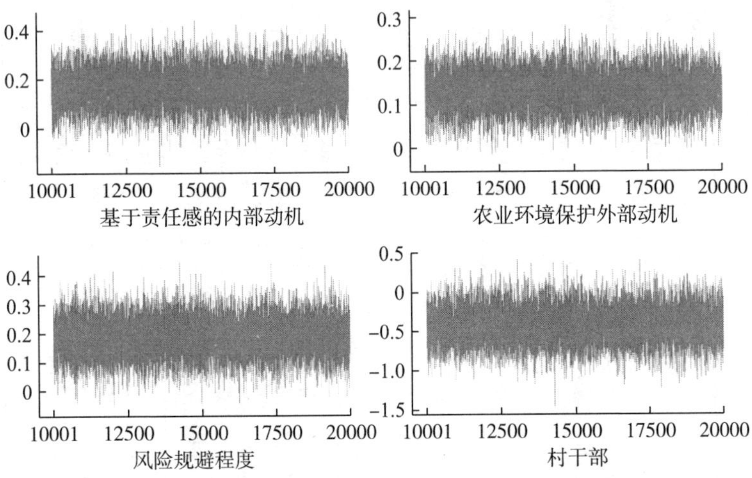

图 5-11　无公害蔬菜种植户地膜处理行为马尔科夫双链迭代路径

表 5－14　无公害蔬菜种植户农业生产废弃物处理行为分析

变量	农药瓶（袋）处理		化肥袋处理		地膜处理	
	SUR	BSUR	SUR	BSUR	SUR	BSUR
截距项	－0.018 (0.490)		2.149*** (0.418)		1.249*** (0.467)	
I_1	－0.011 (0.054)	－0.010 (－0.116，0.096)	－0.076* (0.046)	－0.092** (－0.185，0.002)	－0.027 (0.051)	－0.035 (－0.136，0.066)
I_2	0.124 (0.077)	0.123 (－0.024，0.271)	0.002 (0.065)	0.069 (－0.064，0.202)	0.122* (0.073)	0.161** (0.017，0.304)
PBC	0.112 (0.079)	0.111 (－0.046，0.267)	0.072 (0.067)	0.052 (－0.089，0.192)	0.040 (0.075)	0.028 (－0.120，0.178)
W	0.180** (0.074)	0.180** (0.036，0.323)	0.127** (0.063)	0.063 (－0.065，0.191)	0.150** (0.071)	0.112 (－0.027，0.251)
E	0.168*** (0.044)	0.167*** (0.084，0.251)	－0.018 (0.038)	0.037 (－0.038，0.112)	0.099** (0.042)	0.130*** (0.049，0.210)
Gender	－0.108 (0.107)	－0.109 (－0.314，0.099)	0.079 (0.091)	0.155 (－0.032，0.341)	0.039 (0.102)	0.084 (－0.117，0.285)
Age	0.004 (0.005)	0.004 (－0.005，0.014)	－0.002 (0.005)	0.009** (0.000，0.017)	－0.002 (0.005)	0.003 (－0.006，0.013)

续表

变量	农药瓶（袋）处理		化肥袋处理		地膜处理	
	SUR	BSUR	SUR	BSUR	SUR	BSUR
EDU	−0.005	−0.005	0.076^{**}	0.111^{***}	0.032	0.051
	(0.046)	(−0.096, 0.083)	(0.039)	(0.031, 0.190)	(0.044)	(−0.034, 0.136)
Risk	0.113	0.112	0.013	0.113^{*}	0.131^{**}	0.189^{***}
	(0.069)	(−0.017, 0.241)	(0.058)	(−0.001, 0.225)	(0.065)	(0.065, 0.310)
PM	−0.089	−0.008	0.113	0.049	−0.208	−0.245
	(0.185)	(−0.452, 0.280)	(0.158)	(−0.279, 0.372)	(0.177)	(−0.597, 0.102)
Leader	0.035	0.035	−0.012	−0.110	-0.357^{*}	-0.414^{*}
	(0.223)	(−0.407, 0.475)	(0.190)	(−0.492, 0.274)	(0.212)	(−0.838, 0.009)
Health	0.057	0.056	−0.016	0.077	0.022	0.076
	(0.062)	(−0.060, 0.171)	(0.053)	(−0.025, 0.180)	(0.059)	(−0.035, 0.187)
PO	-0.086^{**}	-0.086^{**}	−0.011	0.011	0.009	0.022
	(0.043)	(−0.170, −0.001)	(0.037)	(−0.064, 0.087)	(0.041)	(−0.059, 0.103)
APO	0.093	0.093	−0.030	−0.019	−0.045	−0.039
	(0.043)	(−0.051, 0.236)	(0.061)	(−0.149, 0.107)	(0.068)	(−0.177, 0.094)
Income	0.002	0.001	0.020^{**}	0.022^{**}	−0.004	−0.003
	(0.012)	(−0.021, 0.024)	(0.010)	(0.002, 0.043)	(0.011)	(−0.025, 0.019)

续表

变量	农药瓶（袋）处理		化肥袋处理		地膜处理	
	SUR	BSUR	SUR	BSUR	SUR	BSUR
Ratio	-0.258 (0.238)	-0.259 (-0.717, 0.195)	0.193 (0.202)	0.328 (-0.094, 0.744)	0.044 (0.226)	0.122 (-0.320, 0.517)
FZ	0.018 (0.014)	0.018 (-0.009, 0.045)	-0.011 (0.012)	-0.017 (-0.041, 0.008)	0.016 (0.013)	0.012 (-0.014, 0.038)
Year	0.005 (0.013)	0.005 (-0.021, 0.031)	0.002 (0.011)	-0.002 (-0.025, 0.020)	-0.016 (0.012)	-0.019 (-0.043, 0.006)
C	0.111 (0.109)	0.110 (-0.093, 0.313)	-0.070 (0.093)	0.089 (-0.091, 0.270)	-0.062 (0.104)	0.031 (-0.164, 0.223)
COOP	-0.137 (0.165)	-0.136 (-0.464, 0.188)	0.057 (0.141)	0.097 (-0.195, 0.383)	0.009 (0.157)	0.032 (-0.248, 0.341)
Train	0.052 (0.051)	0.052 (-0.047, 0.150)	-0.036 (0.043)	-0.009 (-0.099, 0.081)	0.012 (0.048)	0.027 (-0.069, 0.124)
Check	-0.007 (0.057)	-0.008 (-0.122, 0.105)	-0.040 (0.049)	-0.023 (-0.127, 0.080)	-0.023 (0.055)	-0.013 (-0.121, 0.096)
TB	-0.008 (0.110)	-0.008 (-0.222, 0.205)	0.246*** (0.094)	0.321*** (0.131, 0.514)	0.308*** (0.105)	0.353*** (0.144, 0.562)
相关性	$\rho_{12}=0.27^{***}$	$\rho_{13}=0.26^{***}$	$\rho_{23}=0.30^{***}$	$\rho_{12}=0.25^{***}$	$\rho_{13}=0.25^{***}$	$\rho_{23}=0.27^{***}$

注：SUR 为似不相关回归模型估计结果，估计结果对应括号中为标准误；BSUR 为贝叶斯似不相关回归模型估计结果，估计结果对应括号中为 95% 置信区间上下限；*、** 和 *** 分别表示在 10%、5% 和 1% 的水平下显著。

由表5-14分析可知，对于无公害蔬菜种植户农药瓶（袋）处理行为来讲，基于愉悦感的内部动机与基于责任感的内部动机对种植户农药瓶（袋）处理行为均不显著，其中基于责任感的内部动机回归的p值（p=0.108）接近显著性临界值。与预期影响方向相符，农业环境保护意愿和农业环境保护外部动机对种植户农药瓶（袋）处理行为有显著正向影响。家庭人口数同样对种植户农药瓶（袋）处理行为有显著影响，表现为家庭人口数越多，农药瓶（袋）合理的处置行为出现的可能性越小。受教育程度、党员身份、是否加入合作社和质量检测的回归结果与预期不符，其中受教育程度和质量检测的回归系数接近于零，不做推论；无公害蔬菜种植户是党员的比例较低和较少加入了合作社可能是导致两者回归结果与预期不符的原因。

对于无公害蔬菜种植户化肥袋处理行为来讲，基于愉悦感的内部动机存在显著的负向影响，进一步说明了对于种植户农业环境保护问题，其内部动机并非源于农业环境保护行为本身给种植户带来的愉悦感；基于责任感的内部动机虽与预期方向一致，但影响不显著；种植户农业环境保护外部动机影响不显著。上述结果与普通蔬菜种植户类似，对于化肥袋的处理，在调查过程中较多受访者将使用过的化肥袋洗干净用来盛放粮食或饲料，本书认为，这种行为可能更多地源于种植户的生活习惯，这也可能导致内、外部动机对行为的影响不大。此外，农业环境保护意愿在两个模型中显著性不同，但均为正向影响；受教育程度越高，越显著增加了种植户合理处置化肥袋的可能；家庭年收入同样存在显著的正向影响。

从无公害蔬菜种植户地膜处理行为来看，基于责任感的内部动机和农业环境保护外部动机均显著增加了种植户合理处置地膜的可能性，基于愉悦感的内部动机不显著。风险规避程度的影响显著为正，种植户越是规避风险，越可能促进其合理处置地膜行为的出现；党员和村干部身份影响为负，且村干部的影响显著，可能是受访者中拥有党员和村干部身份者较少所致；农业环境认知在两模型中影响方向不同；质量检测的影响方向虽与预期不符，但其回归系数相对较小，不做推论。

基于上述对普通蔬菜种植户和无公害蔬菜种植户农业生产废弃物处理行为的分析，对于农药瓶（袋）和地膜处理行为来讲，基于责任感的内部动机［无公害蔬菜种植户农药瓶（袋）处理行为中该变量接近显著性临界值］和农业环境保护外部动机存在显著正向影响，基于愉悦感的内部动机影响方向不稳定，且不显著；种植户农业环境保护意愿大多存在显著正向影响。对于化肥袋处理行为来讲，两类蔬菜种植户结果较为类似，表现为基于责任感的内部动机的影响不显著，且农业环境保护外部动机的影响不稳定，结合实际调查数据，本书认为化肥袋处理行为更多地源于种植户的习惯，与内、外部动机的关系可能不大。

基于上述分析，对于种植户农业环境保护行为来讲，其内部动机来源并不是农业环境保护的愉悦感，而是源于农业环境保护的责任感，至此，H2－1 得证。

四　种植户农业环境保护行为——内部动机与外部动机是否兼容

基于上述对蔬菜种植户农业环境保护不同行为的分析，基于愉悦感的内部动机影响不显著，除化肥袋处理行为外，基于责任感的内部动机和农业环境保护外部动机大多有显著的正向影响。本小节将上述五种行为加总作为蔬菜种植户农业环境保护行为的综合得分，并进一步探讨在农业环境保护行为上，基于责任感的内部动机、农业环境保护外部动机是否仍存在积极影响，同时验证二者是否兼容。需要说明的是，风险规避程度的影响虽然可能在农药、化肥施用行为上和农业生产废弃物处理行为上不同，但作为农户农业生产行为的关键变量，本书将其保留，但在农业环境保护行为整体得分上，该变量影响不做预期。

（一）普通蔬菜种植户

采用贝叶斯非线性结构方程模型对蔬菜种植户在农业环境保护行为中，基于责任感的内部动机与农业环境保护外部动机及二者协同效应的影响进行估计，结果见表5－15。

表5－15　普通蔬菜种植户基于责任感的内部动机与农业环境保护外部动机兼容性验证

路径	系数	95%置信区间		路径	系数	95%置信区间	
		下限	上限			下限	上限
$I_2 \times E \to B$	-0.052*	-0.115	0.010	$I_2 \to I_{22}$	1.041***	0.427	1.665
$I_2 \to B$	0.098**	0.014	0.182	$I_2 \to I_{23}$	1.034***	0.419	1.627
$PBC \to B$	0.068	-0.125	0.263	$I_2 \to I_{24}$	1.021***	0.413	1.629
$W \to B$	0.141***	0.052	0.230	$PBC \to PBC_1$	1.000		
$E \to B$	0.080**	0.000	0.161	$PBC \to PBC_2$	0.993***	0.383	1.602
$Gender \to B$	0.022	-0.175	0.221	$PBC \to PBC_3$	0.655**	0.041	1.268
$Age \to B$	-0.002	-0.024	0.021	$PBC \to PBC_4$	0.698**	0.084	1.311
$EDU \to B$	0.227***	0.155	0.299	$W \to W_1$	1.000		
$Risk \to B$	-0.009	-0.209	0.187	$W \to W_2$	0.623**	0.015	1.233
$PM \to B$	0.050	-0.146	0.249	$W \to W_3$	0.929***	0.322	1.536
$Leader \to B$	-0.009	-0.179	0.161	$W \to W_4$	0.930***	0.734	1.126
$Health \to B$	0.127**	0.058	0.196	$W \to W_5$	1.075***	0.461	1.689
$PO \to B$	-0.048	-0.188	0.092	$E \to E_1$	1.000		
$APO \to B$	0.059	-0.130	0.252	$E \to E_2$	0.978***	0.368	1.587
$Income \to B$	0.165***	0.076	0.253	$E \to E_3$	1.601***	0.780	2.421
$Ratio \to B$	-0.026	-0.097	0.046	$E \to E_4$	0.940***	0.375	1.505
$FZ \to B$	0.011	-0.055	0.077	$E \to E_5$	0.610***	0.395	0.827
$Year \to B$	-0.060	-0.209	0.102	$E \to E_6$	0.651***	0.289	1.013
$C \to B$	0.143**	0.021	0.265	$C \to C_1$	1.000		
$COOP \to B$	0.134	-0.102	0.369	$C \to C_2$	0.989***	0.376	1.603
$Train \to B$	0.053	-0.085	0.185	$C \to C_3$	0.809**	0.196	1.422

续表

路径	系数	95%置信区间		路径	系数	95%置信区间	
		下限	上限			下限	上限
$Check \to B$	0.150***	0.050	0.249	$C \to C_4$	1.085***	0.465	1.707
$SX \to B$	0.013	-0.295	0.320	$C \to C_5$	0.967***	0.353	1.580
$SD \to B$	0.002	-0.211	0.214	$C \to C_6$	0.668**	0.054	1.282
$HN \to B$	-0.022	-0.214	0.167	$C \to C_7$	1.309***	0.696	1.921
$I_2 \to I_{21}$	1.000						

注：*、** 和 *** 分别表示在 10%、5% 和 1% 的水平下显著。

贝叶斯非线性结构方程模型采用 Gibbs 抽样方法抽样 20000 次，“燃烧期” 10000 次后进行了马尔科夫双链迭代，估计结果如图 5-12 所示，可知该模型估计已稳定收敛。

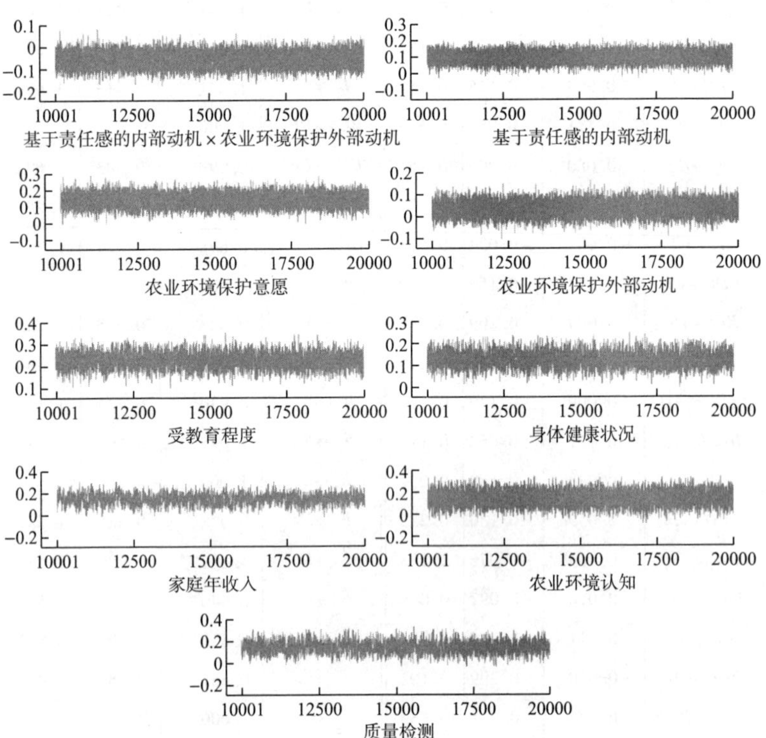

图 5-12　普通蔬菜种植户农业环境保护行为马尔科夫双链迭代路径

由表 5－15 分析可知，在种植户农业环境保护行为上，基于责任感的内部动机与农业环境保护外部动机均对行为有显著正向影响，但二者的协同效应显著为负，表明对于普通蔬菜种植户来讲，基于责任感的内部动机与农业环境保护外部动机在一定程度上此消彼长，呈不兼容现象。此外，对普通蔬菜种植户农业环境保护行为有显著影响的因素包括农业环境保护意愿、受教育程度、身体健康状况、家庭年收入、农业环境认知和质量检测。其中种植户农业环境保护意愿显著正向影响其行为；受教育程度越高，种植户保护农业环境的可能性越大；种植户身体健康状况越好，越可能采取保护农业环境的行为；种植户家庭年收入越高，越对农业环境保护行为产生积极影响；作为外部强制规范约束，农产品质量检测显著促进了种植户农业环境保护行为的出现。村干部身份与预期不符，但其回归系数接近于零，可能是具有该身份的人较少所致。

（二）无公害蔬菜种植户

表 5－16 给出了采用贝叶斯非线性结构方程模型对无公害蔬菜种植户在农业环境保护行为中，基于责任感的内部动机、农业环境保护外部动机及二者的协同效应对农业环境保护行为影响的估计结果。其中，模型收敛结果见图 5－13，马尔科夫双链高度重合，贝叶斯非线性结构方程模型估计已稳定收敛。

表 5－16 无公害蔬菜种植户基于责任感的内部动机与农业环境保护外部动机兼容性验证

路径	系数	95%置信区间		路径	系数	95%置信区间	
		下限	上限			下限	上限
$I_2 \times E \rightarrow B$	-0.021	-0.070	0.028	$I_2 \rightarrow I_{23}$	0.711***	0.497	0.925
$I_2 \rightarrow B$	0.058*	-0.001	0.117	$I_2 \rightarrow I_{24}$	0.631***	0.441	0.821
$PBC \rightarrow B$	0.015	-0.114	0.144	$PBC \rightarrow PBC_1$	1.000		

续表

路径	系数	95%置信区间		路径	系数	95%置信区间	
		下限	上限			下限	上限
$W \to B$	0.124***	0.052	0.196	$PBC \to PBC_2$	0.955***	0.843	1.067
$E \to B$	0.117***	0.063	0.172	$PBC \to PBC_3$	0.644***	0.538	0.750
$Gender \to B$	-0.010	-0.055	0.035	$PBC \to PBC_4$	0.615***	0.495	0.735
$Age \to B$	0.059**	0.001	0.109	$W \to W_1$	1.000		
$EDU \to B$	0.126***	0.043	0.209	$W \to W_2$	1.132***	0.934	1.330
$Risk \to B$	-0.024	-0.155	0.107	$W \to W_3$	1.042***	0.822	1.262
$PM \to B$	0.022	-0.080	0.124	$W \to W_4$	1.112***	0.849	1.375
$Leader \to B$	0.012	-0.025	0.049	$W \to W_5$	1.001***	0.752	1.250
$Health \to B$	0.063*	-0.009	0.135	$E \to E_1$	1.000		
$PO \to B$	-0.014	-0.057	0.029	$E \to E_2$	0.999***	0.838	1.160
$APO \to B$	0.024	-0.109	0.157	$E \to E_3$	0.802***	0.631	0.973
$Income \to B$	0.094***	0.041	0.148	$E \to E_4$	1.092***	0.912	1.272
$Ratio \to B$	-0.015	-0.088	0.058	$E \to E_5$	0.922***	0.771	1.073
$FZ \to B$	0.007	-0.017	0.031	$E \to E_6$	0.634***	0.489	0.779
$Year \to B$	-0.003	-0.019	0.013	$C \to C_1$	1.000		
$C \to B$	0.091**	0.030	0.154	$C \to C_2$	2.103***	1.676	2.530
$COOP \to B$	0.134***	0.069	0.198	$C \to C_3$	1.819***	1.382	2.256
$Train \to B$	0.040	-0.154	0.234	$C \to C_4$	1.003***	0.636	1.370
$Check \to B$	0.104***	0.053	0.154	$C \to C_5$	1.982***	1.576	2.388
$TB \to B$	-0.071*	-0.151	0.009	$C \to C_6$	1.545***	1.245	1.845
$I_2 \to I_{21}$	1.000			$C \to C_7$	1.978***	1.496	2.460
$I_2 \to I_{22}$	0.666***	0.446	0.886				

注：*、** 和 *** 分别表示在 10%、5% 和 1% 的水平下显著。

由表 5-16 分析可知，对于无公害蔬菜种植户来讲，基于责任感的内部动机、农业环境保护外部动机对其农业环境保护行为均有显著正向影响，假设 H2-3 得证。基于责任感的内部动机与农业环境保护外部动机的协同效应不显著，但其影响方向为负，在一定程度上说明了二者不兼容。种植户农业环境保护意愿对其

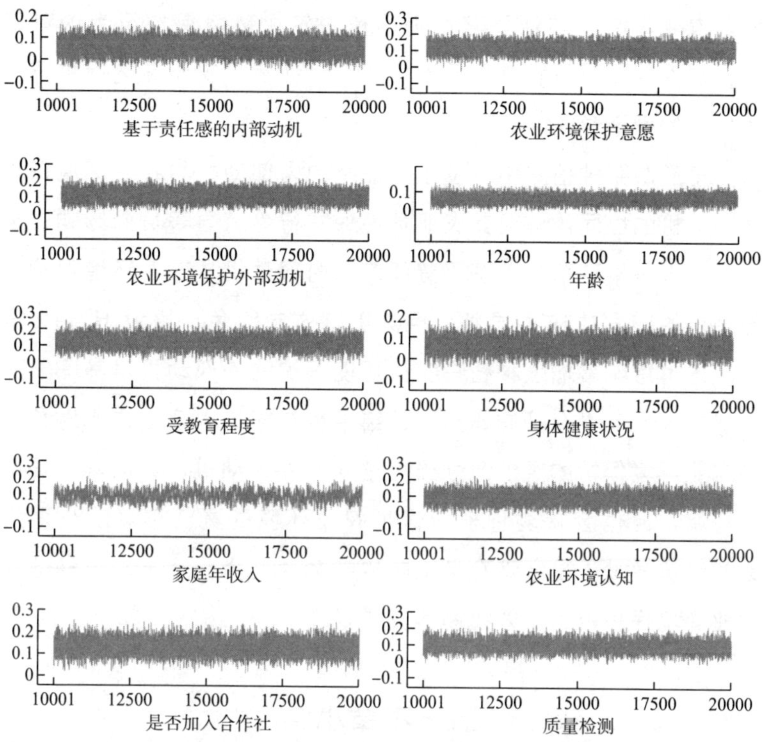

图 5-13 无公害蔬菜种植户农业环境保护行为马尔科夫双链迭代路径

农业环境保护行为有显著正向影响。此外，对无公害蔬菜种植户农业环境保护行为有显著影响的因素还有年龄、受教育程度、身体健康状况、家庭年收入、农业环境认知、是否加入合作社和质量检测。其中，年龄的影响与预期不符，可能的原因是，一方面，本书蔬菜种植户受访者年龄相对较大；另一方面，年龄较大的种植户经历了农业环境逐渐恶化的过程，对农业环境更加“珍视”。受教育程度的提高能显著增加种植户农业环境保护行为。身体健康状况越好，种植户越可能采取保护农业环境的行为。家庭年收入越高，种植户可能对经济利益的关注程度越低，进而越有利于其农业环境保护行为的产生，该结果可作为从微观角度对 Burton 和 Wilson（2006）、Sulemana 和 James（2014）观点的验证，即随着经济发展水平的提高，农户越来越具有环境保护的倾向。农业环境认知能显著增加种植户农业环境保护行为的可能性；加入合作社与农产品质量检测均对种植户农业环境保护行为有显著的积极影响。

普通蔬菜种植户中，基于责任感的内部动机与农业环境保护外部动机的协同效应对其农业环境保护行为有显著负向影响，虽在无公害蔬菜种植户中基于责任感的内部动机与农业环境保护外部动机的协同效应不显著，但其影响方向为负，假设 H2 - 2 得证。这也意味着增强种植户农业环境保护的外部动机对其基于责任感的内部动机有抑制作用，该结果也在一定程度上说明对种植户农业环境保护的经济激励虽可增强其外部动机，促使其保护农业环境，但也会减弱种植户保护农业环境的责任感。从长期来看，经济激励不是经济意义上帕累托最优选择，且不利于种植户农业环境保护行为长效机制的形成。

五　本章小结

本章以 1057 份普通蔬菜种植户和 266 份无公害蔬菜种植户微观调查数据为数据库，将蔬菜种植户农业环境保护行为分为三大类，即农药施用行为、化肥施用行为和农业生产废弃物处理行为，并进一步将农业生产废弃物分为农药瓶（袋）、化肥袋和地膜处理行为。

分析了受访者农业环境保护行为现状，并比较了两类种植户农业环境保护行为的差异，发现除化肥袋处理行为外，其余行为平均值得分均表现为无公害蔬菜种植户略高，T 检验结果表明，整体来看，无公害蔬菜种植户农业环境保护行为平均值得分显著高于普通蔬菜种植户；结合种植户农业环境保护意愿来看，表现为种植户农业环境保护意愿并未完全转化为行为。

采用多元线性回归模型和贝叶斯多元线性回归模型分析了两

类蔬菜种植户农业环境保护内部动机对农药、化肥施用行为的影响，其中对种植户农药施用行为的分析采用多元线性回归模型和有先验信息的贝叶斯多元线性回归模型，先验信息来源于中国农户农药施用行为影响因素的 Meta 分析结果。结果表明，基于愉悦感的内部动机对种植户农药和化肥施用行为无显著影响，基于责任感的内部动机存在显著正向影响；种植户农业环境保护外部动机同样为显著的正向影响；农业环境保护意愿显著增加了种植户无公害生物农药、不施药和施用有机肥的可能性。此外，从农药施用行为来看，影响普通蔬菜种植户农药施用行为的关键因素还有感知行为控制、年龄、是否加入合作社和质量检测，影响无公害蔬菜种植户农药施用行为的关键因素包括家庭劳动力人数和家庭年收入；从化肥施用行为来看，影响普通蔬菜种植户化肥施用行为的关键因素还有性别、风险规避程度、家庭年收入、蔬菜种植收入占比、蔬菜种植面积、农业环境认知和接受种植培训，影响无公害蔬菜种植户化肥施用行为的关键因素为身体健康状况和家庭人口数。

考虑到农业生产废弃物处理的相似性，采用似不相关回归模型和贝叶斯似不相关回归模型同时分析蔬菜种植户农药瓶（袋）、化肥袋和地膜处理行为，结果表明三种行为的回归残差相关系数矩阵非对角元素呈显著正相关关系，为分析方法选择的合理性提供了依据。结果发现，除化肥袋处理行为外，农药瓶（袋）和地膜处理行为的分析均表明（无公害蔬菜种植户农药施用行为中，基于责任感的内部动机接近显著性临界值）基于责任感的内部动机、农业环境保护外部动机和农业环境保护意愿大多有显著正向影响，基于愉悦感的内部动机影响不显著，进一步为种植户农业环境保护的内部动机源于责任感提供了证据。此外，对农药瓶（袋）处理行为来讲，影响普通蔬菜种植户农药瓶（袋）合理处置的影响因素包括风险规避程度、身体健康状况、蔬菜种植收入占比、农业环境认知和质量检测等；影响无公害蔬菜种植户农药瓶（袋）合理处置的影响因素为家庭人口数。对于化肥袋处理行为来讲，影响普通蔬菜种植户化肥袋合理处置的影响因素包括感知行为控制、年龄、受教育程度、风险规避程度和质量检测；影响无公害蔬菜种植户化肥袋合理处置的影响因素包括受教育程度和家庭年收入。对于地膜处理行为来讲，影响普通蔬菜种植户地膜合理处置的影响因素包括蔬菜种植收入占比和蔬菜种植面积；影响无公害蔬菜种植户地膜合理处置的影响因素为风险规避程度等。

基于动机拥挤理论验证在种植户农业环境保护行为上，其农业环境保护基于责任感的内部动机与农业环境保护外部动机是否兼容。结果表明，对于普通蔬菜种植户来讲，基于责任感的内部动机和农业环境保护外部动机的协同效应显著为负，在无公害蔬菜种植户中，二者的协同效应虽不显著，但其影响方向为负，说明了二者不兼容，也进一步暗示了为激励种植户农业环境保护行为而采取的经济补偿方式可能挤出种植户的内部动机。从长远来看，农业环境保护的经济补偿是无效的，且阻碍了种植户农业环境保护长效机制的形成。

第六章

种植户农业环境保护内部动机、意愿和行为的关系

在本书第四章和第五章已分别就种植户农业环境保护内部动机对农业环境保护意愿和行为的影响进行了验证，分析结果表明，种植户农业环境保护基于责任感的内部动机对其农业环境保护意愿和行为有显著正向影响，且种植户农业环境保护意愿对其农业环境保护行为有显著正向影响。上述研究结果为本书的研究提出了两个新的问题，即种植户农业环境保护内部动机会同时影响意愿和行为，且种植户农业环境保护意愿也会影响其行为，那么在内部动机影响行为的路径中，意愿是否存在中介效应？此外，在种植户农业环境保护意愿向行为的转化中，内部动机是否存在调节效应？如果存在，是正向调节还是负向调节？对上述问题的回答可使本书所要研究的问题更为完整，且可进一步验证本书所构建理论分析框架的合理性。

一　问题的提出与研究假设

包括计划行为理论和自我决定理论等在内的较多个体行为分析的理论均认为意愿是行为的前项，即个体执行某一行为应首先有执行该行为的意愿，这也是目前较多研究以意愿作为现实行为代理变量的主要原因（Malek et al.，2017；Natan et al.，2017）。在心理学和行为经济学对个体行为分析的另一主要分支中，研究

视角主要基于个体动机（Clarke and Best，2017；Geng et al.，2017；Mantovani et al.，2017），认为个体行为源于行为的动机，其中对个体行为动机的研究主要集中于内部动机或外部动机（Afsar et al.，2016；Kuvaas et al.，2017）。近年来，随着不同学科研究的相互交叉和渗透，上述对个体行为的分析也正逐渐结合，特别是当所研究的行为难以直接测量时，通常以意愿来代替现实行为，其中二者结合的典型即以个体意愿代替行为，来研究个体行为的动机，虽然目前并无理论直接指出个体行为的意愿源于其动机，但由于意愿和行为具有较高的相近性，在实证研究中，较多学者研究了个体行为动机对个体意愿的影响（Hau et al.，2013；Hansen and Levin，2016；Correia and Kozak，2017）。

对于蔬菜种植户农业环境内部动机、农业环境保护意愿和行为来讲，本书的研究范式遵从了目前学术界对个体意愿和行为动机分析的思路，即认为蔬菜种植户农业环境保护的内部动机会影响其意愿和行为，且在本书第四章和第五章实证分析中验证了这种关系的存在，但显然意愿不等于行为，二者可能存在较大差异（李昊等，2017c，2018a，2018b）。虽然前文的研究结果支持了目前学术界相关的研究，遗憾的是，目前学术界较多研究将意愿和行为分开，单独探讨动机对意愿或行为的影响，尤其是农户农业环境保护行为的相关研究，对内部动机、意愿和行为的同时考量更为少见。结合本书的研究目的和前文的实证结果，即蔬菜种植户农业环境保护基于责任感的内部动机显著影响其农业环境保护意愿和行为，且种植户农业环境保护意愿同样对其农业环境保护行为有积极影响，本书提出如下假设。

H6－1：蔬菜种植户农业环境保护基于责任感的内部动机对其农业环境保护行为的影响同时存在直接和间接影响，间接影响为基于责任感的内部动机影响意愿，进而通过意愿影响行为。

此外，从前文实证结果来看，种植户农业环境保护意愿对其农业环境保护行为有显著正向影响，且基于责任感的内部动机同时影响了种植户农业环境保护意愿和行为，这也可能意味着种植户农业环境保护意愿向行为的转化受到其内部动机的调节，但由于目前缺乏相关的经验证据，本书对该调节作用的影响方向不做预期，故提出如下假设。

H6－2：蔬菜种植户农业环境保护意愿向行为的转化受到其农业环境保护基于责任感内部动机的调节。

二　变量选取及研究方法

（一）变量选取

由于本章研究的主要目的在于分析种植户农业环境保护基于责任感的内部动机、农业环境保护意愿和行为的关系，其中行为是因变量，结合本书所构建的农户农业环境保护行为理论分析框架，此处变量选取与第五章行为的分析类似，但与之不同的是，由于前文分析结果表明种植户农业环境保护基于愉悦感的内部动机对其意愿和行为无显著影响，故将其移除，仅保留基于责任感的内部动机，变量选取及理论预期见表6－1。

表6－1　变量选取及理论预期

变量类型	变量	测量方式	预期
内部动机	基于责任感的内部动机（I_2）	李克特五点量表潜变量（见表3－30）	+
感知行为控制（*PBC*）	保护农业环境能力（PBC_1）	完全没有＝1；基本没有＝2；一般＝3；有＝4；肯定有＝5	+
	保护农业环境机会（PBC_2）	完全没有＝1；基本没有＝2；一般＝3；有＝4；肯定有＝5	
	保护农业环境难易（PBC_3）	很困难＝1；比较困难＝2；一般＝3；容易＝4；非常容易＝5	
	保护农业环境措施（PBC_4）	完全不同意＝1；不同意＝2；一般＝3；同意＝4；完全同意＝5	

续表

变量类型	变量	测量方式	预期
农业环境保护意愿（W）	保护农业环境（W_1）	非常不愿意 =1；不愿意 =2；一般 =3；愿意 =4；非常愿意 =5	+
	减少农药、化肥施用（W_2）	非常不愿意 =1；不愿意 =2；一般 =3；愿意 =4；非常愿意 =5	
	用无公害生物农药和有机肥替代一般农药和化肥（W_3）	非常不愿意 =1；不愿意 =2；一般 =3；愿意 =4；非常愿意 =5	
	农业生产废弃物回收处理（W_4）	非常不愿意 =1；不愿意 =2；一般 =3；愿意 =4；非常愿意 =5	
	学习农业环境保护知识和技术（W_5）	非常不愿意 =1；不愿意 =2；一般 =3；愿意 =4；非常愿意 =5	
外部动机	农业环境保护外部动机（E）	李克特五点量表潜变量（见表 3 - 37）	+
个体特征	性别（*Gender*）	男 =1；女 =0	-
	年龄（*Age*）	实际年龄	-
	受教育程度（*EDU*）	未上过学 =0；小学 =1；初中 =2；高中 =3；高中以上 =4	+
	风险规避程度（*Risk*）	风险偏好 =1；风险中性 =2；风险规避 =3	+/-
	党员（*PM*）	是 =1；否 =0	+
	村干部（*Leader*）	是 =1；否 =0	+
	身体健康状况（*Health*）	非常差 =1；较差 =2；一般 =3；较好 =4；非常好 =5	+/-
家庭特征	家庭人口数（*PO*）	家庭实际人口数	-
	农业劳动力人数（*APO*）	家庭从事农业生产的人数	+
	家庭年收入（*Income*）	过去一年家庭总收入	+/-
	蔬菜种植收入占比（*Ratio*）	蔬菜种植收入占总收入比例	-
种植特征	蔬菜种植面积（*FZ*）	蔬菜种植了多少亩	+/-
	蔬菜种植年限（*Year*）	从事蔬菜种植多少年	+/-

续表

变量类型	变量	测量方式	预期
农业环境认知（C）	农业环境污染程度（C_1）	无污染 =1；污染较轻 =2；一般 =3；较重 =4；非常严重 =5	+
	施用农药污染（C_2）	肯定不会 =1；应该不会 =2；一般 =3；应该会 =4；肯定会 =5	
	施用化肥污染（C_3）	肯定不会 =1；应该不会 =2；一般 =3；应该会 =4；肯定会 =5	
	未发酵有机肥污染（C_4）	肯定不会 =1；应该不会 =2；一般 =3；应该会 =4；肯定会 =5	
	农药瓶（袋）污染（C_5）	肯定不会 =1；应该不会 =2；一般 =3；应该会 =4；肯定会 =5	
	化肥袋污染（C_6）	肯定不会 =1；应该不会 =2；一般 =3；应该会 =4；肯定会 =5	
	废弃地膜污染（C_7）	肯定不会 =1；应该不会 =2；一般 =3；应该会 =4；肯定会 =5	
外部条件因素	是否加入合作社（*COOP*）	是 =1；否 =0	+
	接受种植培训（*Train*）	无 =1；偶尔有 =2；一般 =3；较多 =4；培训非常多 =5	+
	质量检测（*Check*）	没有 =1；很少 =2；一般 =3；较多 =4；非常多 =5	+
地区控制变量	山西省（*SX*）	山西省 =1；其余 =0	+/-
	山东省（*SD*）	山东省 =1；其余 =0	+/-
	河南省（*HN*）	河南省 =1；其余 =0	+/-
	太白县（*TB*）	太白县 =1；其余 =0	+/-

（二）研究方法

1. 通径分析

为分析种植户农业环境保护基于责任感的内部动机对其农业环境保护行为的直接影响及可能存在的间接影响，采用通径分析

（Path Analysis）进行验证。通径分析是对普通回归模型的拓展，能同时考察变量间复杂的路径关系且提高检验效能（通常显著性水平为0.95）。若采用普通回归的方式检验H6-1中的3条路径关系，检验效能则变为$1-0.95^3=0.14$，即统计中一类错误的概率从5%上升为14%。故本书采用通径分析验证种植户农业环境保护基于责任感的内部动机对其农业环境保护行为影响的间接效应是否存在。

2. 贝叶斯非线性结构方程模型

为分析种植户农业环境保护基于责任感的内部动机在其农业环境保护意愿向行为转化间可能存在的调节作用，遵循方法学对调节变量分析的逻辑，即若基于责任感的内部动机正向调节了农业环境保护意愿对行为的影响，那么基于责任感的内部动机与农业环境保护意愿的交互项对行为的影响应为正，反之则为负向调节。常见的研究方法是分步回归，当变量中存在潜变量时无法直接回归，通常将潜变量的观测变量加总平均进行回归。与常见研究方法略有差异，本书采用贝叶斯非线性结构方程模型直接处理潜变量间的交互项，以期得出更为稳健的结果，见模型（4-11）和模型（4-12）。

3. 斜率分析

对种植户农业环境保护基于责任感的内部动机可能存在的调节效应，采用斜率分析（Slope Analysis）将基于责任感的内部动机按其均值分为高于和低于1个标准差（±1 SD），进一步分析当基于责任感的内部动机均值较高和较低时，种植户农业环境保护意愿向行为的转化是否不同（Preacher et al.，2006），公式如下：

$$y_{ij}=\beta_{0j}+\beta_{1j}x_{ij}+\varepsilon_{ij} \tag{6-1}$$

$$\beta_{0j}=r_{00}+r_{01}w_j+\mu_{0j} \tag{6-2}$$

$$\beta_{1j}=r_{10}+r_{11}w_j+\mu_{1j} \tag{6-3}$$

式中 y_{ij}为因变量，x_{ij}为自变量，β_{1j}、r_{01}和 r_{11}分别为回归系数，β_{0j}、r_{00}和 r_{10}分别为截距项；ε_{ij}、μ_{0j}和 μ_{1j}分别为残差项。将公式（6－2）和公式（6－3）代入公式（6－1），进一步推出：

$$y_{ij} = (r_{00} + r_{10}x_{ij} + r_{01}w_j + r_{11}x_{ij}w_j) + (\mu_{0j} + \mu_{1j}x_{ij} + \varepsilon_{ij}) \qquad (6-4)$$

式中 $x_{ij}w_j$ 为交互项，r_{11}则为交互项斜率，该回归公式可视为在 w_j存在的条件下，y_{ij}为因变量，x_{ij}为自变量的回归，通过改变 w_j值可以进一步分析在调节变量不同值的情况下自变量与因变量回归斜率的变化。

4. 倾向得分匹配

在本书第三章对种植户农业环境保护基于责任感的内部动机的影响因素分析中，种植户个体特征、家庭特征、种植特征等人口统计学特征和社会经济特征均可能影响其基于责任感的内部动机，且在目前农户农业环境保护行为分析中，上述基本特征变量也通常作为控制变量。种植户基本特征不同，可能造成其内部动机强弱的差异，即当同时分析基于责任感的内部动机、农业环境保护意愿和行为时，种植户的基本特征变量可能影响分析结果。为避免上述影响可能造成分析结果的偏差，本书基于倾向得分匹配（Propensity Score Matching，PSM）（Schöll et al.，2016）采用准实验方案设计平衡掉可能由个体特征不同造成的种植户基于责任感的内部动机的差异，即以本书蔬菜种植户农业环境保护基于责任感的内部动机的均值为界，将高于均值者作为实验处理组，低于均值者作为对照组，进一步检视种植户农业环境保护基于责任感的内部动机、农业环境保护意愿和行为的关系，公式如下：

$$ATT = E(Y_1 \mid I_i = 1) - E(Y_0 \mid I_i = 1) \qquad (6-5)$$

式中，ATT 为处理组平均处理效应；I_i 为种植户农业环境保护基于责任感的内部动机的哑变量，高于均值则取 1，反之取 0；Y_1 为农业环境保护基于责任感的内部动机取 1 时种植户农业环境保护行为，Y_0 表示假设同一种植户农业环境保护基于责任感的内部动机低于均值时其农业环境保护行为。事实上，该问题属于典型的反事实分析框架，能被观测到的只能是农业环境保护基于责任感的内部动机高于均值的种植户，即对照组 $E(Y_0 \mid I_i = 1)$ 无法被直接观测到，而能真正被观测到的结果为：

$$ATE = E(Y_1 \mid I_i = 1) - E(Y_0 \mid I_i = 0) \qquad (6-6)$$

式中，ATE 为平均处理效应。由公式（6－5）和公式（6－6）进一步推出：

$$ATE = ATT + E(Y_0 \mid I_i = 1) - E(Y_0 \mid I_i = 0) \qquad (6-7)$$

如果种植户农业环境保护基于责任感的内部动机高于或低于均值是完全随机分配的，则哑变量 I_i 将与结果变量（Y_1，Y_0）相互独立，意味着 $E(Y_0 \mid I_i = 1) = E(Y_0 \mid I_i = 0)$，此时 $ATE = ATT$。但该过程并非完全随机分配。因此，消除 $E(Y_0 \mid I_i = 1) - E(Y_0 \mid I_i = 0)$ 的影响便成为解决问题的关键。本书采用倾向得分匹配这一准实验方法来消除该影响，通过平衡处理组和对照组的实验前基本条件，即平衡农户个体特征、家庭特征和种植特征等基础要素，实现 I_i 与（Y_1，Y_0）条件独立。

现实研究中常见的做法是将基于广义线性模型（Logit 模型、Probit 模型等）的回归结果作为倾向得分，进而用局部线性回归或核匹配等方式对农户实验前基本条件进行平衡（崔宝玉等，2016；Schöll et al.，2016），虽然这种方式在一定程度上能降低 $E(Y_0 \mid I_i = 1) - E(Y_0 \mid I_i = 0)$ 的影响，但通常会导致某些特征在匹配后变得显著，即差异增大，从而引入了匹配误差。本书采用遗传算法（Wood and Donnell，2016）来解决上述问题，即通过遗传算法最小化处理组和对照组协变量的不均衡：

$$D(\vec{x}, \vec{y}, W) = \sqrt{(\vec{x} - \vec{y})^{T} (s^{-\frac{1}{2}})^{T} s^{-\frac{1}{2}} W (\vec{x} - \vec{y})} \qquad (6-8)$$

式中，$D(\vec{x}, \vec{y}, W)$ 为距离函数，$\vec{x}$ 和 $\vec{y}$ 分别对应于处理组和对照组农户群体，W 为权重，s 为处理组和对照组之间的协方差矩阵，$s^{-\frac{1}{2}}$ 为 s 的乔列斯基分解，T 为转置。通过上述方法消除 $E(Y_0 \mid I_i = 1) - E(Y_0 \mid I_i = 0)$ 的影响，从而形成包含实验组和处理组的新数据组合，然后对结果进行分析。

需要说明的是，在通径分析过程中，各变量采用观测变量方式处理，在贝叶斯非线性结构方程模型中采用潜变量进行处理。虽然上述处理过程不及完全随机实验，但本书认为这一处理过程仍对现有的研究进行了改进。

三　种植户农业环境保护从内部动机到行为——意愿的中介作用验证

（一）种植户农业环境保护意愿的中介作用的初步验证

1. 普通蔬菜种植户

采用通径分析法对普通蔬菜种植户农业环境保护意愿在基于责任感的内部动机到农业环境保护行为间的中介作用进行验证，结果如表 6－2 所示。

表 6－2　普通蔬菜种植户农业环境保护意愿的中介作用检验

路径关系	系数	标准误	路径关系	系数	标准误
$I_2 \to B$	0.583***	0.117	$APO \to B$	－0.096	0.101
$W \to B$	0.874***	0.110	$Income \to B$	0.035	0.031
$PBC \to B$	0.302*	0.165	$Ratio \to B$	0.910***	0.332
$E \to B$	0.466***	0.125	$FZ \to B$	0.007	0.009
$Gender \to B$	0.049	0.188	$Year \to B$	－0.006	0.014

续表

路径关系	系数	标准误	路径关系	系数	标准误
Age →*B*	0.023**	0.010	*C* →*B*	0.302*	0.067
EDU →*B*	0.231**	0.097	*COOP* →*B*	0.008	0.198
Risk →*B*	-0.502***	0.135	*Train* →*B*	0.263***	0.093
PM →*B*	0.167	0.292	*Check* →*B*	0.247**	0.101
Leader →*B*	0.328	0.344	*SX* →*B*	0.697**	0.296
Health →*B*	0.085	0.117	*SD* →*B*	0.201	0.279
PO →*B*	-0.007	0.068	*HN* →*B*	-0.079	0.310
		估计值	95%置信区间		
			下限	上限	
I_2→*B*	直接效应	0.162***	0.098	0.222	
	间接效应	0.117***	0.088	0.149	
	总效应	0.279***	0.222	0.336	

注：*、** 和 *** 分别表示在 10%、5% 和 1% 的水平下显著；中介效应为 Bootstrap 2000 次估计结果。

由表 6-2 分析可知，普通蔬菜种植户农业环境保护基于责任感的内部动机对其农业环境保护行为存在显著的直接影响和间接影响，其中间接影响为基于责任感的内部动机通过农业环境保护意愿进而影响行为，其中直接效应占比 58.06%，间接效应占比 41.94%，直接效应略大，假设 H6-1 初步得证。

此外，感知行为控制、农业环境保护外部动机、年龄、受教育程度、风险规避程度、蔬菜种植收入占比、农业环境认知、接受种植培训和质量检测均对普通蔬菜种植户农业环境保护行为有显著影响。其中，种植户保护农业环境的能力越强，越有助于产生农业环境保护行为；农业环境保护外部动机显著增加了种植户保护农业环境的可能性；年龄的影响与预期不符，可能是因为年龄较大的种植户经历了农业环境的变化，更加重视保护农业环境；受教育程度越高，越有利于种植户采取保护农业环境的行为；较高的风险规避程度不利于种植户农业环境保护行为的出现；蔬菜种植收入占比的影响与预期不符，可能是因为以蔬菜种植为主要收入来源的农户更加“珍视”农业环境；农业环境认知程度越高，越对种植户农业环境保护行为有积极影响；接受种植培训和质量检测均对种植户农业环境保护行为有显著正向影响。

2. 无公害蔬菜种植户

表6-3给出了无公害蔬菜种植户农业环境保护意愿在基于责任感的内部动机到农业环境保护行为间的中介作用的分析结果。需要说明的是，本书无公害蔬菜种植户样本量相对较小，在含有中介变量的通径分析中造成结果无法估计，故对无公害蔬菜种植户农业环境保护意愿的中介作用采用分步回归方法进行估计，首先回归了间接效应，进而回归了直接效应，间接效应和直接效应之一显著意味着总效应显著，总效应为直接效应和间接效应之和，为保守起见，显著性检验水平处于5%以上做不显著处理。

表6-3　无公害蔬菜种植户农业环境保护意愿的中介作用检验

路径关系	系数	标准误	路径关系	系数	标准误
$I_2 \to B$	1.209***	0.157	$PO \to B$	0.209*	0.127
$W \to B$	0.719***	0.210	$APO \to B$	0.116	0.212
$PBC \to B$	0.659***	0.229	$Income \to B$	0.036	0.034
$E \to B$	0.206*	0.124	$Ratio \to B$	0.144	0.693
$Gender \to B$	-0.079	0.313	$FZ \to B$	0.010	0.041
$Age \to B$	0.025*	0.015	$Year \to B$	-0.046	0.039
$EDU \to B$	-0.076	0.135	$C \to B$	0.108	0.297
$Risk \to B$	0.588***	0.192	$COOP \to B$	0.360	0.490
$PM \to B$	0.043	0.550	$Train \to B$	0.434***	0.150
$Leader \to B$	-1.069	0.659	$Check \to B$	0.048	0.171
$Health \to B$	0.522***	0.174	$TB \to B$	0.313	0.323
$I_2 \to B$	直接效应	间接效应	总效应		
	0.375***	0.209***	0.584***		

注：*、***分别表示在10%、1%的水平下显著。

由表 6－3 分析可知，对无公害蔬菜种植户来讲，基于责任感的内部动机、农业环境保护意愿均显著促进了种植户农业环境保护行为的出现，其中基于责任感的内部动机对农业环境保护行为存在直接和间接影响，其中直接效应占比 64.21%，间接效应占比 35.79%。

此外，对无公害蔬菜种植户农业环境保护行为有显著影响的因素包括感知行为控制、风险规避程度、身体健康状况和接受种植培训。农业环境保护外部动机、年龄和家庭人口数在 10% 的水平下显著，保守起见，将其做不显著处理。风险规避程度的影响显著为正，在调查过程中发现，与普通蔬菜种植户相比，无公害蔬菜种植户家庭收入水平相对较高，对风险的厌恶比普通蔬菜种植户略低，这也可能是该变量与预期不符的原因；种植户身体健康状况越好，越倾向于保护农业环境；接受种植培训的种植户能显著增加其保护农业环境的可能。

通过上述两类蔬菜种植户农业环境保护意愿中介作用的初步检验，在蔬菜种植户农业环境保护基于责任感的内部动机对农业环境保护行为的影响上，农业环境保护意愿起到了部分中介作用，表现为基于责任感的内部动机可直接影响农业环境保护行为，也可通过农业环境保护意愿间接影响农业环境保护行为，且上述分析初步表明直接效应略大于间接效应。

（二）种植户农业环境保护意愿中介作用的再检视

1. 普通蔬菜种植户

如前文所述，个体特征、家庭特征、种植特征以及区域变量等可能影响了种植户内部动机水平的高低，为避免此类变量的干扰，采用基于遗传算法的倾向得分匹配对其进行平衡，并允许重复配对，倾向得分匹配结果如表 6－4 所示。

表 6-4　普通蔬菜种植户倾向得分匹配结果

变量	标准均值差		显著性 p 值	
	匹配前	匹配后	匹配前	匹配后
PBC	29.569	3.241	0.000***	0.244
E	-36.749	-0.637	0.000***	0.402
Gender	-7.491	-0.733	0.220	0.637
Age	-11.041	-1.488	0.071*	0.749
EDU	15.350	8.706	0.012**	0.114
Risk	-13.723	-0.942	0.030**	0.847
PM	9.321	0.000	0.110	1.000
Leader	20.173	1.665	0.000***	0.846
Health	20.021	3.650	0.001***	0.352
PO	6.903	7.543	0.272	0.165
APO	-19.094	1.114	0.003***	0.781
Income	1.188	2.011	0.873	0.614
Ratio	-2.234	-1.427	0.714	0.751
FZ	-2.029	0.016	0.833	0.997
Year	7.665	-3.539	0.045**	0.577
C	31.814	2.102	0.000***	0.165
COOP	4.009	1.073	0.515	0.564
Train	0.982	3.784	0.867	0.177
Check	-5.301	1.954	0.370	0.460
SX	-40.888	-0.936	0.000***	0.414
SD	7.207	-4.051	0.232	0.105
HN	21.212	5.448	0.000***	0.156

注：*、** 和 *** 分别表示在 10%、5% 和 1% 的水平下显著。

由表 6-4 分析可知，与匹配前相比，匹配后除家庭人口数、家庭年收入和接受种植培训三个变量外，其余变量标准均值差的绝对值均有所下降，且从显著性 p 值来看，匹配后 p 值均不显著，表明匹配效果较好，允许重复匹配后形成新数据 571 对。采用倾向得分匹配后所得新数据对普通蔬菜种植户农业环境保护意愿的中介作用进行检验，结果如表 6-5 所示。

表 6－5　对普通蔬菜种植户农业环境保护意愿的中介作用进一步估计

路径关系	系数	标准误	路径关系	类型	估计值	95%置信区间	
						下限	上限
$I_2 \to B$	0.316***	0.117	$I_2 \to B$	直接效应	0.085***	0.018	0.147
$I_2 \to W$	0.527***	0.026		间接效应	0.197***	0.165	0.234
$W \to B$	1.402***	0.116		总效应	0.282***	0.234	0.331

注：*** 表示在 1% 的水平下显著。

由表 6－5 分析可知，在平衡了个体特征、家庭特征和农业环境认知特征等可能影响种植户内部动机水平高低的变量后，基于责任感的内部动机和农业环境保护意愿对其农业环境保护行为有显著正向影响，基于责任感的内部动机对其农业环境保护意愿同样存在显著正向影响。农业环境保护意愿在基于责任感的内部动机对种植户农业环境保护行为的影响中有部分中介作用，基于责任感的内部动机对其农业环境保护行为的直接效应占比 30.14%，间接效应占比 69.86%，间接效应大于直接效应。

2. *无公害蔬菜种植户*

同样采用基于遗传算法的倾向得分匹配对无公害蔬菜种植户进行分析，允许重复匹配，匹配结果如表 6－6 所示。

表 6－6　无公害蔬菜种植户倾向得分匹配结果

变量	标准均值差		显著性 p 值	
	匹配前	匹配后	匹配前	匹配后
PBC	163.720	16.782	0.000***	0.157
E	－8.008	3.883	0.508	0.595
Gender	－16.871	－16.786	0.036**	0.165
Age	－24.064	－3.441	0.073*	0.686
EDU	29.200	3.924	0.018**	0.340
Risk	－21.783	－7.715	0.016**	0.535
PM	39.469	9.079	0.000***	0.135
Leader	27.880	7.407	0.004***	0.445

续表

变量	标准均值差		显著性 p 值	
	匹配前	匹配后	匹配前	匹配后
Health	54.719	-11.096	0.001***	0.126
PO	36.472	12.684	0.002***	0.106
APO	42.995	13.864	0.000***	0.387
Income	19.260	4.894	0.109	0.525
Ratio	44.772	17.157	0.001***	0.109
FZ	42.177	-5.497	0.001***	0.348
Year	-3.354	-0.276	0.792	0.968
C	147.700	19.353	0.000***	0.128
COOP	81.626	-2.583	0.000***	0.655
Train	33.825	-5.542	0.007***	0.442
Check	67.891	-18.842	0.000***	0.123
TB	-36.779	-12.770	0.003***	0.102

注：*、** 和 *** 分别表示在 10%、5% 和 1% 的水平下显著。

由表 6-6 分析可知，倾向得分匹配后，各变量标准均值差的绝对值均有所下降，匹配后 p 值均不显著，表明匹配效果较好，匹配后形成新数据 160 对。基于匹配后数据进一步检视无公害蔬菜种植户农业环境保护基于责任感的内部动机对农业环境保护行为的影响是否存在直接和间接效应，结果如表 6-7 所示。

表 6-7　对无公害蔬菜种植户农业环境保护意愿中介作用的进一步估计

路径关系	系数	标准误	路径关系	类型	估计值	95% 置信区间	
						下限	上限
$I_2 \to B$	0.564***	0.134	$I_2 \to B$	直接效应	0.221***	0.108	0.333
$I_2 \to W$	0.322***	0.057		间接效应	0.070***	0.034	0.110
$W \to B$	0.576***	0.143		总效应	0.290***	0.175	0.401

注：*** 表示在 1% 的水平下显著。

由表6－7分析可知，无公害蔬菜种植户农业环境保护基于责任感的内部动机、农业环境保护意愿对其农业环境保护行为有显著正向影响，且基于责任感的内部动机对其农业环境保护行为的影响同时存在直接和间接效应。其中直接效应占比75.86%，间接效应占比24.14%，直接效应明显大于间接效应。

基于上述分析，虽然在倾向得分匹配前后，种植户农业环境保护基于责任感的内部动机对其农业环境保护行为影响的直接效应和间接效应大小存在差异，但结果均表明，种植户农业环境保护意愿在种植户农业环境保护基于责任感的内部动机对农业环境保护行为影响中存在中介作用，且为部分中介作用，假设H6－1得证。

四　种植户农业环境保护从意愿到行为——内部动机的调节作用验证

（一）种植户农业环境保护内部动机调节作用的初步验证

1. 普通蔬菜种植户

基于贝叶斯非线性结构方程模型，验证普通蔬菜种植户农业环境保护基于责任感的内部动机在其农业环境保护意愿对行为的影响中可能存在的调节作用，结果如表6－8所示。

表6－8　普通蔬菜种植户农业环境保护基于责任感的内部动机调节作用验证

路径关系	系数	95%置信区间		路径关系	系数	95%置信区间	
		下限	上限			下限	上限
$I_2 \times W \to B$	0.093**	0.029	0.157	$I_2 \to I_{22}$	1.020***	0.820	1.220
$I_2 \to B$	0.085**	0.013	0.158	$I_2 \to I_{23}$	0.999***	0.809	1.189
$W \to B$	0.134***	0.078	0.192	$I_2 \to I_{24}$	1.031***	0.774	1.288

续表

路径关系	系数	95%置信区间		路径关系	系数	95%置信区间	
		下限	上限			下限	上限
$PBC \to B$	0.052	-0.205	0.309	$PBC \to PBC_1$	1.000		
$E \to B$	0.940***	0.854	1.026	$PBC \to PBC_2$	0.987***	0.813	1.161
$Gender \to B$	0.020	-0.066	0.106	$PBC \to PBC_3$	0.689***	0.528	0.850
$Age \to B$	-0.002	-0.016	0.013	$PBC \to PBC_4$	0.712***	0.565	0.859
$EDU \to B$	0.162***	0.102	0.223	$W \to W_1$	1.000		
$Risk \to B$	-0.005	-0.027	0.017	$W \to W_2$	0.675***	0.473	0.877
$PM \to B$	0.025	-0.073	0.123	$W \to W_3$	0.911***	0.686	1.136
$Leader \to B$	0.003	-0.019	0.025	$W \to W_4$	0.933***	0.684	1.182
$Health \to B$	0.144***	0.067	0.221	$W \to W_5$	1.031***	0.962	1.099
$PO \to B$	0.000	-0.128	0.127	$E \to E_1$	1.000		
$APO \to B$	0.051	-0.188	0.290	$E \to E_2$	0.965***	0.669	1.261
$Income \to B$	0.132***	0.082	0.183	$E \to E_3$	1.542***	1.350	1.734
$Ratio \to B$	-0.007	-0.048	0.034	$E \to E_4$	0.992***	0.780	1.204
$FZ \to B$	0.044	-0.117	0.205	$E \to E_5$	0.722***	0.575	0.869
$Year \to B$	0.065*	-0.019	0.149	$E \to E_6$	0.651***	0.520	0.782
$C \to B$	0.116***	0.064	0.168	$C \to C_1$	1.000		
$COOP \to B$	0.096**	0.001	0.191	$C \to C_2$	0.953***	0.724	1.182
$Train \to B$	0.045	-0.184	0.274	$C \to C_3$	0.831***	0.613	1.049
$Check \to B$	0.142***	0.082	0.203	$C \to C_4$	1.041***	0.837	1.245
$SX \to B$	0.028	-0.133	0.189	$C \to C_5$	0.955***	0.765	1.145
$SD \to B$	0.081**	0.002	0.159	$C \to C_6$	0.745***	0.525	0.965
$HN \to B$	-0.011	-0.327	0.305	$C \to C_7$	1.208***	0.967	1.449
$I_2 \to I_{21}$	1.000						

注：*、** 和 *** 分别表示在 10%、5% 和 1% 的水平下显著。

贝叶斯非线性结构方程模型采用 Gibbs 抽样方法抽样 20000 次，“燃烧期” 10000 次后进行马尔科夫双链迭代，该模型估计收敛性检验见图 6-1，马尔科夫双链迭代路径重合度较高，表明模型已稳定收敛。

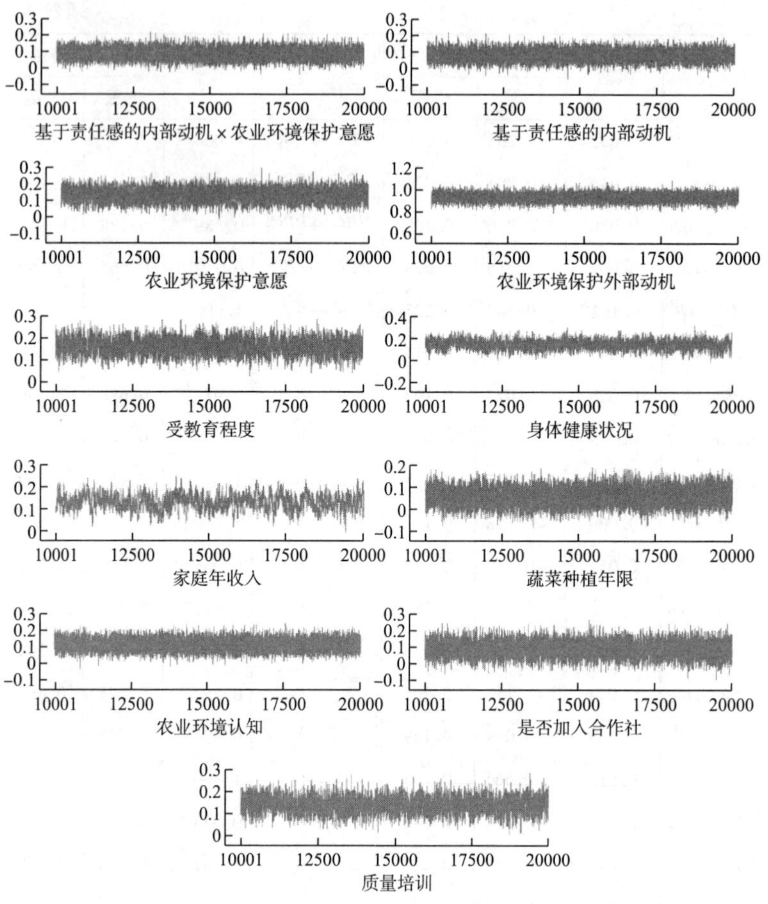

图 6-1　普通蔬菜种植户基于责任感的内部动机调节作用马尔科夫双链迭代路径

由表 6-8 分析可知，在普通蔬菜种植户农业环境保护意愿向农业环境保护行为的转化中，基于责任感的内部动机存在显著的正向调节作用，即基于责任感的内部动机越强，种植户农业环境保护意愿越容易转变为现实行为。此外，单独来看，基于责任感的内部动机和农业环境保护意愿同样对种植户农业环境保护行为有显著正向影响；农业环境保护外部动机越强，越有利于种植户农业环境保护行为的出现。受教育程度、身体健康状况、家庭年收入、蔬菜种植年限、农业环境认知、是否加入合作社和质量检测均对种植户农业环境保护行为有显著影响。其中，受教育程度越高，越有利于种植户采取保护农业环境的行为；身体健康状况越好，种植户越可能保护农业环境；家庭年收入、农业环境认知和加入合作社对种植户农业环境保护行为有显著的积极影响；农产品质量检测作为外部强制性约束显著增加了种植户保护农业环境的可能。与表 5 – 15 相比，村干部身份影响方向不一致，但估计系数均接近于零，可能意味着在受访者中，是否为村干部身份对种植户农业环境保护行为的影响不大；蔬菜种植年限估计结果不一致，不做推论。其余变量相对较为稳定，也在一定程度上表明本书分析结果的稳健性。

2. *无公害蔬菜种植户*

采用贝叶斯非线性结构方程模型，验证无公害蔬菜种植户农业环境保护基于责任感的内部动机在其农业环境保护意愿对行为的影响中可能存在的调节作用，结果如表 6 – 9 所示。贝叶斯非线性结构方程模型采用 Gibbs 抽样方法抽样 20000 次，“燃烧期”10000 次后进行马尔科夫双链迭代，见图 6 – 2。

由图 6 – 2 分析可知，马尔科夫双链迭代路径重合度较高，表明模型估计已稳定收敛。由表 6 – 9 分析可知，对于无公害蔬菜种植户来讲，基于责任感的内部动机与农业环境保护意愿对农业环境保护行为均有显著正向影响，基于责任感的内部动机在种植户农业环境保护意愿向行为的转化中存在显著的正向调节作用。假设 H6 – 2 初步得证。

此外，农业环境保护外部动机、受教育程度、农业环境认知、是否加入合作社和质量检测对种植户农业环境保护行为有显著影响。其中种植户对农业环境认知程度越高，越可能增加其保护农业环境的可能性；农业环境保护外部动机对种植户保护农业环境存在显著正向影响；受教育程度越高，越有利于种植户保护农业环境；加入合作社的蔬菜种植户和农产品质量检测均有利于种植户农业环境保护行为的出现。与表 5－16 相比，党员和村干部身份影响方向相同，但其回归系数相对较小；家庭年收入在表 6－9 中不显著，且接近于零，可能是本书无公害蔬菜种植户样本量相对较小所致。

表 6－9　无公害蔬菜种植户农业环境保护基于责任感的内部动机调节作用验证

路径关系	系数	95% 置信区间		路径关系	系数	95% 置信区间	
		下限	上限			下限	上限
$I_2 \times W \to B$	0.054*	-0.008	0.116	$I_2 \to I_{23}$	0.732***	0.597	0.867
$I_2 \to B$	0.060*	-0.009	0.129	$I_2 \to I_{24}$	0.654***	0.495	0.813
$W \to B$	0.111**	0.023	0.198	$PBC \to PBC_1$	1.000		
$PBC \to B$	0.012	-0.129	0.153	$PBC \to PBC_2$	0.921***	0.656	1.186
$E \to B$	0.077*	-0.014	0.168	$PBC \to PBC_3$	0.689***	0.503	0.875
$Gender \to B$	-0.015	-0.284	0.254	$PBC \to PBC_4$	0.644***	0.421	0.867
$Age \to B$	0.004	-0.025	0.033	$W \to W_1$	1.000		
$EDU \to B$	0.096*	-0.003	0.195	$W \to W_2$	1.212***	0.845	1.579
$Risk \to B$	-0.017	-0.104	0.072	$W \to W_3$	0.998***	0.624	1.372
$PM \to B$	0.011	-0.036	0.058	$W \to W_4$	1.066***	0.766	1.366
$Leader \to B$	0.009	-0.026	0.044	$W \to W_5$	0.978***	0.641	1.315
$Health \to B$	0.008	-0.010	0.026	$E \to E_1$	1.000		
$PO \to B$	0.007	-0.020	0.034	$E \to E_2$	0.945***	0.706	1.184
$APO \to B$	-0.021	-0.103	0.061	$E \to E_3$	0.788***	0.576	1.000
$Income \to B$	0.000	-0.012	0.013	$E \to E_4$	1.033***	0.806	1.260
$Ratio \to B$	0.059	-0.115	0.233	$E \to E_5$	0.911***	0.711	1.111
$FZ \to B$	-0.041	-0.147	0.065	$E \to E_6$	0.655***	0.414	0.896
$Year \to B$	-0.032	-0.108	0.044	$C \to C_1$	1.000		
$C \to B$	0.077*	-0.012	0.166	$C \to C_2$	1.953***	1.514	2.392
$COOP \to B$	0.106**	0.008	0.205	$C \to C_3$	1.762***	1.299	2.225
$Train \to B$	0.010	-0.090	0.109	$C \to C_4$	0.961***	0.528	1.394
$Check \to B$	0.092**	0.004	0.179	$C \to C_5$	1.824***	1.407	2.241

续表

路径关系	系数	95%置信区间		路径关系	系数	95%置信区间	
		下限	上限			下限	上限
$TB \to B$	-0.063	-0.283	0.157	$C \to C_6$	1.512^{***}	1.136	1.888
$I_2 \to I_{21}$	1.000			$C \to C_7$	1.788^{***}	1.382	2.194
$I_2 \to I_{22}$	0.662^{***}	0.521	0.803				

注：*、**和***分别表示在10%、5%和1%的水平下显著。

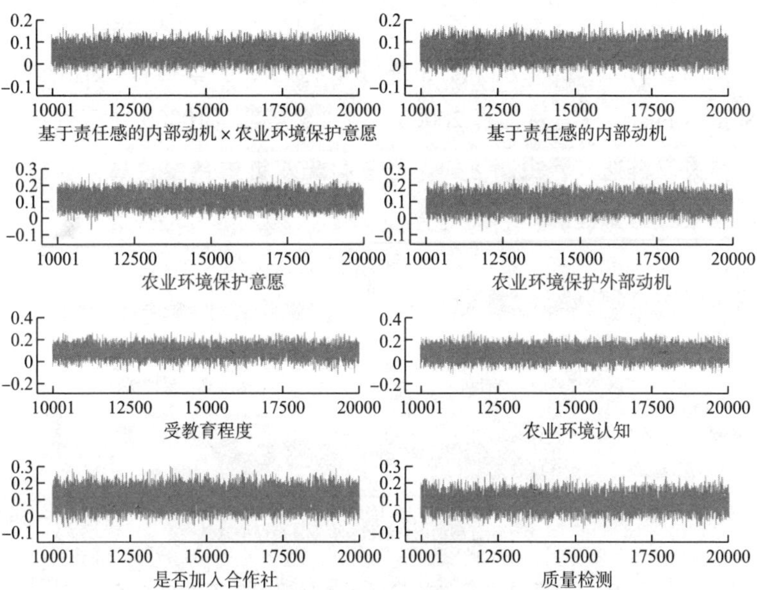

图6-2　无公害蔬菜种植户基于责任感的内部动机调节作用马尔科夫双链迭代路径

（二）种植户农业环境保护内部动机调节作用的进一步验证

1. 普通蔬菜种植户

基于遗传算法的倾向得分匹配所得新数据，采用贝叶斯非线性结构方程模型进一步分析普通蔬菜种植户基于责任感的内部动机在其农业环境保护意愿向行为的转化中是否存在调节作用，结果如表6-10所示。

表 6－10　普通蔬菜种植户农业环境保护基于责任感的内部动机调节作用的进一步验证

变量	系数	95% 置信区间	
		下限	上限
I_2	0.115**	0.026	0.205
W	0.167***	0.098	0.238
$I_2 \times W$	0.200***	0.138	0.261

注：** 和 *** 分别表示在 5% 和 1% 的水平下显著。

图 6－3 给出了贝叶斯非线性结构方程模型估计迭代路径，采用 Gibbs 抽样方法抽样 20000 次，“燃烧期” 10000 次后进行马尔科夫双链迭代，由图可知，马尔科夫双链重合度较高，模型估计结果较为稳健。

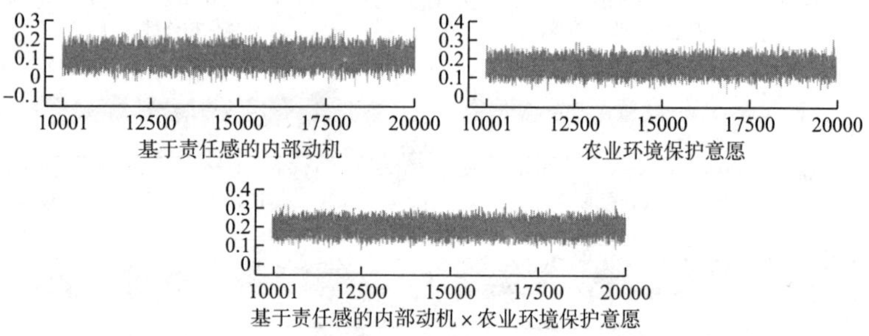

图 6－3　普通蔬菜种植户基于责任感的内部动机调节作用进一步估计的马尔科夫双链迭代路径

由表 6－10 分析可知，基于责任感的内部动机在种植户农业环境保护意愿向行为的转化中仍存在显著的调节作用。

采用斜率分析对普通蔬菜种植户农业环境保护基于责任感的内部动机的调节作用进一步验证，结果如图 6－4 所示。

由图 6－4 分析可知，对于普通蔬菜种植户来讲，在农业环境保护基于责任感的内部动机均值较高和较低时，种植户农业环境保护意愿均对农业环境保护行为有显著正向影响。在基于责任感的内部动机均值较高的情况下，种植户农业环境保护意愿对农

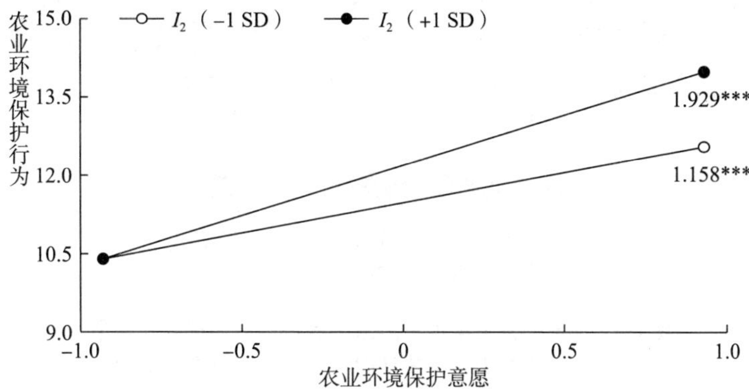

图 6－4 普通蔬菜种植户基于责任感的内部动机调节作用的斜率分析

业环境保护行为的影响增大，意味着在此情况下，种植户农业环境保护意愿更容易转化为农业环境保护行为。

2. 无公害蔬菜种植户

基于遗传算法的倾向得分匹配所得新数据，采用贝叶斯非线性结构方程模型对无公害蔬菜种植户农业环境保护基于责任感内部动机的调节作用进行验证，结果如表 6－11 所示。

表 6－11 无公害蔬菜种植户农业环境保护基于责任感的内部动机调节作用的进一步验证

变量	系数	95%置信区间	
		下限	上限
I_2	0.123**	0.024	0.221
W	0.190***	0.102	0.277
$I_2 \times W$	0.213***	0.143	0.282

注：** 和 *** 分别表示在 5% 和 1% 的水平下显著。

贝叶斯非线性结构方程模型收敛性检验见图 6－5，由图分析可知，马尔科夫双链高度重合，模型已稳定收敛。

由表 6－11 分析可知，对于无公害蔬菜种植户来讲，基于责

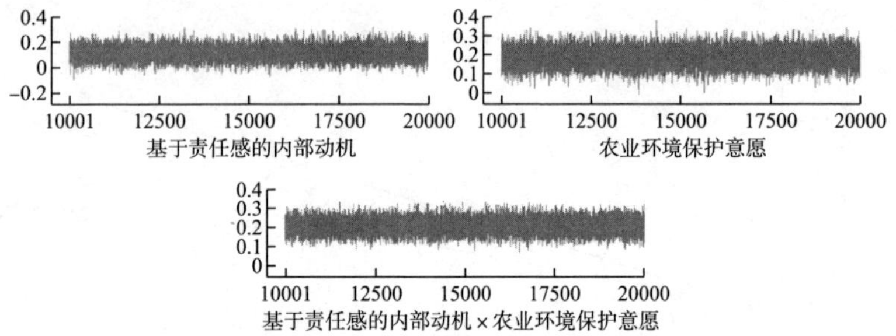

图 6－5　无公害蔬菜种植户基于责任感的内部动机调节作用进一步估计的马尔科夫双链迭代路径

任感的内部动机、农业环境保护意愿均对农业环境保护行为有显著正向影响，且基于责任感的内部动机在种植户农业环境保护意愿向农业环境保护行为的转化中存在显著的调节作用，H6－2 得证。

进一步采用斜率分析检视基于责任感的内部动机在无公害蔬菜种植户农业环境保护意愿向农业环境保护行为转化中的调节作用，结果如图 6－6 所示。

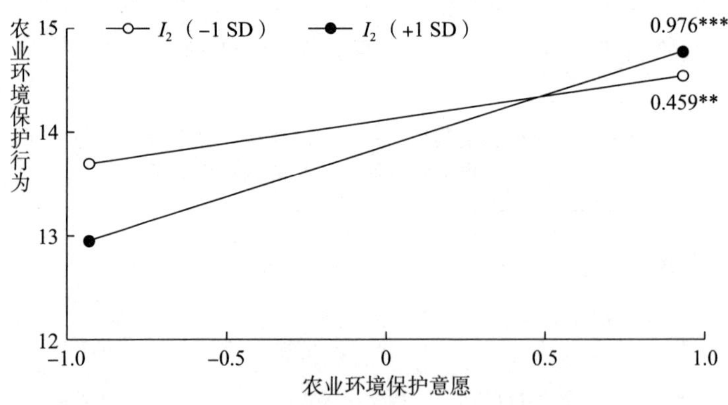

图 6－6　无公害蔬菜种植户基于责任感的内部动机调节作用的斜率分析

由图 6－6 分析可知，与普通蔬菜种植户一致，无公害蔬菜种植户基于责任感的内部动机均值较高或较低的情况下，农业环境保护意愿均显著增加了农业环境保护行为，但当基于责任感的内部动机均值较高时，农业环境保护意愿对行为的影响增大，即均值较高的基于责任感的内部动机有利于种植户农业环境保护意愿向行为的转化。

五　本章小结

基于前文分析结果，即蔬菜种植户农业环境保护基于责任感的内部动机和农业环境保护意愿显著影响农业环境保护行为，且基于责任感的内部动机对农业环境保护意愿同样有显著正向影响，可能暗含着在种植户基于责任感的内部动机对农业环境保护行为的影响上存在间接效应，以及在种植户农业环境保护意愿向行为的转化中，可能受到基于责任感的内部动机的调节作用，故遵循这一逻辑，本章对上述两种可能性进行了验证。

初步结果表明，基于责任感的内部动机在对行为的影响中，种植户农业环境保护意愿起到了部分中介作用，即基于责任感的内部动机对农业环境保护行为同时存在直接和间接影响，间接影响为基于责任感的内部动机影响种植户农业环境保护意愿，进而影响农业环境保护行为。即便采用基于遗传算法的倾向得分匹配后进一步估计，虽然在不同类型种植户中，基于责任感的内部动机对农业环境保护行为影响的直接和间接效应存在差异，但农业环境保护意愿的部分中介作用均存在，证实了本章所提出的第一个研究假设。

在种植户农业环境保护意愿向行为的转化过程中，基于责任感的内部动机存在显著的调节作用，表现为种植户农业环境保护基于责任感的内部动机均值越高，越有利于其农业环境保护意愿向行为的转化。在此基础上，进一步采用基于遗传算法的倾向得分匹配所构成的新数据对结果进行验证，两类蔬菜种植户中基于责任感的内部动机的调节作用均存在。此外，斜率分析结果进一步表明，在种植户农业环境保护基于责任感的内部动机均值较高的情况下，农业环境保护意愿更容易转化为农业环境保护行为。

第七章 结论与政策建议

人们对安全农产品需求的增长与农业环境不断恶化的现实导致安全农产品供给不足的矛盾已成为当下中国社会发展所面临的重要问题之一，解决该矛盾的核心是改变农户不合理的农业生产行为。目前学术界对农户行为的干预存在两种主要观点：其一是认为对农户不合理的生产行为处罚，但在中国农户收入普遍较低的背景下，这一观点受到了部分学者的反对；其二是实行生态补偿，在不影响农户收益前提下，既改善了农业环境，也起到了部分减贫的作用，因此，这一逻辑得到较多学者的认同。农业生态补偿在欧盟、美国等发达经济体已经实行，但从其执行效果来看，远未达到预期目标，且生态补偿的支出已成为政府的巨大财政负担。这些发达经济体对农户的补偿尚且使财政部门捉襟见肘，在中国可行吗？中国农民众多，大众式的生态补偿对农民来讲可能微不足道，但对政府来讲可能是较大的财政支出。那么对农户农业生产行为的干预除了处罚和经济激励就别无他法了吗？从理论上讲，惩罚或经济激励正对应于农户农业环境保护行为的外部动机，显然，农户行为同样存在内部动机。因此，在目前中国尚未大范围推行农业生产补偿的情况下，本书旨在探讨农户农业环境保护内部动机是否可改变农户行为。为此，本书基于内部动机视角，在动机拥挤理论、计划行为理论等的指导下构建了农户农业环境保护行为理论分析框架。在此基础上，以陕西、山西、山东和河南四省1057份普通蔬菜种植户及陕西省太白县和山东省寿光市266份无公害蔬菜种植户微观调查样本为基础数据库，采用二项Logit模型、贝叶斯二项Logit模型、分位数回归模型、似不相关回归模型、贝叶斯似不相关回归模型、结构方程模型和贝叶斯结构方程模型等实证检验了种植户农业环境保护内部动机对农业环境保护意愿和行为的影响，应用贝叶斯非线性结构方程模型检验了在农业环境保护意愿和行为上，种植户农业环境保护内部动机与外部动机的关系，并运用贝叶斯非线性结构方程模型实证分析了种植户农业环境保护内部动机、意愿和行为之间的关系，以期为今后农户农业环境保护行为的理论研究和农业环境政策的制定提供新的参考。

一　研究结论

(1) 种植户农业环境保护的内部动机不是源于愉悦感，而是源于责任感

主要源于内部动机的行为不需要外界激励予以维持，该观点得到了学术界的普遍认可，但在心理学和行为经济学针对不同行为的研究中，内部动机的研究主要存在两种观点：心理学观点较多认为个体行为的内部动机主要因为该行为本身给个体带来愉悦感；行为经济学并没有否认心理学的观点，但认为不同行为其内部动机来源可能不同，特别是公共物品方面的研究，部分学者认为个体行为的内部动机源于责任感。虽然种植户农业环境保护行为更倾向于公共物品的供给行为，但考虑到研究的完整性，本书将种植户农业环境保护内部动机分为两个维度，即基于愉悦感的内部动机和基于责任感的内部动机。实证结果表明，基于愉悦感的内部动机对种植户农业环境保护意愿和行为影响方向不稳定，

且除无公害蔬菜种植户化肥袋处理行为为负向显著外，其余影响均不显著；与之相比，基于责任感的内部动机虽并不是对每个行为均有显著影响，但其影响方向均为正向。据此，本书推断种植户农业环境保护的内部动机主要源于责任感而非愉悦感，农业环境保护行为本身不是为种植户带来愉悦的行为。此外，对种植户基于责任感内部动机影响因素的研究发现，虽然不同类型种植户影响因素存在差异，但对二者有共同影响的因素，即农业环境认知和社会规范。

（2）较强的外部动机对种植户农业环境保护意愿和行为均有积极影响，却造成“谁污染谁付费”在农户层面较难实现

本书研究的主旨在于考察种植户农业环境保护内部动机对农业环境保护意愿和行为的影响，将外部动机作为控制变量，研究结果表明种植户农业环境保护意愿和行为并不仅仅源于内部动机，较强的外部动机同样对种植户农业环境保护意愿和行为有显著的积极影响，这也从微观角度证实了目前生态补偿理论探讨的合理性，但在分析意愿的过程中发现，蔬菜种植户农业环境保护较强的外部动机显著增强了其农业环境保护意愿，却对种植户支付意愿有显著负向影响，表现出“愿意保护农业环境，但不愿意付钱”的现象。虽然目前学术界较多研究探讨了农户农业环境保护支付意愿，以期实现“谁污染谁付费治理”的农业环境保护路径，但结合本书的研究结果，在一定程度上可能意味着在当前中国农户收入相对较低的情况下，农户农业环境保护的外部动机更容易激发，使得“农业环境污染农户付费治理”的实现存在较大障碍。

（3）农业环境保护生态补偿不是激励种植户农业环境保护行为的唯一路径，甚至不是经济意义上的帕累托最优选择

本书分别分析了普通蔬菜种植户、无公害蔬菜种植户农业环境保护内部动机对农业环境保护意愿和行为的影响，结果表明，

除无公害蔬菜种植户农药瓶（袋）处理行为和两类蔬菜种植户化肥袋处理行为外，基于责任感的内部动机对两类蔬菜种植户农业环境保护意愿和行为均有显著正向影响。这一结果证实了对种植户农业环境保护行为的干预并非只有经济激励一种途径，且在一定程度上表明对种植户农业环境保护行为的经济激励并不是经济意义上的帕累托最优选择。

此外，对蔬菜种植户农业环境保护行为有积极影响的因素还包括受教育程度、农业环境认知和农产品质量检测。

（4）农业环境保护生态补偿会挤出种植户农业环境保护的内部动机

依据行为经济学分析的动机拥挤理论，本书基于蔬菜种植户微观调查数据探索性地实证检验了在种植户农业环境保护意愿和行为上，农业环境保护基于责任感的内部动机和外部动机的关系，研究结果表明，对于两类蔬菜种植户农业环境保护意愿来讲，基于责任感的内部动机与农业环境保护外部动机的协同效应对农业环境保护意愿影响虽不显著，但其影响方向为负，表明在农业环境保护意愿层面，基于责任感的内部动机与农业环境保护外部动机不兼容。此外，对两类蔬菜种植户农业环境保护行为的分析发现，基于责任感的内部动机与农业环境保护外部动机的协同效应对农业环境保护行为存在显著的负向影响（在无公害蔬菜种植户中这一影响不显著，但其影响方向为负），表明在农业环境保护行为层面，基于责任感的内部动机与农业环境保护外部动机同样不兼容。这一分析结果表明对种植户农业环境保护行为的经济激励存在较大风险。经济激励可快速激发个体行为的外部动机进而产生行为已成为普遍共识，但对于蔬菜种植户农业环境保护行为来讲，该经济激励的结果会挤出种植户农业环境保护的内部动机。结合农户农业环境保护内部动机的脆弱性（Bowles，2008），这一结果也意味着经济激励导致“给钱就保护农业环境”，并挤出内部动机，一旦经济激励停止，种植户农业环境保护内部动机较难恢复，可能造成种植户农业环境保护行为的消失甚至退化。

（5）基于责任感的内部动机对农业环境保护行为的影响存在直接和间接效应，较强的基于责任感的内部动机有助于实现种植户农业环境保护意愿向行为的转化

在分析种植户农业环境保护内部动机对农业环境保护意愿和行为影响的基础上，进一步依据本书所构建的农户农业环境保护行为理论分析框架，实证检验了种植户农业环境保护内部动机、意愿和行为之间的关系。结果表明，种植户农业环境保护基于责任感的内部动机对农业环境保护行为同时存在直接和间接影响，间接影响为基于责任感的内部动机影响农业环境保护意愿，进而影响行为。此外，种植户基于责任感的内部动机与农业环境保护意愿的协同效应对农业环境保护行为有显著正向影响，表明基于责任感的内部动机在农业环境保护意愿向行为的转化中存在显著的正向调节作用。上述研究结果在采用准实验方案设计进一步分析后仍成立。虽然目前较多的经验证据表明农户农业环境保护意愿相对较强，但农业环境保护行为相对较少，如何诱导农户农业环境保护从意愿向行为转变成为较多学者关注的焦点，本书研究结果为该问题的回答提供了一条有效途径，即种植户农业环境保护基于责任感的内部动机越强，越有利于农业环境保护意愿向行为的转化。

二　政策建议

本书旨在从内部动机视角探讨种植户农业环境保护行为的干预，基于研究结论，提出如下政策建议，以期为农业环境政策的制定提供参考。

（1）以减贫为目的的补偿应避免与农业环境保护挂钩，且农业环境保护生态补偿政策的执行应考虑种植户农业环境保护的内部动机

本书分析结果表明，种植户农业环境保护的外部动机与其基于责任感的内部动机不兼容，意味着对种植户农业环境保护行为的经济补偿会挤出其基于责任感的内部动机，而种植户农业环境保护基于责任感的内部动机不需要外界条件激励予以维持，是农业环境保护长效机制形成的重要前提，故以减贫为目的的农业环境保护生态补偿不利于种植户农业环境保护行为长效机制的形成。在中国农户收入普遍较低的背景下，政府当然可以给农户经济支持，但应避免和农业环境保护挂钩，造成种植户农业环境保护基于责任感的内部动机被挤出。与外部动机不同，内部动机具有脆弱性，一旦挤出重新恢复相对较慢。因此，在今后农业环境保护政策的制定中应考虑农户农业环境保护的内部动机，不要因经济激励一时的效果而忽视了农业环境问题的长期性。

（2）加大农药、化肥、地膜等对农业环境污染的宣传力度，提升社会规范对种植户农业环境保护行为的约束作用

虽然与外部动机相比，种植户农业环境保护基于责任感内部动机的增强相对较慢，但具有长效性，即外部动机增强快，一旦外部激励消失，种植户农业环境保护的外部动机也难以维持，基于责任感内部动机的增强却不需要外部激励维持，故种植户农业环境保护行为长效机制的形成，增强农业环境保护基于责任感的内部动机便成为重要的路径。与此同时，基于责任感内部动机的增强可有效促进种植户农业环境保护意愿向行为的转化。基于本书分析结果，农业环境认知和社会规范是对种植户基于责任感内部动机产生显著影响的关键因素，因此，应进一步加大农药、化肥、地膜等对农业环境污染知识的宣传力度，提高种植户农业环境污染认知水平，进而增强其农业环境保护基于责任感的内部动

机，从而增加保护农业环境的行为。此外，以农业合作社为切入口，提升种植户群体规范这一社会规范的约束作用，加强蔬菜种植户特别是普通蔬菜种植户农业合作社的规范性，切实为种植户提供农药、化肥等施用标准和蔬菜种植帮助等。

（3）短期内农业环境保护的投资应以政府为主

无论是“庇古税”抑或“科斯定理”均暗含着“污染者付费”的原则，农户是农业环境的直接利益相关群体，农业环境的污染也主要源于农户不合理的农业生产行为。这也是目前学术界部分研究认为农业环境的污染治理可采取农户支付的方式解决。一方面农户投资提供了农业环境保护资金来源，另一方面农户为减少农业环境保护支出，在农业生产中也会尽量减少污染。但本书对种植户农业环境保护支付意愿的研究结果表明，农业环境保护基于责任感的内部动机越强，越会促进种植户农业环境保护支付意愿的增强，外部动机的影响正好相反。受当前收入水平的限制，以农户为主导的农业环境保护“污染者付费”机制形成条件尚未完全具备，因此，短期内，农业环境的保护性投资仍将以政府为主。

（4）开办田间学校，鼓励种植户接受再教育

研究结果表明，受访蔬菜种植户的受教育程度虽然并不能针对不同农业环境保护行为具有显著促进作用，但从总体来看，受教育程度的提高对种植户农业环境保护行为有积极影响。让种植户重返学校接受正规教育的可操作性不强，但有条件的地区可以开办针对农业生产的田间学校，鼓励种植户接受田间学校再教育，一方面可以增加种植户蔬菜种植的知识和技术，减少农业生产要素的不合理投入；另一方面也可促进种植户了解其不合理投入对农业环境造成的污染，进而增加其农业环境保护行为。

（5）加强农产品安全质量检测

人们生活水平和农产品产量的逐渐提高，使人们对农产品量

的供需矛盾逐渐向对农产品质的供需矛盾转变，食品安全风险的源头治理实质是农产品生产的质量安全，基于本书分析结果，对蔬菜的质量检测显著增加了种植户农业环境保护行为的出现。虽然在蔬菜从种植到销售过程中质量检测是末端防治行为，但在目前对农户生产行为监控所需人力、物力成本较高的情况下，末端检测仍不失为一种有效规范种植户农业环境保护行为的有效手段。

三　研究不足与展望

作为探索性研究，本书以陕西、山西、山东和河南四省1057份普通蔬菜种植户和陕西省太白县、山东省寿光市两个定点调查的266份无公害蔬菜种植户样本为基础数据库，从种植户农业环境保护内部动机视角探讨了对种植户农业环境保护行为干预的非经济激励途径，初步验证了该路径的存在，同时发现基于责任感内部动机与种植户农业环境保护外部动机的不兼容，但本书仍有较多不足之处。

本书对种植户农业环境保护内部动机和外部动机关系的验证是基于截面调查数据，会受到样本区域、农户特征等诸多方面的影响，且受研究时限的影响。本书并未就长期经济激励、间断经济激励、先给予经济激励而后移除等对种植户农业环境保护行为的影响进行验证，未来的研究可借鉴实验经济学的分析方法，在完全随机试验的基础上，进一步规避种植户基本特征因素等可能给结果带来的影响，做更深层次的因果推断。

本书定点调查的无公害蔬菜种植户样本相对较少，对该部分样本的研究结果应持谨慎态度，且本书农户的研究对象为蔬菜种植户，故研究结果是否能推广到其他种植类型的农户需进一步验证。未来的研究可进一步分析不同类型的农户是否也会得出相同的结果，以验证结果是否具有稳健性和广泛性。

虽然对蔬菜种植户农业环境保护基于责任感的内部动机影响因素研究表明，对两类蔬菜种植户均有显著影响的因素包括农业环境认知和社会规范，但其余控制变量的影响在不同种植户中存在差异，因此未来的研究应进一步探讨是什么因素影响了种植户农业环境保护基于责任感的内部动机。

参考文献

毕茜、陈赞迪、彭珏，2014，《农户亲环境农业技术选择行为的影响因素分析——基于重庆336户农户的统计分析》，《西南大学学报》（社会科学版）第6期。

边玉花、解学竟、张瑞，2016，《基于会计体系对京张区域生态补偿标准的研究》，《农业经济问题》第4期。

蔡金阳、胡瑞法、肖长坤、王晓兵，2011，《农民田间学校培训对农民环境友好型技术采用的影响研究——以北京市设施番茄生产为例》，《中国农业科学》第5期。

蔡荣、韩洪云，2012，《农民专业合作社对农户农药施用的影响及作用机制分析——基于山东省苹果种植户的调查数据》，《中国农业大学学报》第5期。

曹建民、胡瑞法、黄季焜，2005，《技术推广与农民对新技术的修正采用：农民参与技术培训和采用新技术的意愿及其影响因素分析》，《中国软科学》第6期。

曹世雄、陈莉、余新晓，2009，《陕北农民对退耕还林的意愿评价》，《应用生态学报》第2期。

陈美球、吴次芳，2002，《土地健康研究进展》，《江西农业大学学报》（自然科学版）第3期。

陈星、周成虎，2005，《生态安全：国内外研究综述》，《地理科学进展》第6期。

陈源泉、高旺盛，2007，《农业生态补偿的原理与决策模型初探》，《中国农学通报》第10期。

程杰、武拉平，2008，《花卉生产状况及花农行为决策分析——来自云南、广东两省的调查》，《华南农业大学学报》（社会科学版）第1期。

仇焕广、栾昊、李瑾、汪阳洁，2014，《风险规避对农户化肥过量施用行为的影响》，《中国农村经济》第3期。

储成兵、李平，2013，《农户环境友好型农业生产行为研究——以使用环保农药为例》，《统计与信息论坛》第3期。

崔宝玉、谢煜、徐英婷，2016，《土地征用的农户收入效应——基于倾向得分匹配（PSM）的反事实估计》，《中国人口·资源与环境》第2期。

邓小云，2013，《农业面源污染的基本理论辨正》，《河南师范大学学报》（哲学社会科学版）第6期。

邓正华，2013，《环境友好型农业技术扩散中农户行为研究》，博士学位论文，华中农业大学。

费孝通、韩格理、王政，2012，《乡土中国》，北京大学出版社。

冯琳、徐建英、邸敬涵，2013，《三峡生态屏障区农户退耕受偿意愿的调查分析》，《中国环境科学》第5期。

冯忠泽、李庆江，2007，《农户农产品质量安全认知及影响因素分析》，《农业经济问题》第4期。

傅鼎、宋世杰，2011，《基于相对资源承载力的青岛市主体功能区区划》，《中国人口·资源与环境》第4期。

傅新红、宋汶庭，2010，《农户生物农药购买意愿及购买行为的影响因素分析——以四川省为例》，《农业技术经济》第6期。

高奇、师学义、张琛、张美荣、马桦薇，2014，《县域农业生态环境质量动态评价及预测》，《农业工程学报》第5期。

高长波、陈新庚、韦朝海、彭晓春，2006，《区域生态安全：概念及评价理论基础》，《生态环境》第1期。

葛继红、徐慧君、杨森、刘爱军，2017，《基于Logit-ISM模型的污染企业周边农户环保支付意愿发生机制分析——以苏皖两省为例》，《中国农村观察》第2期。

葛继红、周曙东，2012，《要素市场扭曲是否激发了农业面源污染——以化肥为例》，《农业经济问题》第3期。

郭碧銮、李双凤，2010，《农业生态补偿机制初探——基于外部性理论的视角》，《福州党校学报》第4期。

郭利京、赵瑾，2014a，《非正式制度与农户亲环境行为——以农户秸秆处理行为为例》，《中国人口·资源与环境》第11期。

郭利京、赵瑾，2014b，《农户亲环境行为的影响机制及政策干预——以秸秆处理行为为例》，《农业经济问题》第12期。

国务院发展研究中心和世界银行联合课题组，2014，《中国：推进高效、包容、可持续的城镇化》，《管理世界》第4期。

韩洪云、杨增旭，2011，《农户测土配方施肥技术采纳行为研究——基于山东省枣庄市薛城区农户调研数据》，《中国农业科学》第23期。

韩洪云、喻永红，2014，《退耕还林生态补偿研究——成本基础、接受意愿抑或生态价值标准》，《农业经济问题》第4期。

韩喜平、谢振华，2000，《浅析农户行为与环境保护》，《中国环境管理》第6期。

何可、张俊飚、张露、吴雪莲，2015，《人际信任、制度信任与农民环境治理参与意愿——以农业废弃物资源化为例》，《管理世界》第5期。

何可、张俊飚，2014，《农民对资源性农业废弃物循环利用的价值感知及其影响因素》，《中国人口·资源与环境》第10期。

何凌霄、张忠根、南永清、林俊瑛，2017，《制度规则与干群关系：破解农村基础设施管护行动的困境——基于IAD框架的农户管护意愿研究》，《农业经济问题》第1期。

侯俊东、吕军、尹伟峰，2012，《农户经营行为对农村生态环境影响研究》，《中国人口·资源与环境》第3期。

胡小飞、傅春、陈伏生、廖志娟，2012，《国内外生态补偿基础理论与研究热点的可视化分析》，《长江流域资源与环境》第11期。

华春林、陆迁、姜雅莉、理查德·伍德沃德，2013，《农业教育培训项目对减少农业面源污染的影响效果研究——基于倾向评分匹配方法》，《农业技术经济》第4期。

黄辉玲、罗文斌、吴次芳、李冬梅，2010，《基于物元分析的土地生态安全评价》，《农业工程学报》第3期。

黄季焜、齐亮、陈瑞剑，2008，《技术信息知识、风险偏好与农民施用农药》，《管理世界》第5期。

黄祖辉、钱峰燕，2005，《茶农行为对茶叶安全性的影响分析》，《南京农业大学学报》（社会科学版）第1期。

江激宇、柯木飞、张士云、尹昌斌，2012，《农户蔬菜质量安全控制意愿的影响因素分析——基于河北省藁城市151份农户的调查》，《农业技术经济》第5期。

蒋天中、李波，1990，《关于建立农业环境污染和生态破坏补偿法规的探讨》，《农业环境保护》第2期。

李光泗、朱丽莉、马凌，2007，《无公害农产品认证对农户农药使用行为的影响——以江苏省南京市为例》，《农村经济》第5期。

李昊、南灵、李世平，2017a，《基于面板数据聚类分析的土地生态安全评价研究——以陕西省为例》，《地域研究与开发》第6期。

李昊、李世平、南灵，2017b，《农药施用技术培训减少农药过量施用了吗?》，《中国农村经济》第10期。

李昊、李世平、南灵，2017c，《中国农户土地流转意愿影响因素——基于29篇文献的Meta分析》，《农业技术经济》第7期。

李昊、李世平、南灵、李河、郭清卉，2017d，《中国棉花地膜覆盖产量效应的Meta分析》，《农业机械学报》第7期。

李昊、李世平、南灵，2018a，《农户农业环境保护为何高意愿低行为？——公平性感知视角新解》，《华中农业大学学报》(社会科学版)第2期。

李昊、李世平、南灵、李晓庆，2018b，《中国农户环境友好型农药施用行为影响因素的Meta分析》，《资源科学》第1期。

李昊、李世平、南灵、赵连杰，2018c，《农户农药施用行为及其影响因素——来自鲁、晋、陕、甘四省693份经济作物种植户的经验证据》，《干旱区资源与环境》第2期。

李昊、李世平、银敏华，2016a，《承载力视角下土地资源可持续发展评价》，《西北农林科技大学学报》(社会科学版)第4期。

李昊、李世平、银敏华，2016b，《中国土地生态安全研究进展与展望》，《干旱区资源与环境》第9期。

李红梅、傅新红、吴秀敏，2007，《农户安全施用农药的意愿及其影响因素研究——对四川省广汉市214户农户的调查与分析》，《农业技术经济》第5期。

李惠梅、张安录、王珊、张雄、杨海镇、卓玛措，2013，《三江源牧户参与草地生态保护的意愿》，《生态学报》第18期。

李杰、贾豪语、颉建明、郁继华、杨萍，2015，《生物肥部分替代化肥对花椰菜产量、品质、光合特性及肥料利用率的影响》，《草业学报》第1期。

李世杰、朱雪兰、洪潇伟、韦开蕾，2013，《农户认知、农药补贴与农户安全农产品生产用药意愿——基于对海南省冬季瓜菜种植农户的问卷调查》，《中国农村观察》第5期。

李太平、张锋、胡浩，2011，《中国化肥面源污染EKC验证及其驱动因素》，《中国人口·资源与环境》第11期。

李秀芬、朱金兆、顾晓君、朱建军，2010，《农业面源污染现状与防治进展》，《中国人口·资源与环境》第4期。

李治祥，2002，《关于安徽省农药残留与农产品质量检测体系建设的探讨》，《农药科学与管理》第5期。

梁流涛、曲福田、冯淑怡，2012，《基于环境污染约束视角的农业技术效率测度》，《自然资源学报》第9期。

梁流涛、曲福田、冯淑怡，2013，《经济发展与农业面源污染：分解模型与实证研究》，《长江流域资源与环境》第10期。

梁爽、姜楠、谷树忠，2005，《城市水源地农户环境保护支付意愿及其影响因素分析》，《中国农村经济》第2期。

林佳、宋戈、宋思铭，2011，《景观结构动态变化及其土地利用生态安全——以建三江垦区为例》，《生态学报》第20期。

刘婧、李红军，2010，《省级区域相对资源承载力的实证分析》，《统计与决策》第14期。

刘伟、蔡志洲、郭以馨，2015，《现阶段中国经济增长与就业的关系研究》，《经济科学》第4期。

刘尊梅，2014，《我国农业生态补偿政策的框架构建及运行路径研究》，《生态经济》第5期。

龙花楼，2013，《论土地整治与乡村空间重构》，《地理学报》第8期。

罗小娟、冯淑怡、黄挺、石晓平、曲福田，2014，《测土配方施肥项目实施的环境和经济效果评价》，《华中农业大学学报》（社会科学版）第1期。

麻丽平、霍学喜，2015，《农户农药认知与农药施用行为调查研究》，《西北农林科技大学学报》（社会科学版）第5期。

马国霞、於方、曹东、牛坤玉，2012，《中国农业面源污染物排放量计算及中长期预测》，《环境科学学报》第2期。

米建伟、黄季焜、陈瑞剑、Elaine M. L.，2012，《风险规避与中国棉农的农药施用行为》，《中国农村经济》第7期。

聂鑫、缪文慧、肖婷、黄乐、汪晗，2015，《西部地区农户环境保护支付意愿及其影响因素研究——以广西CX市为例》，《生态经济》第6期。

农业部，2015，农业部关于印发《到2020年化肥使用量零增长行动方案》和《到2020年农药使用量零增长行动方案》的通知，http://www.moa.gov.cn/zwllm/tzgg/tz/201503/t201503184444765.htm，03-18/2015-05-20. 2015。

潘丹、孔凡斌，2015，《养殖户环境友好型畜禽粪便处理方式选择行为分析——以生猪养殖为例》，《中国农村经济》第9期。

彭向刚、向俊杰，2013，《论生态文明建设视野下农村环保政策的执行力——对“癌症村”现象的反思》，《中国人口·资源与环境》第7期。

秦丽欢，2013，《环境友好型技术的环境、经济和社会接受性评价》，硕士学位论文，中国农业科学院。

饶静、许翔宇、纪晓婷，2011，《我国农业面源污染现状、发生机制和对策研究》，《农业经济问题》第8期。

任重、薛兴利，2016，《粮农无公害农药使用意愿及其影响因素分析——基于609户种粮户的实证研究》，《干旱区资源与环境》第7期。

沙莲香，2015，《社会心理学》，中国人民大学出版社。

尚杰、杨果、于法稳，2015，《中国农业温室气体排放量测算及影响因素研究》，《中国生态农业学报》第3期。

申进忠，2011，《关于农业生态补偿的政策思考》，《农业环境与发展》第4期。

施翠仙、郭先华、祖艳群、陈建军、李元，2014，《基于CVM意愿调查的洱海流域上游农业生态补偿研究》，《农业环境科学学报》第4期。

〔美〕舒尔茨，2009，《改造传统农业》，梁小民译，商务印书馆。

宋涛、成杰民、李彦、荆林晓、张丽娜，2010，《农业面源污染防控研究进展》，《环境科学与管理》第2期。

宋艳春、余敦，2014，《鄱阳湖生态经济区资源环境综合承载力评价》，《应用生态学报》第10期。

宋燕平、费玲玲，2013，《我国农业环境政策演变及脆弱性分析》，《农业经济问题》第10期。

宋燕平、滕瀚，2016，《农业组织中农民亲环境行为的影响因素及路径分析》，《华中农业大学学报》（社会科学版）第3期。

苏艳娜、柴春岭、杨亚梅、申鹏，2007，《常熟市农业生态环境质量的可变模糊评价》，《农业工程学报》第11期。

孙新章、周海林、谢高地，2007，《中国农田生态系统的服务功能及其经济价值》，《中国人口·资源与环境》第4期。

唐婷、李超、吕坤、孟亚利、周治国，2012，《江苏省区域农业生态环境质量的时空变异分析》，《水土保持学报》第3期。

唐秀美、潘瑜春、高秉博、郜允兵，2016，《北京市平原造林生态系统服务价值评估》，《北京大学学报》（自然科学版）第2期。

唐学玉、张海鹏、李世平，2012，《农业面源污染防控的经济价值——基于安全农产品生产户视角的支付意愿分析》，《中国农村经济》第3期。

唐学玉，2013，《安全农产品生产户环境保护行为研究》，博士学位论文，西北农林科技大学。

王昌海，2014，《农户生态保护态度：新发现与政策启示》，《管理世界》第11期。

王常伟、顾海英，2012，《农户环境认知、行为决策及其一致性检验——基于江苏农户调查的实证分析》，《长江流域资源与环境》第10期。

王常伟、顾海英，2013，《市场VS政府，什么力量影响了我国菜农农药用量的选择?》，《管理世界》第11期。

王济民、肖红波，2013，《我国粮食八年增产的性质与前景》，《农业经济问题》第2期。

王建华、马玉婷、晁熳璐，2014a，《农户农药残留认知及其行为意愿影响因素研究——基于全国五省986个农户的调查数据》，《软科学》第9期。

王建华、马玉婷、王晓莉，2014b，《农产品安全生产：农户农药施用知识与技能培训》，《中国人口·资源与环境》第4期。

王建华、马玉婷、李俏，2015，《农业生产者农药施用行为选择与农产品安全》，《公共管理学报》第1期。

王金霞、张丽娟、黄季焜、Rozelle S.，2009，《黄河流域保护性耕作技术的采用：影响因素的实证研究》，《资源科学》第4期。

王利荣，2010，《农业补贴政策对环境的影响分析》，《中共山西省委党校学报》第1期。

王欧、宋洪远，2005，《建立农业生态补偿机制的探讨》，《农业经济问题》第6期。

王权典，2011，《生态农业发展法律调控保障体系之探讨——基于农业生态环境保护视角》，《生态经济》第6期。

王伟妮、鲁剑巍、李银水、邹娟、苏伟、李小坤、李云春，2010，《当前生产条件下不同作物施肥效果和肥料贡献率研究》，《中国农业科学》第19期。

王永强、朱玉春，2012，《启发式偏向、认知与农民不安全农药购买决策——以苹果种植户为例》，《农业技术经济》第7期。

王永强、朱玉春，2013，《农户过量配比农药影响因素分析》，《经济与管理研究》第10期。

王志刚、李腾飞，2012，《蔬菜出口产地农户对食品安全规制的认知及其农药决策行为研究》，《中国人口·资源与环境》第2期。

王志刚、吕杰、郗凤明，2015，《循环农业工程：农户认知、行为与决定因素分析——以辽宁省为例》，《生态经济》第6期。

卫龙宝、李静，2014，《农业产业集群内社会资本和人力资本对农民收入的影响——基于安徽省茶叶产业集群的微观数据》，《农业经济问题》第12期。

温铁军、程存旺、石嫣，2013，《中国农业污染成因及转向路径选择》，《环境保护》第14期。

吴林海、侯博、高申荣，2011，《基于结构方程模型的分散农户农药残留认知与主要影响因素分析》，《中国农村经济》第3期。

吴林海、张秀玲、山丽杰、阳检，2011，《农药施药者经济与社会特征对施用行为的影响：河南省的案例》，《自然辩证法通讯》第3期。

吴贤荣、张俊飚、田云、李鹏，2014，《中国省域农业碳排放：测算、效率变动及影响因素研究》，《资源科学》第1期。

向涛、綦勇，2015，《粮食安全与农业面源污染——以农地禀赋对化肥投入强度的影响为例》，《财经研究》第7期。

肖旭，2013，《社会心理学》，电子科技大学出版社。

谢高地、肖玉，2013，《农田生态系统服务及其价值的研究进展》，《中国生态农业学报》第6期。

谢花林，2008，《土地利用生态安全格局研究进展》，《生态学报》第12期。

谢丽华，2011，《农业生产伦理研究综述与分析建议》，《经济学动态》第1期。

邢美华、张俊飚、黄光体，2009，《未参与循环农业农户的环保认知及其影响因素分析——基于晋、鄂两省的调查》，《中国农村经济》第4期。

徐晋涛、陶然、徐志刚，2004，《退耕还林：成本有效性、结构调整效应与经济可持续性——基于西部三省农户调查的实证分析》，《经济学》（季刊）第1期。

严立冬、田苗、何栋材、袁浩、邓远建，2013，《农业生态补偿研究进展与展望》，《中国农业科学》第17期。

阎建忠、卓仁贵、谢德体、张镱锂，2010，《不同生计类型农户的土地利用——三峡库区典型村的实证研究》，《地理学报》第11期。

杨志海、王雅鹏、麦尔旦·吐尔孙，2015，《农户耕地质量保护性投入行为及其影响因素分析——基于兼业分化视角》，《中国人口·资源与环境》第12期。

姚文，2016，《家庭资源禀赋，创业能力与环境友好型技术采用意愿——基于家庭农场视角》，《经济经纬》第1期。

姚延婷、陈万明、李晓宁，2014，《环境友好农业技术创新与农业经济增长关系研究》，《中国人口·资源与环境》第8期。

叶延琼、章家恩、李逸勉、李韵、吴睿珊，2013，《基于GIS的广东省农业面源污染的时空分异研究》，《农业环境科学学报》第2期。

于左、高建凯，2013，《中国玉米价格竞争力缺失的形成机制与政策》，《农业经济问题》第8期。

喻永红，2014，《补贴期后农户退耕还林的态度研究——以重庆万州为例》，《长江流域资源与环境》第6期。

翟腾腾、郭杰、欧名豪，2014，《基于相对资源承载力的江苏省建设用地管制分区研究》，《中国人口·资源与环境》第2期。

张丹、闵庆文、成升魁、刘某承、肖玉、张彪、孙业红、朱芳，2009，《传统农业地区生态系统服务功能价值评估——以贵州省从江县为例》，《资源科学》第1期。

张方圆、赵雪雁、田亚彪、侯彩霞、张亮，2013，《社会资本对农户生态补偿参与意愿的影响——以甘肃省张掖市、甘南藏族自治州、临夏回族自治州为例》，《资源科学》第9期。

张虹波、刘黎明、张军连、朱战强，2007，《黄土丘陵区土地资源生态安全及其动态评价》，《资源科学》第4期。

张利国，2011，《农户从事环境友好型农业生产行为研究——基于江西省278份农户问卷调查的实证分析》，《农业技术经济》第6期。

张玲敏、马文奇，2001，《农民施肥与环境教育的调查分析》，《农业环境与发展》第4期。

张思锋、刘晗梦，2010，《生态风险评价方法述评》，《生态学报》第10期。

张文彤、董伟，2013，《SPSS统计分析高级教程（第2版）》，高等教育出版社。

张云华、马九杰、孔祥智、朱勇，2004，《农户采用无公害和绿色农药行为的影响因素分析——对山西、陕西和山东15县（市）的实证分析》，《中国农村经济》第1期。

赵姜、龚晶、孟鹤，2015，《基于土地利用的北京市农业生态服务价值评估研究》，《中国农业资源与区划》第5期。

赵连阁、蔡书凯，2013，《晚稻种植农户IPM技术采纳的农药成本节约和粮食增产效果分析》，《中国农村经济》第4期。

赵雪雁、毛笑文，2013，《汉、藏、回族地区农户的环境影响——

以甘肃省张掖市、甘南藏族自治州、临夏回族自治州为例》，《生态学报》第17期。

周波、于冷，2010，《国外农户现代农业技术应用问题研究综述》，《首都经济贸易大学学报》第5期。

周晨、李国平，2015，《农户生态服务供给的受偿意愿及影响因素研究——基于陕南水源区406农户的调查》，《经济科学》第5期。

周峰、徐翔，2007，《政府规制下无公害农产品生产者的道德风险行为分析——基于江苏省农户的调查》，《南京农业大学学报》（社会科学版）第4期。

周峰、徐翔，2008，《无公害蔬菜生产者农药使用行为研究——以南京为例》，《经济问题》第1期。

周建华、杨海余、贺正楚，2012，《资源节约型与环境友好型技术的农户采纳限定因素分析》，《中国农村观察》第2期。

周洁红，2006，《农户蔬菜质量安全控制行为及其影响因素分析——基于浙江省396户菜农的实证分析》，《中国农村经济》第11期。

朱淀、孔霞、顾建平，2014，《农户过量施田农药的非理性均衡：来自中国苏南地区农户的证据》，《中国农村经济》第8期。

朱淀、张秀玲、牛亮云，2014，《蔬菜种植农户施用生物农药意愿研究》，《中国人口·资源与环境》第4期。

朱红波，2008，《我国耕地资源生态安全的特征与影响因素分析》，《农业现代化研究》第2期。

朱兆良、孙波，2008，《中国农业面源污染控制对策研究》，《环境保护》第8期。

邹长新、沈渭寿，2003，《生态安全研究进展》，《农村生态环境》第1期。

Abdollahzadeh G. , Sharifzadeh M. S. , Damalas C. A. 2015. Perceptions of the Beneficial and Harmful Effects of Pesticides among

Iranian Rice Farmers Influence the Adoption of Biological Control. *Crop Protection*, 75: 124 - 131.

Afsar B., Badir Y., Kiani U. S. 2016. Linking Spiritual Leadership and Employee Pro-environmental Behavior: The Influence of Workplace Spirituality, Intrinsic Motivation, and Environmental Passion. *Journal of Environmental Psychology*, 45: 79 - 88.

Ajzen I., Fishbein M. 1980. *Understanding Attitudes and Predicting Social Behaviour*. Englewood Cliffs, NJ: Prentice-Hall.

Ajzen I. 1991. The Theory of Planned Behavior. *Organizational Behavior and Human Decision Processes*, 50 (2): 179 - 211.

Albarracin D., Johnson B. T., Fishbein M., Muellerleile P. A. 2001. Theories of Reasoned Action and Planned Behavior as Models of Condom Use: A Meta-analysis. *Psychological Bulletin*, 127 (1): 142 - 161.

Ariely D. 2008. Predictably Irrational: The Hidden Forces That Shape Our Decisions. *HarperCollins*.

Arunrat N., Wang C., Pumijumnong N., Sereenonchai S., Cai W. 2017. Farmers' Intention and Decision to Adapt to Climate Change: A Case Study in the Yom and Nan Basins, Phichit Province of Thailand. *Journal of Cleaner Production*, 143: 672 - 685.

Ashoori D., Bagheri A., Allahyari M. S., Michailidis A. 2016. Understanding the Attitudes and Practices of Paddy Farmers for Enhancing Soil and Water Conservation in Northern Iran. *International Soil and Water Conservation Research*, 4 (4): 260 - 266.

Atari D. O. A., Yiridoe E. K., Smale S., Duinker P. N. 2009. What Motivates Farmers to Participate in the Nova Scotia Environmental Farm Plan Program? Evidence and Environmental Policy Implications. *Journal of Environmental Management*, 90 (2): 1269 - 1279.

Bamberg S. , Möser G. 2007. Twenty Years after Hines, Hungerford, and Tomera: A New Meta-analysis of Psycho-social Determinants of Pro-environmental Behaviour. *Journal of Environmental Psychology*, 27 (1): 14 -25.

Bear G. G. , Slaughter J. C. , Mantz L. S. , Farley-Ripple E. 2017. Rewards, Praise, and Punitive Consequences: Relations with Intrinsic and Extrinsic Motivation. *Teaching and Teacher Education*, 65: 10 -20.

Becker G. S. 1965. A Theory of the Allocation of Time. *The Economic Journal*: 493 -517.

Below T. B. , Mutabazi K. D. , Kirschke D. , Franke C. , Sieber S. , Siebert R. , Tscherning K. 2012. Can Farmers' Adaptation to Climate Change Be Explained by Socio-economic Household-level Variables? . *Global Environmental Change*, 22 (1): 223 -235.

Benabou R. , Tirole J. 2003. Intrinsic and Extrinsic Motivation. *The Review of Economic Studies*, 70 (3): 489 -520.

Berlyne D. E. 1971. What Next? Concluding Summary. *Toronto: Holt Rinehart, and Winston of Canada.*

Bertoldo R. , Castro P. 2016. The Outer Influence Inside Us: Exploring the Relation between Social and Personal Norms. *Resources, Conservation and Recycling*, 112: 45 -53.

Boatman N. , Green J. , Holland J. , Marshall J. , Renwick A. , Siriwardena G. , Smith B. , De Snoo G. 2010. Agri-environment Schemes-what Have They Achieved and Where Do We Go from Here? . *Aspects of Applied Biology*, (100): 1 -447.

Boudon R. 1996. The Cognitivist Model' Ageneralized Rational-choice Model. *Rationality and Society*, 8 (2): 123 -150.

Bowles S. 2008. Policies Designed for Self-interested Citizens May Undermine "the Moral Sentiments": Evidence from Economic Experiments. *Science*, 320 (5883): 1605 – 1609.

Bozorg-Haddad O., Malmir M., Mohammad-Azari S., Loáiciga H. A. 2016. Estimation of Farmers' Willingness to Pay for Water in the Agricultural Sector. *Agricultural Water Management*, 177: 284 – 290.

Brekke K. A., Kverndokk S., Nyborg K. 2003. An Economic Model of Moral Motivation. *Journal of Public Economics*, 87 (9): 1967 – 1983.

Bruno B., Fiorillo D. 2012. Why without Day? Intrinsil Motivation in the Unpaid Labour Supply. *The Journal of Socio-Ecanomics*, 41 (5): 659 – 669.

Burton R. J. F., Paragahawewa U. H. 2011. Creating Culturally Sustainable Agri-environmental Schemes. *Journal of Rural Studies*, 27 (1): 95 – 104.

Burton R. J. F., Wilson G. A. 2006. Injecting Social Psychology Theory into Conceptualisations of Agricultural Agency: Towards a Post-productivist Farmer Self-identity? . *Journal of Rural Studies*, 22 (1): 95 – 115.

Burton R. J. F. 2014. The Influence of Farmer Demographic Characteristics on Environmental Behaviour: A Review. *Journal of Environmental Management*, (135): 19 – 26.

Cameron J. 2001. Negative Effects of Reward on Intrinsic Motivation—A Limited Phenomenon: Comment on Deci, Koestner, and Ryan (2001) . *Review of Educational Research*, 71 (1): 29 – 42.

Carton J. S. 1996. The Differential Effects of Tangible Rewards and Praise on Intrinsic Motivation: A Comparison of Cognitive Evaluation Theory and Operant Theory. *The Behavior Analyst*, 19 (2):

237 –255.

Charness G. , Gneezy U. 2009. Incentives to Exercise. *Econometrica*, 77 (3): 909 –931.

Chuang Y. , Xie X. , Liu C. 2016. Interdependent Orientations Increase Pro-environmental Preferences When Facing Self-interest Conflicts: The Mediating Role of Self-control. *Journal of Environmental Psychology*, (46): 96 –105.

Clarke C. , Best T. 2017. Low-carbohydrate, High-fat Dieters: Characteristic Food Choice Motivations, Health Perceptions and Behaviours. *Food Quality and Preference*, 62: 162 –171.

Connell J. P. , Wellborn J. G. 1991. *Competence, Autonomy, and Relatedness: A Motivational Analysis of Self-system Processes*. Hillsdale, NJ: Lawrence Erlbaum Associates.

Conner M. , Armitage C. J. 1998. Extending the Theory of Planned Behavior: A Review and Avenues for Further Research. *Journal of Applied Social Psychology*, 28 (15): 1429 –1464.

Cook D. C. , Kristensen N. P. , Liu S. 2016. Coordinated Service Provision in Payment for Ecosystem Service Schemes through Adaptive Governance. *Ecosystem Services*, (19): 103 –108.

Cooke L. J. , Chambers L. C. , Añez E. V. , Croker H. A. , Boniface D. , Yeomans M. R. , Wardle J. 2011. Eating for Pleasure or Profit: The Effect of Incentives on Children's Enjoyment of Vegetables. *Psychological Science*, 22 (2): 190 –196.

Correia A. , Kozak M. 2017. The Review Process in Tourism Academia: An Elaboration of Reviewers' Extrinsic and Intrinsic Motivations. *Journal of Hospitality and Tourism Management*, 32: 1 –11.

Czajkowski M. , Kądziela T. , Hanley N. 2014. We Want to Sort! Assessing Households' Preferences for Sorting Waste. *Resource and*

Energy Economics, 36 (1): 290 - 306.

De Groot J. I. M. , Steg L. 2009. Mean or Green: Which Values Can Promote Stable Pro-environmental Behavior? . *Conservation Letters*, 2 (2): 61 - 66.

Deci E. L. , Eghrari H. , Patrick B. C. , Leone D. R. 1994. Facilitating Internalization: The Self-determination Theory Perspective. *Journal of Personality*, 62 (1): 119 - 142.

Deci E. L. , Koestner R. , Ryan R. M. 1999. A Meta-analytic Review of Experiments Examining the Effects of Extrinsic Rewards on Intrinsic Motivation. *Psychological Bulletin*, 125 (6): 627 - 668.

Deci E. L. , Ryan R. M. 1975. *Intrinsic Motivation.* John Wiley & Sons, Inc.

Deci E. L. , Ryan R. M. 2000. The "What" and "Why" of Goal Pursuits: Human Needs and the Self-determination of Behavior. *Psychological Inquiry*, 11 (4): 227 - 268.

Deci E. L. , Ryan R. M. 2002. Overview of Self-determination Theory: An Organismic Dialectical Perspective. *Handbook of Self-determination Research*: 3 - 33.

Deci E. L. 1971. Effects of Externally Mediated Rewards on Intrinsic Motivation. *Journal of Personality and Social Psychology*, 18 (1): 105 - 115.

Deci E. L. 1975. *Intrinsic Motivation and Development.* Intrinsic Motivation. Springer US: 65 - 92.

Dedeurwaerdere T. , Admiraal J. , Beringer A. , Bonaiuto F. , Cicero L. , Fernandez-Wulff P. , Hagens J. , Hiedanpää J. , Knights P. , Molinario E. , Melindi-Ghidi P. , Popa F. , Šilc U. , Soethe N. , Soininen T. , Vivero J. L. 2016. Combining Internal and External Motivations in Multi-actor Governance Arrangements for Biodiversity and Ecosystem Services. *Environmental Science & Policy*, (58): 1 – 10.

Deng J., Sun P. S., Zhao F. Z., Han X. H., Yang G. H., Feng Y. Z. 2016. Analysis of the Ecological Conservation Behavior of Farmers in Payment for Ecosystem Service Programs in Eco-environmentally Fragile Areas Using Social Psychology Models. *Science of the Total Environment*, (550): 382 – 390.

Dörschner T., Musshoff O. 2015. How Do Incentive-based Environmental Policies Affect Environment Protection Initiatives of Farmers? An Experimental Economic Analysis Using the Example of Species Richness. *Ecological Economics*, (114): 90 – 103.

Edward D., Ryan R. 1985. *Intrinsic Motivation and Self-determination in Human Behavior*. Plemun Press.

Engelmann D., Munro A., Valente M. 2017. On the Behavioural Relevance of Optional and Mandatory Impure Public Goods. *Journal of Economic Psychology*, 61: 134 – 144.

Evans L., Maio G. R., Corner A., Hodgetts C. J., Ahmed S., Hahn U. 2013. Self-interest and Pro-environmental Behaviour. *Nature Climate Change*, 3 (2): 122 – 125.

Fan L. X., Niu H. P., Yang X. M., Qin W., Bento C. P. M., Ritsema C. J., Geissen V. 2015. Factors Affecting Farmers' Behaviour in Pesticide Use: Insights from a Field Study in Northern China. *Science of the Total Environment*, (537): 360 – 368.

Fang M., Gerhart B. 2012. Does Pay for Performance Diminish Intrinsic Interest? . *The International Journal of Human Resource Management*, 23 (6): 1176 – 1196.

Festré A., Garrouste P. 2015. Theory and Evidence in Psychology and Economics about Motivation Crowding Out: A Possible Convergence? . *Journal of Economic Surveys*, 29 (2): 339 - 356.

Fiorillo D. 2011. Do Monetary Rewards Crowd Out the Intrinsic Motivation of Volunteers? Some Empirical Evidence for Italian Volunteers. *Annals of Public and Cooperative Economics*, 82 (2): 139 - 165.

Fishbein M. A. 1967. A Consideration of Beliefs and Their Role in Attitude Measurement. *Readings in Attitude Theory and Measurement*: 257 - 266.

Fishbein M., Ajzen I. 1977. Belief, Attitude, Intention, and Behavior: An Introduction to Theory and Research. *Reading, MA: Addision-Wesley*, 10 (2): 130 - 132.

Fleming A., Vanclay F. 2011. *Farmer Responses to Climate Change and Sustainable Agriculture*. Sustainable Agriculture Volume 2. Springer Netherlands.

Franco A., Malhotra N., Simonovits G. 2014. Publication Bias in the Social Sciences: Unlocking the File Drawer. *Science*, 345 (6203): 1502 - 1505.

Frey B. S., Jegen R. 2001. Motivation Crowding Theory. *Journal of Economic Surveys*, 15 (5): 589 - 611.

Frey B. S., Oberholzer-Gee F. 1997. The Cost of Price Incentives: An Empirical Analysis of Motivation Crowding-out. *The American Economic Review*, 87 (4): 746 - 755.

Frey B. S., Osterloh M. 2001. Successful Management by Motivation: Balancing Intrinsic and Extrinsic Incentives. *Springer Science & Business Media*.

Frey B. S. 1997. On the Relationship between Intrinsic and Extrinsic Work Motivation. *International Journal of Industrial Organization*, 15 (4): 427 - 439.

Galati A., Crescimanno M., Gristina L., Keesstra S., Novara A. 2016. Actual Provision as an Alternative Criterion to Improve the Efficiency of Payments for Ecosystem Services for Csequestration in Semiarid Vineyards. *Agricultural Systems*, (144): 58 – 64.

Garbach K., Lubell M., DeClerck F. A. J. 2012. Payment for Ecosystem Services: The Roles of Positive Incentives and Information Sharing in Stimulating Adoption of Silvopastoral Conservation Practices. *Agriculture, Ecosystems & Environment*, (156): 27 – 36.

García-Amado L. R., Pérez M. R., García S. B. 2013. Motivation for Conservation: Assessing Integrated Conservation and Development Projects and Payments for Environmental Services in La Sepultura Biosphere Reserve, Chiapas, Mexico. *Ecological Economics*, (89): 92 – 100.

Gelman A., Jakulin A., Pittau M. G., Su Y. S. 2008. A Weakly Informative Default Prior Distribution for Logistic and Other Regression Models. *The Annals of Applied Statistics*, 2 (4): 1360 – 1383.

Geng J., Long R., Chen H., Li W. 2017. Exploring the Motivation-behavior Gap in Urban Residents' Green Travel Behavior: A Theoretical and Empirical Study. *Resources, Conservation and Recycling*, 125: 282 – 292.

Georgellis Y., Iossa E., Tabvuma V. 2010. Crowding Out Intrinsic Motivation in the Public Sector. *Journal of Public Administration Research and Theory*, 21 (3): 473 – 493.

Gorsuch R. L., Ortberg J. 1983. Moral Obligation and Attitucles: Their Relation to Behavioral Intentions. *Journal of Personality and Social Psychology*, 44 (5): 1025 – 1028.

Grant A. M. 2008. Does Intrinsic Motivation Fuel the Prosocial Fire? Motivational Synergy in Predicting Persistence, Performance, and

Productivity. *Journal of Applied Psychology*, 93 (1): 48 – 58.

Greiner R. 2015. Motivations and Attitudes Influence Farmers' Willingness to Participate in Biodiversity Conservation Contracts. *Agricultural Systems*, (137): 154 – 165.

Grolnick W. S., Ryan R. M. 1987. Autonomy in Children's Learning: An Experimental and Individual Difference Investigation. *Journal of Personality and Social Psychology*, 52 (5): 890 – 898.

Grung M., Lin Y., Zhang H., Steen A. O., Huang J., Zhang G., Larssen T. 2015. Pesticide Levels and Environmental Risk in Aquatic Environments in China—A Review. *Environment International*, 81: 87 – 97.

Hansen J. M., Levin M. A. 2016. The Effect of Apathetic Motivation on Employees' Intentions to Use Social Media for Businesses. *Journal of Business Research*, 69 (12): 6058 – 6066.

Harackiewicz J. M. 2000. *Intrinsic and Extrinsic Motivation: The Search for Optimal Motivation and Performance.* Academic Press.

Hau Y. S., Kim B., Lee H., Kim Y. G. 2013. The Effects of Individual Motivations and Social Capital on Employees' Tacit and Explicit Knowledge Sharing Intentions. *International Journal of Information Management*, 33 (2): 356 – 366.

Heck R. H., Thomas S. L. 2015. An Introduction to Multilevel Modeling Techniques: MLM and SEM Approaches Using Mplus. *Routledge*: 133 – 181.

Hollander M., Wolfe D. A., Chicken E. 2013. Nonparametric Statistical Methods. *John Wiley & Sons*: 202 – 392.

Holmås T. H., Kjerstad E., Lurås H., Straume O. R. 2010. Does Monetary Punishment Crowd Out Pro-social Motivation? A Natural Experiment on Hospital Length of Stay. *Journal of Economic Be-*

havior & Organization, 75 (2): 261 – 267.

Home R., Balmer O., Jahrl I., Stolze M., Pfiffner L. 2014. Motivations for Implementation of Ecological Compensation Areas on Swiss Lowland Farms. *Journal of Rural Studies*, (34): 26 – 36.

Honig M., Petersen S., Shearing C., Pintér L., Kotze I. 2015. The Conditions under Which Farmers Are Likely to Adapt Their Behaviour: A Case Study of Private Land Conservation in the Cape Winelands, South Africa. *Land Use Policy*, (48): 389 – 400.

Huang J., Hu R., Cao J., Rozelle S. 2008. Training Programs and in-the-field Guidance to Reduce China's Overuse of Fertilizer without Hurting Profitability. *Journal of Soil and Water Conservation*, 63 (5): 165 – 167.

Hunter J. E., Schmidt F. L. 2004. *Methods of Meta-analysis: Correcting Error and Bias in Research Findings*. SAGE Publications: 273 – 333.

Ingram J. C., Wilkie D., Clements T., McNab R. B., Nelson F., Baur E. H., Sachedina H. T., Peterson D. D., Foley C. A. H. 2014. Evidence of Payments for Ecosystem Services as a Mechanism for Supporting Biodiversity Conservation and Rural Livelihoods. *Ecosystem Services*, (7): 10 – 21.

Jacobsen C. B., Jensen L. E. 2017. Why Not "Just for the Money"? An Experimental Vignette Study of the Cognitive Price Effects and Crowding Effects of Performance-related Pay. *Public Performance & Management Review*, 40 (3): 551 – 580.

Jallow M. F. A., Awadh D. G., Albaho M. S., Devi V. Y., Thomas B. M. 2017. Pesticide Risk Behaviors and Factors Influencing Pesticide Use among Farmers in Kuwait. *Science of the Total Environment*, (574): 490 – 498.

Jellinek S., Parris K. M., Driscoll D. A., Driscoll D. A., Dwyer

P. D. 2013. Are Incentive Programs Working? Landowner Attitudes to Ecological Restoration of Agricultural Landscapes. *Journal of Environmental Management*, (127): 69 -76.

Kagan J. 1972. Motives and Development. *Journal of Personality and Social Psychology*, 22 (1): 51 -66.

Kaiser F. G, Kibbe A., Arnold O. 2017. *Self-determined, Enduring, Ecologically Sustainable Ways of Life: Attitude as a Measure of Individuals' Intrinsic Motivation. Handbook of Environmental Psychology and Quality of Life Research.* Springer International Publishing: 229 -237.

Kakinaka M., Kotani K. 2011. An Interplay between Intrinsic and Extrinsic Motivations on Voluntary Contributions to a Public Good in a Large Economy. *Public Choice*, 147 (1): 29 -41.

Kals E., Schumacher D., Montada L. 1999. Emotional Affinity toward Nature as a Motivational Basis to Protect Nature. *Environment and Behavior*, 31 (2): 178 -202.

Kanungo R. N. 2001. Ethical Values of Transactional and Transformational Leaders. *Canadian Journal of Administrative Sciences*, 18 (4): 257 -265.

Karali E., Brunner B., Doherty R., Hersperger A., Rounsevell M. 2014. Identifying the Factors That Influence Farmer Participation in Environmental Management Practices in Switzerland. *Human Ecology*, 42 (6): 951 -963.

Karlsson S. I. 2007. Allocating Responsibilities in Multi-level Governance for Sustainable Development. *International Journal of Social Economics*, 34 (1/2): 103 -126.

Keshavarz M., Karami E. 2014. Farmers' Decision-making Process under Drought. *Journal of Arid Environments*, (108): 43 -56.

Keshavarz M. , Karami E. 2016. Farmers' Pro-environmental Behavior under Drought: Application of Protection Motivation Theory. *Journal of Arid Environments*, (127): 128 - 136.

Khan M. , Damalas C. A. 2015. Farmers' Knowledge about Common Pests and Pesticide Safety in Conventional Cotton Production in Pakistan. *Crop Protection*, 77: 45 - 51.

Kiong W. S. , Rahim K. A. , Shamsudin M. N. 2009. Farmers' Perceptions on the Adoption of Environment-friendly Pepper Production Methods in Malaysia. *IUP Journal of Agricultural Economics*, 6 (3/4): 87 - 96.

Koestner R. , Ryan R. M. , Bernieri F. , Holt K. 1984. Setting Limits on Children's Behavior: The Differential Effects of Controlling vs. Informational Styles on Intrinsic Motivation and Creativity. *Journal of Personality*, 52 (3): 233 - 248.

Kohn A. 1993. Why Incentive Plans Cannot Work. *Harvard Business Review*, 71 (5): 54 - 62.

Kruger D. J. , Polanski S. P. 2011. Sex Differences in Mortality Rates Have Increased in China Following the Single-child Law. *Letters on Evolutionary Behavioral Science*, 2 (1): 1 - 4.

Ku L. , Zaroff C. 2014. How Far Is Your Money from Your Mouth? The Effects of Intrinsic Relative to Extrinsic Values on Willingness to Pay and Protect the Environment. *Journal of Environmental Psychology*, (40): 472 - 483.

Kumar P. , Kumar M. , Garrett L. 2014. Behavioural Foundation of Response Policies for Ecosystem Management: What Can We Learn from Payments for Ecosystem Services (PES) . *Ecosystem Services*, (10): 128 - 136.

Kunz A. H. , Pfaff D. 2002. Agency Theory, Performance Evaluation, and the Hypothetical Construct of Intrinsic Motivation. *Accounting, Organizations and Society*, 27 (3): 275 – 295.

Kuvaas B., Buch R., Weibel A., Dysvik A., Nerstad C. G. L. 2017. Do Intrinsic and Extrinsic Motivation Relate Differently to Employee Outcomes? . *Journal of Economic Psychology*, 61: 244 – 258.

Lalani B., Dorward P., Holloway G., Wauters E. 2016. Smallholder Farmers' Motivations for Using Conservation Agriculture and the Roles of Yield, Labour and Soil Fertility in Decision Making. *Agricultural Systems*, 146: 80 – 90.

Lamarque P., Meyfroidt P., Nettier B., Lavorel S. 2014. How Ecosystem Services Knowledge and Values Influence Farmers' Decision-making. *PloS One*, 9 (9): 1 – 16.

Läpple D., Kelley H. 2013. Understanding the Uptake of Organic Farming: Accounting for Heterogeneities among Irish Farmers. *Ecological Economics*, (88): 11 – 19.

Larue B., West G. E., Singbo A., Tamini L. D. 2017. Risk Aversion and Willingness to Pay for Water Quality: The Case of Non-farm Rural Residents. *Journal of Environmental Management*, 197: 296 – 304.

Lastra-Bravo X. B., Hubbard C., Garrod G., Tolo'n-Becerra A. 2015. What Drives Farmers' Participation in EU Agri-environmental Schemes?: Results from a Qualitative Meta-analysis. *Environmental Science & Policy*, (54): 1 – 9.

Lepper M. R., Greene D., Nisbett R. E. 1973. Undermining Children's Intrinsic Interest with Extrinsic Reward: A Test of the "Overjustification" Hypothesis. *Journal of Personality and Social Psychology*, 28 (1): 129 – 137.

Lepper M. R., Sagotsky G., Dafoe J. L., David G. 1982. Consequences of Superfluous Social Constraints: Effects on Young Children's Social Inferences and Subsequent Intrinsic Interest. *Journal of Personality and Social Psychology*, 42 (1): 51 –65.

Lepper M. R. 1981. *Intrinsic and Extrinsic Motivation in Children: Detrimental Effects of Superfluous Social Controls. Aspects of the Development of Competence: The Minnesota Symposia on Child Psychology*. Hillsdale' NJ: Erlbaum, (14): 155 –214.

Levesque R. J. R. 2011. *Intrinsic and Extrinsic Motivation. Encyclopedia of Adolescence*. Springer.

Levitt L., Leventhal G. 1986. Litter Reduction How Effective Is the New York State Bottle Bill? . *Environment and Behavior*, 18 (4): 467 –479.

Li W., Li Y. P., Li C. H., Huang G. H. 2010. An Inexact Two-stage Water Management Model for Planning Agricultural Irrigation under Uncertainty. Agricultural Water Management, 97: 1905 –1914.

Lin H. F. 2007. Effects of Extrinsic and Intrinsic Motivation on Employee Knowledge Sharing Intentions. *Journal of Information Science*, 33 (2): 135 –149.

Lindenberg S., Steg L. 2007. Normative, Gain and Hedonic Goal Frames Guiding Environmental Behavior. *Journal of Social Issues*, 63 (1): 117 –137.

Lindenberg S., Steg L. 2013. Goal-framing Theory and Norm-guided Environmental Behavior. *Encouraging Sustainable Behavior*.

Lindenberg S. 2001. Intrinsic Motivation in a New Light. *Kyklos*, 54 (2 –3): 317 –342.

Lipsey M. W., Wilson D. B. 2001. *Practical Meta-analysis*. SAGE Publications.

Lo A. Y. , Jim C. Y. 2015. Protest Response and Willingness to Pay for Culturally Significant Urban Trees: Implications for Contingent Valuation Method. *Ecological Economics*, 114: 58 – 66.

Lokhorst A. M. , Staats H. , Van Dijk J. , Van Dijk E. , De Snoo G. 2011. What's in It for Me? Motivational Differences between Farmers' Subsidised and Non-subsidised Conservation Practices. *Applied Psychology*, 60 (3): 337 – 353.

Long K. , Wang Y. , Zhao Y. , Chen L. 2015. Who Are the Stakeholders and How Do They Respond to a Local Government Payments for E-cosystem Services Program in a Developed Area: A Case Study from Suzhou, China. *Habitat International*, (49): 1 – 9.

Luck G. W. , Chan K. M. A. , Eser U. , Baggethun E. G. , Matzdorf B. , Norton B. , Potschin M. B. 2012. Ethical Considerations in on-ground Applications of the Ecosystem Services Concept. *Bio-Science*, 62 (12): 1020 – 1029.

Malek L. , Umberger W. J. , Makrides M. , ShaoJia Z. 2017. Predicting Healthy Eating Intention and Adherence to Dietary Recommendations during Pregnancy in Australia Using the Theory of Planned Behaviour. *Appetite*, 116: 431 – 441.

Mantovani D. , De Andrade L. M. , Negrão A. 2017. How Motivations for CSR and Consumer-brand Social Distance Influence Consumers to Adopt Pro-social Behavior. *Journal of Retailing and Consumer Services*, 36: 156 – 163.

Marenya P. P. , Barrett C. B. 2007. Household-level Determinants of A-doption of Improved Natural Resources Management Practices a-mong Smallholder Farmers in Western Kenya. *Food Policy*, 32 (4): 515 – 536.

Martin A. , Blowers A. , Boersema J. 2008. Paying for Environmental

Services: Can We Afford to Lose a Cultural Basis for Conservation? . *Environmental Sciences*, 5 (1): 1 – 5.

McEachan R. R. C. , Conner M. , Taylor N. J. , Lawton R. J. 2011. Prospective Prediction of Health-related Behaviours with the Theory of Planned Behaviour: A Meta-analysis. *Health Psychology Review*, 5 (2): 97 – 144.

McFadden D. 1994. Contingent Valuation and Social Choice. *American Journal of Agricultural Economics*, 76 (4): 689 – 708.

Midler E. , Pascual U. , Drucker A. G. , Narloch U. , Soto J. L. 2015. Unraveling the Effects of Payments for Ecosystem Services on Motivations for Collective Action. *Ecological Economics*, (120): 394 – 405.

Moreno S. G. , Sutton A. J. , Ades A. E. , Stanley T. D. , Abrams K. R. , Peters J. L. , Cooper N. J. 2009. Assessment of Regression-based Methods to Adjust for Publication Bias through a Comprehensive Simulation Study. *BMC Medical Research Methodology*, 9 (2): 1 – 17.

Morren M. , Grinstein A. 2016. Explaining Environmental Behavior across Borders: A Meta-analysis. *Journal of Environmental Psychology*, (47): 91 – 106.

Narloch U. , Pascual U. , Drucker A. G. 2012. Collective Action Dynamics under External Rewards: Experimental Insights from Andean Farming Communities. *World Development*, 40 (10): 2096 – 2107.

Narloch U. , Pascual U. , Drucker A. G. 2013. How to Achieve Fairness in Payments for Ecosystem Services? Insights from Agrobiodiversity Conservation Auctions. *Land Use Policy*, (35): 107 – 118.

Natan M. B. , Sharon I. , Mahajna M. , Mahajna S. 2017. Factors Affecting Nursing Students' Intention to Report Medication Errors:

An Application of the Theory of Planned Behavior. *Nurse Education Today*, 58: 38 - 42.

Niven A. G., Markland D. 2016. Using Self-determination Theory to Understand Motivation for Walking: Instrument Development and Model Testing Using Bayesian Structural Equation Modelling. *Psychology of Sport and Exercise*, (23): 90 - 100.

Noguera-Méndez P., Molera L., Semitiel-García M. 2016. The Role of Social Learning in Fostering Farmers' Pro-environmental Values and Intentions. *Journal of Rural Studies*, 46: 81 - 92.

Nwankwo S., Hamelin N., Khaled M. 2014. Consumer Values, Motivation and Purchase Intention for Luxury Goods. *Journal of Retailing and Consumer Services*, 21 (5): 735 - 744.

Olafsen A. H., Halvari H., Forest J., Deci E. L. 2015. Show Them the Money? The Role of Pay, Managerial Need Support, and Justice in a Self-determination Theory Model of Intrinsic Work Motivation. *Scandinavian Journal of Psychology*, 56 (4): 447 - 457.

Olsson U. 1979. Maximum Likelihood Estimation of the Polychoric Correlation Coefficient. *Psychometrika*, 44 (4): 443 - 460.

Ordóñez L. D., Schweitzer M. E., Galinsky A. D., Bazerman M. H. 2009. Goals Gone Wild: The Systematic Side Effects of Overprescribing Goal Setting. *The Academy of Management Perspectives*, 23 (1): 6 - 16.

Painter B., Ginks N. 2017. Energy Retrofit Interventions in Historic Buildings: Exploring Guidance and Attitudes of Conservation Professionals to Slim Double Glazing in the UK. *Energy and Buildings*, 149: 391 - 399.

Pan D., Kong F. B., Zhang N., Ying R. Y. 2017. Knowledge Training and the Change of Fertilizer Use Intensity: Evidence from Wheat

Farmers in China. *Journal of Environmental Management*, 197: 130 - 139.

Pattanayak S. K., Wunder S., Ferraro P. J. 2010. Show Me the Money: Do Payments Supply Environmental Services in Developing Countries? . *Review of Environmental Economics and Policy*: 1 - 21.

Pavlou P. A., Fygenson M. 2006. Understanding and Predicting Electronic Commerce Adoption: An Extension of the Theory of Planned Behavior. *MIS Quarterly*, 31 (1): 115 - 143.

Pelletier L. G., Tuson K. M., Haddad N. K. 1997. Client Motivation for Therapy Scale: A Measure of Intrinsic Motivation, Extrinsic Motivation, and Amotivation for Therapy. *Journal of Personality Assessment*, 68 (2): 414 - 435.

Pham T. T., Loft L., Bennett K., Phuong V. T., Dung L. N., Brunner J. 2015. Monitoring and Evaluation of Payment for Forest Environmental Services in Vietnam: From Myth to Reality. *Ecosystem Services*, (16): 220 - 229.

Pigott T. 2012. *Advances in Meta-analysis*. Springer Science & Business Media.

Pinthukas N. 2015. Farmers' Perception and Adaptation in Organic Vegetable Production for Sustainable Livelihood in Chiang Mai Province. *Agriculture and Agricultural Science Procedia*, (5): 46 - 51.

Polomé P. 2016. Private Forest Owners' Motivations for Adopting Biodiversity-related Protection Programs. *Journal of Environmental Management*, 183: 212 - 219.

Poppenborg P., Koellner T. 2013. Do Attitudes toward Ecosystem Services Determine Agricultural Land Use Practices? An Analysis of Farmers' Decision-making in a South Korean Watershed. *Land Use Policy*, (31): 422 - 429.

Preacher K. J. , Curran P. J. , Bauer D. J. 2006. Computational Tools for Probing Interactions in Multiple Linear Regression, Multilevel Modeling, and Latent Curve Analysis. *Journal of Educational and Behavioral Statistics*, 31 (4): 437 -448.

Prendergast C. 2008. Intrinsic Motivation and Incentives. *The American Economic Review*, 98 (2): 201 -205.

Price J. C. , Leviston Z. 2014. Predicting Pro-environmental Agricultural Practices: the Social, Psychological and Contextual Influences on Land Management. *Journal of Rural Studies*, (34): 65 -78.

Promberger M. , Marteau T. M. 2013. When Do Financial Incentives Reduce Intrinsic Motivation? Comparing Behaviors Studied in Psychological and Economic Literatures. *Health Psychology*, 32 (9): 950 -957.

Quillérou E. , Fraser R. , Fraser I. 2011. Farmer Compensation and Its Consequences for Environmental Benefit Provision in the Higher Level Stewardship Scheme. *Journal of Agricultural Economics*, 62 (2): 330 -339.

Quinn C. E. , Burbach M. E. 2010. A Test of Personal Characteristics that Influence Farmers' Pro-environmental Behaviors. *Great Plains Research*, (20): 193 -204.

Rabin M. 1998. Psychology and Economics. *Journal of Economic Literature*, 36 (1): 11 -46.

Ramus C. A. , Killmer A. B. C. 2007. Corporate Greening through Prosocial Extrarole Behaviours—A Conceptual Framework for Employee Motivation. *Business Strategy and the Environment*, 16 (8): 554 -570.

Reeson A. F. , Tisdell J. G. 2008. Institutions, Motivations and Public Goods: An Experimental Test of Motivational Crowding. *Journal of Economic Behavior & Organization*, 68 (1): 273 -281.

Reimer A. P. , Thompson A. W. , Prokopy L. S. 2012. The Multi-dimensional Nature of Environmental Attitudes among Farmers in Indiana: Implications for Conservation Adoption. *Agriculture and Human Values*, 29 (1): 29 -40.

Riley M. 2011. Turning Farmers into Conservationists? Progress and Prospects. *Geography Compass*, 5 (6): 369 -389.

Riley M. 2016. How Does Longer Term Participation in Agri-environment Schemes Reshape Farmers' Environmental Dispositions and Identities? . *Land Use Policy*, (52): 62 -75.

Robert N. , Stenger A. 2013. Can Payments Solve the Problem of Undersupply of Ecosystem Services? . *Forest Policy and Economics*, (35): 83 -91.

Rode J. , Gómez-Baggethun E. , Krause T. 2014. Motivation Crowding by Economic Incentives in Conservation Policy: A Review of the Empirical Evidence. *Ecological Economics*, (109): 80 -92.

Rogers E. M. 2010. *Diffusion of Innovations*. Simon and Schuster.

Romaniuc R. 2017. Intrinsic Motivation in Economics: A History. *Journal of Behavioral and Experimental Economics*, 67: 56 -64.

Rummel A. , Feinberg R. 1988. Cognitive Evaluation Theory: A Meta-analytic Review of the Literature. *Social Behavior and Personality: An International Journal*, 16 (2): 147 -164.

Ryan R. M. , Connell J. P. 1989. Perceived Locus of Causality and Internalization: Examining Reasons for Acting in Two Domains. *Journal of Personality and Social Psychology*, 57 (5): 749 -761.

Ryan R. M. , Deci E. L. 2000a. Intrinsic and Extrinsic Motivations: Classic Definitions and New Directions. *Contemporary Educational Psychology*, 25 (1): 54 -67.

Ryan R. M, Deci E. L. 2000b. Self-determination Theory and the Facilitation of Intrinsic Motivation, Social Development, and Well-being. *American Psychologist*, 55 (1): 68 - 78.

Ryan R. M., Grolnick W. S. 1995. Autonomy, Relatedness, and the Self: Their Relation to Development and Psychopathology. *Wiley*.

Ryan R. M. 1982. Control and Information in the Intrapersonal Sphere: An Extension of Cognitive Evaluation Theory. *Journal of Personality and Social Psychology*, 43 (3): 450 - 461.

Sawitri D. R., Hadiyanto H., Hadi S. P. 2015. Pro-environmental Behavior from a Social Cognitive Theory Perspective. *Procedia Environmental Sciences*, (23): 27 - 33.

Schöll K. A., Markemann A., Megersa B., Birner R., Zárate A. V. 2016. Impact of Projects Initiating Group Marketing of Smallholder Farmers—A Case Study of Pig Producer Marketing Groups in Vietnam. *Journal of Co-operative Organization and Management*, 4 (1): 31 - 41.

Schultz T. W. 1964. Transforming *Traditional Agriculture. Transforming Traditional Agriculture*. London. The University of Chicago.

Schumacker R. E., Lomax R. G. 2016. *A Beginner's Guide to Structural Equation Modeling*. Psychology Press.

Sears D. O., Lau R. R. 1983. Inducing Apparently Self-interested Political Preferences. *American Journal of Political Science*, 27: 223 - 252.

Sheppard B. H., Hartwick J., Warshaw P. R. 1988. The Theory of Reasoned Action: A Meta-analysis of Past Research with Recommendations for Modifications and Future Research. *Journal of Consumer Research*, 15 (3): 325 - 343.

Simon H. A. 1972. Theories of Bounded Rationality. *Decision and Organization*, 1 (1): 161 - 176.

Siu O. L. , Bakker A. B. , Jiang X. 2014. Psychological Capital among University Students: Relationships with Study Engagement and Intrinsic Motivation. *Journal of Happiness Studies*, 15 (4): 979 -994.

Smith H. F. , Sullivan C. A. 2014. Ecosystem Services within Agricultural Landscapes—Farmers' Perceptions. *Ecological Economics*, (98): 72 -80.

Smith L. E. D. , Siciliano G. 2015. A Comprehensive Review of Constraints to Improved Management of Fertilizers in China and Mitigation of Diffuse Water Pollution from Agriculture. *Agriculture, Ecosystems & Environment*, 209: 15 -25.

Smukler S. M. , Sánchez-Moreno S. , Fonte S. J. , Ferris H. , Klonsky K. , O'Geen A. T. , Scow K. M. , Steenwerth K. L. , Jackson L. E. 2010. Biodiversity and Multiple Ecosystem Functions in an Organic Farmscape. *Agriculture, Ecosystems & Environment*, 139 (1): 80 -97.

Srivastava A. , Locke E. A. 2001. Bartol K. M. Money and Subjective Well-being: It's Not the Money, It's the Motives. *Journal of Personality and Social Psychology*, 80 (6): 959 -971.

St John F. A. V. , Edwards-Jones G. , Jones J. P. G. 2011. Conservation and Human Behaviour: Lessons from Social Psychology. *Wildlife Research*, 37 (8): 658 -667.

Steg L. , Bolderdijk J. W. , Keizer K. , Perlaviciute G. 2014. An Integrated Framework for Encouraging Pro-environmental Behaviour: The Role of Values, Situational Factors and Goals. *Journal of Environmental Psychology*, (38): 104 -115.

Steg L. , Nordlund A. 2012. Models to Explain Environmental Behaviour. *Oxford, John Wiley & Sons.*

Stroebe W. , Frey B. S. 1980. In Defense of Economic Man: Towards an Integration of Economics and Psychology. *Swiss Journal of Economics and Statistics* (*SJES*), 116 (Ⅱ): 119 – 148.

Sulemana I., James H. S. 2014. Farmer Identity, Ethical Attitudes and Environmental Practices. *Ecological Economics*, (98): 49 – 61.

Tang S. H., Hall V. C. 1995. The Overjustification Effect: A Meta-analysis. *Applied Cognitive Psychology*, 9 (5): 365 – 404.

Thøgersen J., Crompton T. 2009. Simple and Painless? The Limitations of Spillover in Environmental Campaigning. *Journal of Consumer Policy*, 32 (2): 141 – 163.

Thøgersen-Ntoumani C., Shepherd S. O., Ntoumanis N., Wagenmakers A. J. M., Shaw C. S. 2016. Intrinsic Motivation in Two Exercise Interventions: Associations with Fitness and Body Composition. *Health Psychology*, 35 (2): 195 – 198.

Titmuss R. M. 1970. The Gift Relationship: From Human Blood to Social Policy. *George Allen and Unwin.*

Tyler T. R., Dawes R. M. 1993. Fairness in Groups: Comparing the Self-interest and Social Identity Perspectives. *Psychological Perspectives on Justice: Theory and Applications*: 87 – 108.

Van der Werff E., Steg L., Keizer K. 2013. It Is a Moral Issue: The Relationship between Environmental Self-identity, Obligation-based Intrinsic Motivation and Pro-environmental Behaviour. *Global Environmental Change*, 23 (5): 1258 – 1265.

Van der Werff E., Steg L. 2016. The Psychology of Participation and Interest in Smart Energy Systems: Comparing the Value-belief-norm Theory and the Value-identity-personal Norm Model. *Energy Research & Social Science*, 22: 107 – 114.

Van Dijk W. F. A., Lokhorst A. M., Berendse F., De Snoo G. R. 2016. Factors Underlying Farmers' Intentions to Perform Unsubsidised

Agri-environmental Measures. *Land Use Policy*, 59: 207 - 216.

Van Hecken G., Bastiaensen J. 2010. Payments for Ecosystem Services in Nicaragua: Do Market-based Approaches Work? . *Development and Change*, 41 (3): 421 - 444.

Van Herzele A., Gobin A., Van Gossum P., Acosta L., Waas T., Dendoncker N., De Frahan B. H. 2013. Effort for Money? Farmers' Rationale for Participation in Agri-environment Measures with Different Implementation Complexity. *Journal of Environmental Management*, (131): 110 - 120.

Van Riper C. J., Kyle G. T. 2014. Understanding the Internal Processes of Behavioral Engagement in a National Park: A Latent Variable Path Analysis of the Value-belief-norm Theory. *Journal of Environmental Psychology*, 38: 288 - 297.

Vedel S. E., Jacobsen J. B., Thorsen B. J. 2015. Forest Owners' Willingness to Accept Contracts for Ecosystem Service Provision Is Sensitive to Additionality. *Ecological Economics*, (113): 15 - 24.

Videras J., Owen A. L., Conover E., Wu S. 2012. The Influence of Social Relationships on Pro-environment Behaviors. *Journal of Environmental Economics and Management*, 63 (1): 35 - 50.

Wang Y. Q., Wang Y., Huo X. X., Zhu Y. C. 2015. Why Some Restricted Pesticides Are Still Chosen by Some Farmers in China? Empirical Evidence from a Survey of Vegetable and Apple Growers. *Food Control*, 51: 417 - 424.

Weidinger A. F., Steinmayr R., Spinath B. 2017. Math Grades and Intrinsic Motivation in Elementary School: A Longitudinal Investigation of Their Association. *British Journal of Educational Psychology*, 87 (2): 187 - 204.

White R. W. 1959. Motivation Reconsidered: The Concept of Competence. *Psychological Review*, 66 (5): 297 - 333.

Wilson G. A., Hart K. 2001. Farmer Participation in Agri-environmental Schemes: Towards Conservation-oriented Thinking?. *Sociologia Ruralis*, 41 (2): 254 - 274.

Wood J., Donnell E. T. 2016. Safety Evaluation of Continuous Green T Intersections: A Propensity Scores-genetic Matching-potential Outcomes Approach. *Accident Analysis & Prevention*, 93: 1 - 13.

Woods B. A., Nielsen H. Ø., Pedersen A. B., Kristofersson D. 2017. Farmers' Perceptions of Climate Change and Their Likely Responses in Danish Agriculture. *Land Use Policy*, (65): 109 - 120.

Rosen C. 2000. *World Resources* 2000 - 2001: *People and Ecosystems: The Fraying Web of Life*. Elsevier.

Wunder S., Engel S., Pagiola S. 2008. Taking Stock: A Comparative Analysis of Payments for Environmental Services Programs in Developed and Developing Countries. *Ecological Economics*, 65 (4): 834 - 852.

Wunder S. 2005. Payments for Environmental Services: Some Nuts and Bolts. *CIFOR Occasional Paper No*. 42.

Yanosky A. 2016. Payment for Ecosystem Services Works, But Not Exactly in the Way It Was Designed. *Global Ecology and Conservation*, (5): 71 - 87.

Young I. M. 2011. *Justice and the Politics of Difference*. Princeton University Press.

Zanella M. A., Schleyer C., Speelman S. 2014. Why Do Farmers Join Payments for Ecosystem Services (PES) Schemes? An Assessment of PES Water Scheme Participation in Brazil. *Ecological Economics*, (105): 166 - 176.

Zhang J., Manske G., Zhou P. Q., Tischbein B., Becker M., Li

Z. H. 2017. Factors Influencing Farmers' Decisions on Nitrogen Fertilizer Application in the Liangzihu Lake Basin, Central China. *Environment, Development and Sustainability*, 19 (3): 791 - 805.

Zhang X. Y., Liu X. M., Zhang M. H., Dahlgren R. A., Eitzel M. 2010. A Review of Vegetated Buffers and a Meta-analysis of Their Mitigation Efficacy in Reducing Nonpoint Source Pollution. *Journal of Environmental Quality*, 39 (1): 76 - 84.

Zhang X., Zhang M. 2011. Modeling Effectiveness of Agricultural BMPs to Reduce Sediment Load and Organophosphate Pesticides in Surface Run Off. *Science of the Total Environment*, 409 (10): 1949 - 1958.

Zhou J. X., Li D. X., Qi L. H., Zhang X. D., Yang Y. 2006. Evaluating Land Carrying Capacity in Hilly Regions of Upper Reaches of the Yangtze River Basin. *Resources Science*, 28 (5): 164 - 170.

附 录

农户农业环境保护行为调查问卷

尊敬的朋友：

您好！

非常感谢您能抽出宝贵的时间参与我们的调查，我们是西北农林科技大学的学生，目前正针对农村地区农户农业环境保护行为进行调查，问卷仅限于学术研究，采用不记名方式调查，请您如实放心填写，我们承诺绝不泄露任何个人隐私，您所回答的问题我们也会严格保密，感谢您的参与和配合！

调查地点：____省____县（区）____乡（镇）____村

调查员姓名：

调查时间：

问卷编号：

一 农户个体及家庭特征

1. 性别：（男　　女）

2. 您的年龄：______（岁）

3. 您受教育程度是?

①没上过学　②小学　③初中　④高中　⑤大专或大专以上

4. 如果有一项投资，您的选择是？

①高成本、高风险、高收益

②中等成本、中等风险、中等收益

③低成本、低风险、低收益

5. 您是不是党员？(是　　否)

6. 您是不是村干部？(是　　否)

7. 您的健康状况是？

①非常不健康　②不健康　③一般　④健康　⑤非常健康

8. 您家庭的人数：＿＿＿(人)

9. 您家庭从事农业劳动的人数是：＿＿＿(人)

10. 您家年收入大概是多少？＿＿＿(元)

11. 种植蔬菜年收入大概是多少？＿＿＿(元)

二　种植户农业生产及销售情况

1. 您家目前蔬菜种植多少亩？＿＿＿(亩)

2. 您从事蔬菜种植多少年了？＿＿＿(年)

3. 今后是否会扩大蔬菜的种植规模？(会　　不会)

4. 您预计未来蔬菜的价格会？

①比目前价格低　②和目前价格差不多　③比目前价格高

5. 您种植蔬菜的原因是？

①政府鼓励种植　②种植习惯　③赚钱多

④别人都种，所以我也种　⑤容易出售

6. 您认为种植蔬菜主要存在什么风险？

①田间管理复杂　②出售的价格不稳定　③销路存在困难

④缺乏专业指导，不具备蔬菜种植技术　⑤产量低

7. 您主要通过什么途径了解蔬菜价格、市场需求量等市场信息？

①从邻里亲属听到的　②电视　③手机信息　④政府宣传

⑤电脑网络　⑥收菜的商贩　⑦不关注市场信息

8. 您种植的蔬菜主要通过什么途径出售？

①企业按照合同收购　②合作社收购　③菜贩走街串巷收购

④批发市场销售　⑤到城里摆摊出售

⑥其他____________

9. 您认为蔬菜出售是否容易？

①非常困难　②比较困难　③一般　④容易　⑤非常容易

10. 您是否参加了农业合作社？（是　　否）

11. 您接受过蔬菜种植培训吗？

①无　②偶尔有　③一般　④较多　⑤非常多

12. 您接受过农产品质量检测吗？

①没有　②很少　③一般　④较多　⑤非常多

三　农业环境认知状况

1. 您认为目前的农业环境污染严重吗？

①没有污染　②污染较轻　③一般　④污染较重

⑤非常严重

2. 您认为施用农药会对农业环境造成污染吗？

①肯定不会　②应该不会　③一般　④应该会

⑤肯定会

3. 您认为施用化肥会对农业环境造成污染吗？

①肯定不会　②应该不会　③一般　④应该会

⑤肯定会

4. 直接使用未发酵的有机肥会对农业环境造成污染吗？

①肯定不会　②应该不会　③一般　④应该会

⑤肯定会

5. 将用过的农药瓶（袋）丢弃在田里会对农业环境造成污染吗？

①肯定不会　②应该不会　③一般　④应该会

⑤肯定会

6. 您认为将用过的化肥袋丢在田里会造成农业环境污染吗?
①肯定不会 ②应该不会 ③一般 ④应该会
⑤肯定会
7. 将用过的地膜丢弃在田里会对农业环境造成污染吗?
①肯定不会 ②应该不会 ③一般 ④应该会
⑤肯定会

四 社会规范

1. 您的亲属会保护农业环境吗?
①肯定不会 ②应该不会 ③一般 ④应该会
⑤肯定会
2. 您的朋友会保护农业环境吗?
①肯定不会 ②应该不会 ③一般 ④应该会
⑤肯定会
3. 您的街坊邻里会保护农业环境吗?
①肯定不会 ②应该不会 ③一般 ④应该会
⑤肯定会

五 农业环境保护动机

基于愉悦感的内部动机:
1. 保护农业环境这个过程会给您带来快乐吗?
①肯定不会 ②基本不会 ③一般 ④会
⑤肯定会
2. 保护农业环境有趣吗?
①肯定不会 ②基本不会 ③一般 ④会
⑤肯定会

3. 保护农业环境非常吸引人吗?

①肯定不会　②基本不会　③一般　④会

⑤肯定会

4. 您喜欢保护农业环境吗?

①非常不喜欢　②不喜欢　③一般　④喜欢

⑤非常喜欢

基于责任感的内部动机：

1. 保护农业环境是每个人的责任吗?

①肯定不是　②应该不是　③一般　④应该是

⑤肯定是

2 不保护农业环境会使您感到愧疚吗?

①肯定不会　②基本不会　③一般　④会

⑤肯定会

3. 保护农业环境会使您的感觉更好吗?

①肯定不会　②基本不会　③一般　④会

⑤肯定会

4. 您不保护农业环境会对其他人产生不好的影响吗?

①肯定不会　②基本不会　③一般　④会

⑤肯定会

外部动机：

1. 您保护农业环境是为了增加收益吗?

①肯定不是　②基本不是　③一般　④应该是

⑤肯定是

2. 您保护农业环境是为了得到更多的赞赏吗?

①肯定不是　②基本不是　③一般　④应该是

⑤肯定是

3. 您保护农业环境是为了避免地方政府的惩罚吗?

①肯定不是　②基本不是　③一般　④应该是

⑤肯定是

4. 施用低毒、无公害农药是为了避免地方政府的惩罚吗?

①肯定不是　②基本不是　③一般　④应该是

⑤肯定是

5. 使用有机肥(粪肥)是为了防止土壤板结、增加蔬菜产量吗?

①肯定不是　②基本不是　③一般　④应该是

⑤肯定是

6. 您将使用过的地膜(农膜)从地里清理出来是防止蔬菜减产吗?

①肯定不是　②基本不是　③一般　④应该是

⑤肯定是

六　农业环境保护态度、主观规范、感知行为控制

态度:

1. 您对农业环境保护的态度是?

①非常消极　②比较消极　③一般　④比较积极

⑤非常积极

2. 您认为保护农业环境是否重要?

①非常不重要　②不重要　③一般　④重要

⑤非常重要

3. 您支持保护农业环境吗?

①非常不支持　②不支持　③一般　④支持

⑤非常支持

主观规范：

1. 您对农业环境的保护考虑别人对自己的看法吗？

①从不考虑　②不考虑　③一般　④考虑　⑤总是考虑

2. 您认为亲属赞成您保护农业环境吗？

①非常不赞成　②不赞成　③一般　④赞成　⑤非常赞成

3. 您认为朋友赞成您保护农业环境吗？

①非常不赞成　②不赞成　③一般　④赞成　⑤非常赞成

4. 您认为街坊邻里赞成您保护农业环境吗？

①非常不赞成　②不赞成　③一般　④赞成　⑤非常赞成

感知行为控制：

1. 您有保护农业环境的能力吗？

①完全没有　②基本没有　③一般　④有　⑤肯定有

2. 您有保护农业环境的机会吗？

①完全没有　②基本没有　③一般　④有　⑤肯定有

3. 保护农业环境对您来讲容易吗？

①很困难　②比较困难　③一般　④容易　⑤非常容易

4. 只要您愿意，就可以采取保护农业环境的措施吗？

①完全不同意　②不同意　③一般　④同意　⑤完全同意

七　农业环境保护意愿

1. 您愿意保护农业环境吗?

①非常不愿意　②不愿意　③一般　④愿意

⑤非常愿意

2. 您愿意减少农药、化肥的施用吗?

①非常不愿意　②不愿意　③一般　④愿意

⑤非常愿意

3. 您愿意用无公害农药和有机肥替代一般农药和化肥吗?

①非常不愿意　②不愿意　③一般　④愿意

⑤非常愿意

4. 您愿意将农业生产废弃物回收处理吗?

①非常不愿意　②不愿意　③一般　④愿意

⑤非常愿意

5. 您愿意学习农业环境保护知识和技术吗?

①非常不愿意　②不愿意　③一般　④愿意

⑤非常愿意

八　支付意愿

1. 和以前相比，您认为目前农业环境、土壤质量下降了吗?(是　否)

2. 您认为目前农业环境的污染和农药、化肥、地膜等投入有关系吗?(有关系　没关系)

3. 为了提高农业环境质量，您最多愿意投资多少钱? ______，如果所填金额为零，是因为?

①没有多余的钱

②农业环境投资会减少自己的收入

③对农业环境保护投资没有多大作用

④目前农业环境没有污染，不需要投资

⑤保护农业环境不值得自己投资

⑥农业环境好或不好，对自己没啥好处

⑦农业环境污染根本无法治理

九　农业环境保护行为

1. 您家蔬菜种植主要施用的农药类型是？

①高毒化学农药

②低毒化学农药

③无公害生物农药

④不施药

2. 您家蔬菜种植主要施用的化肥类型是？

①全部施用化肥

②以化肥为主

③化肥和有机肥用量差不多

④以有机肥为主

⑤全部施用有机肥

3. 您家蔬菜种植用完的农药瓶（袋）如何处理？

①随手丢弃在地头、水渠或路边

②烧掉或掩埋

③部分回收处理

④全部回收处理

4. 您家蔬菜种植用完的化肥袋如何处理？

①随手丢弃在地头、水渠或路边

②烧掉或掩埋

③部分回收处理

④全部回收处理

5. 您家蔬菜种植用过的地膜如何处理?

①随手丢弃在地头、水渠或路边

②烧掉或掩埋

③部分回收处理

④全部回收处理

再次感谢您的参与!

图书在版编目(CIP)数据

农户农业环境保护行为：基于动机视角 / 李昊，李世平著. -- 北京：社会科学文献出版社，2019.10
（中国“三农”问题前沿丛书）
ISBN 978-7-5201-5403-1

Ⅰ.①农… Ⅱ.①李… ②李… Ⅲ.①农业生产-农业环境保护-研究-中国 Ⅳ.①X322.2

中国版本图书馆 CIP 数据核字(2019)第 174184 号

中国“三农”问题前沿丛书
农户农业环境保护行为：基于动机视角

著　　者 / 李　昊　李世平

出 版 人 / 谢寿光
责任编辑 / 任晓霞
文稿编辑 / 王红平

出　　版 / 社会科学文献出版社·群学出版分社（010）59366453
地址：北京市北三环中路甲 29 号院华龙大厦　邮编：100029
网址：www.ssap.com.cn
发　　行 / 市场营销中心（010）59367081　59367083
印　　装 / 三河市尚艺印装有限公司

规　　格 / 开　本：787mm×1092mm　1/16
印　张：21.75　字　数：283 千字
版　　次 / 2019 年 10 月第 1 版　2019 年 10 月第 1 次印刷
书　　号 / ISBN 978-7-5201-5403-1
定　　价 / 119.00 元